生态视角下园林景观创新设计研究

李学峰 著

吉林科学技术出版社

图书在版编目（CIP）数据

生态视角下园林景观创新设计研究 / 李学峰著. -- 长春 : 吉林科学技术出版社, 2022.8
ISBN 978-7-5578-9689-8

Ⅰ. ①生… Ⅱ. ①李… Ⅲ. ①园林设计-景观设计-研究 Ⅳ. ①TU986.2

中国版本图书馆CIP数据核字(2022)第178063号

生态视角下园林景观创新设计研究

著 李学峰
出 版 人 宛 霞
责任编辑 蒋雪梅
封面设计 优盛文化
制 版 优盛文化
幅面尺寸 170mm × 240mm 1/16
字 数 250千字
页 数 255
印 张 16
印 数 1-1500册
版 次 2022年8月第1版
印 次 2023年3月第1次印刷

出 版 吉林科学技术出版社
发 行 吉林科学技术出版社
地 址 长春市福祉大路5788号
邮 编 130118
发行部电话/传真 0431-81629529 81629530 81629531
81629532 81629533 81629534
储运部电话 0431-86059116
编辑部电话 0431-81629518
印 刷 三河市嵩川印刷有限公司

书 号 ISBN 978-7-5578-9689-8
定 价 115.00元

前言

人类自诞生起就与周围的生存环境有着密切的联系，而随着社会不断进步，景观规划设计也因人类生存环境的变化得到持续的发展和优化。生态园林是园林景观行业追寻的根本，虽然园林景观设计在内容和形式上发生了巨大变化，但从根本上讲，现代园林景观设计离不开其中各种组成要素的生态化利用。它本身就具有自然属性和社会属性，驾驭着整个生态系统的结构与功能。

在网络化时代，景观设计工作者需要在建设发展中重建生态平衡，建设多层次、多结构、多功能、科学的植物群落，建立人类、动物、植物相联系的新秩序，达到生态美、科学美、文化美和艺术美的高度统一；在景观艺术设计中应用系统工程发展园林，使生态、社会和经济效益同步发展，实现良性循环，为人类创造清洁、优美、文明的生态环境。

本书站在生态的角度上，首先介绍了生态与生态园林的基本内容，包括生态学及相关概念、园林生态系统内容、生态园林的建设与调控、生态园林规划与发展等，其次对园林景观设计进行论述，再次阐述了园林景观生态设计，又次对生态视角下植物景观规划设计进行研究，最后对生态视角下不同区域景观设计以及生态景观艺术设计创新进行总结和探讨。

本书在编写过程中得到了很多专家和教授的帮助，在此表示感谢。由于园林景观设计内容广泛，加之时间仓促，书中不足之处难以避免，恳请同行专家和读者不吝指正。

作　者

2022 年 1 月 20 日

目录

第一章　生态与生态园林

第一节　生态学及相关概念

一、生态学

生态学的概念最早是由德国生物学家恩斯特·海克尔（Ernst Haeckel）在 1866 年提出的，其定义是“研究生物体与其周围环境（包括生物和非生物环境）相互关系的科学”。作为生物学家，海克尔特别强调了动物与其他生物之间的有益和有害关系。经过一百多年的发展，学者们对生态学从生物个体与群落、种群与自然环境等各个不同层面进行研究，深入了解了生态系统的功能与结构，同时对人类与周围环境的关系也有了进一步的认识。1971 年，美国生态学家奥德姆（Eugene Pleasants Oudm）的著作——《生态学基础》问世。在该书中，他将生态学研究的目的定义为对生态系统结构、功能的研究。这本著作的问世，标志着现代生态学理论的成熟。

（一）生态学的研究对象

传统的生态学要在有机体（organism）或生物个体、种群（population）、群落（com—munity）和生态系统（ecosystem）水平上探索生命系统的奥秘。因此，生态学是以生物个体、种群、群落和生态系统甚至是生物圈

（biosphere）为研究对象，从而构成生物个体[个体生态学（autecology）]、生物种群[种群生态学（population ecology）]、生物群体[群落生态学（synecology）]、生态系统[生态系统学（ecosystem ecology）]。将某一环境及其中的生物群体结合起来加以研究，目的是阐明生态系统的机制。现代生态学强调的这种机制，主要指生态系统中物质和能量的流动。

生态学研究的最高组织层次是生物圈。生物圈指地球上全部生物和一切适合生物栖息的场所，包括岩石圈（lithosphere）的上层、全部水圈（hydrosphere）和大气圈（atmosphere）的下层。

（二）生态学的研究方法

生态学的研究内容和范围非常广泛，加之近代生态学的发展主要是同其他学科相互渗透，故而生态学研究方法也十分复杂。主要研究方法有以下几种。

1. 野外与现场调查

在野外与现场调查中，除了要应用生物学、化学、地理学、地学及气象学等方面的知识外，常常还要运用现代化的调查工具，如调查船、飞机甚至人造卫星等，也要借助先进技术和仪器，如示踪元素、无线电追踪、遥感及遥测等。

2. 实验室分析

实验室分析除一般生物学、生理学、毒理学等研究方法外，还要结合化学、物理学方法，尤其是分析化学、仪器分析、放射性同位素检测等方法。

3. 模拟实验

模拟实验是近代生态学研究的主要手段，包括实验室模拟系统和野外模拟自然系统。实验室模拟包括各种微型模拟生态系统，如各种水生生物的微型试验系统（微宇宙）、土壤试验的土壤系统、人工气候箱等。较大型的人工气候室、温室也可以包括在实验室模拟系统中。野外自然系统的模拟试验虽然十分困难，但近年来也有一定程度的发展，如人工模拟草地、森林系统，甚至模拟生物圈的巨型试验场等。

4. 数学模拟与计算机模拟

数学模拟与计算机模拟已广泛应用于生态学各个领域，它们对生态

学理论教学、科研以及生态问题的预测、预报有着十分重要的作用。

5. 生态网络及综合分析

对于生态系统的研究，涉及多点实验数据的收集、处理及管理，必需建立大型数据库及管理系统，如地理信息系统（GIS）、中国生态信息网（CERN）等。

二、生态系统

生态系统的概念是英国生态学家阿瑟·乔治·坦斯利（Sir Arthur Georg Tansley）在 1935 年首先提出的，他将生态系统的定义为：有机复合体与所在环境构成的系统性整体，是一定区域空间中，生物与非生物之间由于物质循环、信息交流、能量流动而产生相互作用，构成的复合功能单元。由于他将土壤、大气、水、动植物、人类等各种自然要素都纳入一个整体中考虑研究，生态学的范围进一步扩展，成为一门研究整体自然与人类关系的综合性学科。

（一）生态系统的分类

生态系统依据能量和物质的运动状况，生物、非生物成分，可分为多种类型。

（1）按照生态系统非生物成分和特征划分为陆地生态系统和水域生态系统。

陆地生态系统又分为荒漠生态系统、草原生态系统、稀树干草原生态系统、农业生态系统、城市生态系统和森林生态系统。

水域生态系统又分为淡水生态系统（流动水生态系统、静水生态系统）、海洋生态系统。

（2）按照生态系统的生物成分划分为植物生态系统、动物生态系统、微生物生态系统、人类生态系统。

（3）按照生态系统结构和外界物质与能量交换状况划分为开放生态系统、封闭生态系统、隔离生态系统。

（4）按照人类活动及其影响程度划分为自然生态系统、半自然生态系统、人工复合生态系统。

（二）生态系统的组成

生态系统的包括两大部分：生物组分和非生物环境组分。

1. 生物组分

生物组分由生产者、消费者和分解者组成。

（1）生产者。

生产者是指生态系统中的自养生物，主要是指能用简单的无机物制造有机物的绿色植物，也包括一些光合细菌类微生物。它们进行初级生产。

（2）消费者（大型消费者）。

消费者（大型消费者）是指以初级生产产物为食物的大型异养生物，主要指动物。根据它们食性的不同，可以分为草食动物、肉食动物、寄生动物、腐食动物和杂食动物。草食动物又称一级消费者，以草食动物为食的动物为二级消费者，以二级肉食动物为食的为三级消费者。

（3）分解者（小型消费者）。

分解者（小型消费者）是指利用植物和动物残体及其他有机物为食的小型异养生物，主要指细菌、真菌和放线菌等微生物。它们的主要作用是将复杂的有机物分解成简单的无机物并将其归还于环境。另外，大型消费者和小型消费者的生产都依赖于初级生产产物，因此被称为次级生产，它们本身也被称为次级生产者。

2. 非生物环境组分

非生物环境组分主要是指太阳辐射、无机物质、有机化合物（如蛋白质、糖类等）气候因素。

在以上生态系统的组成成分中，植被是自然生态系统的重要识别标志，也是划分自然生态系统的主要依据。

（三）生态系统的结构

生态系统的结构是指生态系统中组成成分相互联系的方式，包括物种的数量、种类、营养关系和空间关系等。生态系统中不论生物或非生物的成分多么复杂，其位置和作用分别是什么，彼此都紧密相连，共同构成一个统一的整体。生态系统的结构包括物种结构、营养结构和时空结构。

1. 生态系统的物种结构

生态系统的物种结构（物种多样性）是生态系统中物种组成的多样性，生态系统由许多生物种类组成。它是描述生态系统结构和群落结构的方法之一。物种多样性与生境的特点和生态系统的稳定性是相联系的。衡量生态系统中生物多样性的指数较多，如 Simpson 指数、Shannon-Wiever 指数、均匀度、优势度、多度、频度等。

2. 生态系统的营养结构

生态系统的营养结构，是以营养为纽带，把生物、非生物有机结合起来，使生产者、消费者和环境之间构成一定的密切关系。它可分为以物质循环为基础的营养结构和以能量为基础的营养结构。

3. 生态系统的时空结构

生态系统的外貌和结构随时间的不同而变化，这反映出生态系统在时间上的动态，一般可分成三个时间尺度，即长时间尺度、中等时间尺度、短时间尺度。任何一个生态系统都有空间结构，即生态系统的分层现象。各种生态系统在空间结构布局上有一定的一致性。在系统的上层，集中分布着绿色植物（森林生态系统）或藻类（海洋生态系统），这种分布有利于光合作用，又称为绿带，或光合层。绿带以下为异养层或分解层。生态系统的分层有利于阳光、水分和空间的充分利用。

（四）生态系统的基本功能

生态系统的基本功能可以大概分为物质生产、能量流动、物质循环、信息传递四个方面。生态系统的这些基本功能相互联系，紧密结合成为生态系统的动力核心。

1. 生态系统的物质生产

生产者生产、消费者消费是生态系统内的基本过程。一般来说，生态系统的生产是指把太阳能转变为化学能，再经过动物的生命活动转化为物能的过程。

生态系统中与物流和能流同时存在的还有信息流。信息流在有机体之间进行信息传递，随时对系统进行控制和调节，把各个组成部分联成一个整体。

2. 生态系统的能量流动

（1）能流的概念。

能源分为太阳能和辅助能。太阳能是生态系统中能量的主要来源，但并不是所有到达地表的太阳辐射都是光合有效辐射，光合有效辐射只占地面所接受的总辐射的 50% 左右。

辅助能是指除太阳能以外的，对生态系统所补加的一切形式的能量。进入生态系统的能量（物质）并不是静止的，而是不断地被吸收、固定、转化和循环。能量和物质的这种运动状态（行为）叫作流，能量行为叫能流，物质行为叫物流。

库是能量、物质在生态系统内的运行过程中被暂时吸收、固定、贮存或交换的场所。库分为两大类：一是贮存库，如石油、煤、石灰石、土壤等；二是交换库，指生物体与大气圈、水圈、土壤圈、生物圈之间物质和能量交换的场所。

（2）热力学定律与耗散结构理论。

能量在生态系统的流动完全遵循着热力学的第一和第二定律。

①热力学第一定律。热力学第一定律又称能量的转化与守恒定律，它指出:“在自然界的一切现象中，能量既不能创造，也不能消灭，而只能以严格的当量比例，由一种形式转变成另一种形式。”在生态系统中能量的形式可以用下式表示：

植物固化的日光能 = 植物组织的化学能 + 植物呼吸消耗的能；动物摄取的食物能 = 动物组织的化学能 + 动物呼吸消耗能 + 排泄物能。

因此，生态系统中的能量转换和传递过程，可以根据热力学第一定律进行定量。

②热力学第二定律。热力学第二定律称为能量衰变定律或熵定律。能量在转换过程中，总有一部分要散发为不可贮用的热能。能量在生态系统中的流动是单方向的，在流经食物链各个营养级时，只有能量的“做功”或以热的形式消散，直至有机物被全部消化产生热能为止，绝不能逆向进行。

耗散结构理论系统的无序性称为混乱度，也叫熵。熵越大，混乱度越大，越无秩序。反之，则称为负熵，即系统的有序性。负熵越大，即伴随物质能量进入系统后，有序性越大。只要有物质和能量不断地输入

生态系统，生物体就可以通过自身组织和建立新结构，造成并保持一种内部高度有序或低熵的状态。这种保持开放系统有序性的能力，称为稳定性。具有稳定性的开放系统，为耗散结构。环境平衡就是保持系统的有序性和稳定性。生态系统的组成和结构越复杂，它的稳定性越大，越容易保持平衡，这种相互作用越复杂，彼此的调节能力就越强，反之则越弱。这种调节的相互作用，称为反馈作用。反馈使系统具有自我调节的能力，以保持系统本身的稳定和平衡。最常见的反馈作用是负反馈作用，负反馈控制可以使系统保持稳定，正反馈则使系统的偏离加剧。但正反馈不能维持稳定，要使系统维持稳定，只有通过负反馈控制。

（3）生态系统的能量流动。

①能量在生态系统中的分配和消耗。植物通过光合作用所同化的第一性生产量成为进入生态系统中可利用的基本能源。这些能量遵循热力学基本定律，在生态系统内各成分之间不停地流动或转移，使得生态系统的各种功能得以正常进行。能量流动从初级生产在植物体内分配与消耗开始。食物在生态系统各成分间的消耗、转移和分配过程，就是能量的流通过程。

②食物链和食物网。食物链是指在自然界中，物种和物种之间取食与被取食的关系，食物链是生态系统中能量流动的渠道。食物链中的每个环节，处于不同的营养层次，又叫营养级。由于食物链的长度不是无限的，所以一般营养级不超过五级。食物链可分为捕食食物链、腐屑食物链、寄生食物链三类，也有人提出加上混合链。捕食食物链又叫草牧食物链、放牧食物链、植食食物链等，如草原生态系统中，“草→蚱蜢→青蛙→蛇→鹰”就是捕食食物链。腐屑链又叫残屑食物链、碎屑食物链等，从死亡的有机体到微生物再到摄食腐屑的生物及它的捕食者，都属于该链。腐屑食物链多存在于棕色带内。寄生链是以寄生的方式取食活的生物有机体而构成的食物链，如“大豆→大豆菟丝子”“马→马蛔虫→原生动物”。混合链是指构成食物链的各环节中，既有活食性生物又有腐屑性生物，如“稻草→牛→蚯蚓→鸡→猪→鱼”。在生态系统中，各种生物之间取食与被取食的关系，往往不是单一的，而是错综复杂的。一种消费者可取食多种食物，而同食物又可被多种消费者取食，于是形成食物链之间交错纵横，彼此相连的关系。这种网状结构，即食物网。

③有毒物质富集。在生态系统中，能量沿食物链的传递方向是逐级递减的，这是因为能量在食物链传递过程中伴随着热量的散失，遵守热力学第二定律。但是，食物链的另一个重要特点就是，某些物质，尤其是一些有毒物质进入生物体后难以分解或排出，在生物体内积累，使生物体内这些物质的浓度超过环境中这些物质的浓度，造成生物浓缩和富集，这些物质沿食物链从低营养级生物到高营养级生物，使处于高营养级的生物体内的这些物质的浓度显著提高。这被称为有毒物质富集，即高营养级的有毒物质积累最高，这是一种严重的生物放大作用。人类活动排到环境中的有害物，如有机合成农药、重金属和放射性物质等，通过水、土、食物的聚集，影响到食物链上的一系列生物，最后反过来危及人类自己。

用 DDT（滴滴涕，一种杀虫剂）消灭水中的蚊子，原以为剂量对鱼是安全的，施用后不久发现这种农药在食鱼鸟体内积累。鸟类因 DDT 引起体内激素分解，从而影响蛋壳的形成，进而影响雏鸟的孵化。原以为对个体不会致死的剂量变成了对群体致死的剂量。

1953 年，日本熊本县水俣湾发生的震惊世界的水俣病，是食物链富集的甲基汞中毒。除汞之外，锌、铅、镉、铬等重金属也都可富集致病。而许多杀虫剂、除草剂、落叶剂等都含有毒物，如有机氯、苯、酚、重金属等。这些都是肉眼看不到但危险性极大的杀手，所以人类要想安全地延续下去，必须从保护地球环境入手，祛除各种污染，净化食物链。

④生态金字塔。在营养级序列上，上一级营养级总是依赖于下一营养级的能量，下一营养级的能量只能满足上一营养级中少数消费者的需要，逐级向上，营养级的能量呈阶梯状递减。于是，形成一个底部宽、上部窄的尖塔形，称为生态金字塔。

生态金字塔通常分为以下三种类型：

数量金字塔：表示食物链各营养级上生物个体数量之间的比例关系。

生物量金字塔：表示食物链各营养级上生物体现存量（总干重）之间的比例关系。

能量金字塔：一般用单位时间内单位面积上的能流量或生产力表示的比例关系。从生态金字塔关系，我们可以看到，当人吃粮食时，处在生态金字塔的下部，与草食动物属于同一营养级；当人吃肉时，则处在

生态金字塔的中上部，属于肉食动物的位置。根据林德曼的“百分之十定律”，营养级越高，能量损失越大。人以初级生产的产物，如粮食、蔬菜、水果等为食，食物链最短，比较经济。

⑤生态效率。生态效率是指能量通过各营养级时的转化效率，即食物链不同位置上能流的比例关系。

3. 生态系统的物质循环

（1）物质循环的特点。生态系统中物质循环具有三个特点：

第一，参与循环的基本物质是生命元素。

第二，物质循环的模式是循环往复。

第三，物质循环结合生命系统中的数量，通常只能缓慢地将该元素从蓄库中放出。

物质在生态系统的转换过程中，随着能量的释放也会发生“质量亏损”，亏损的那部分并没有消失，而是由实物形式转化为场形式；所亏损的质量，则由原来实物物质的静质量转化成为场物质的动质量。

（2）生物地球化学循环。生物地球化学循环是指各种化学元素和营养物质在不同层次的生态系统内，乃至整个生物圈里，沿着特定的途径从环境到生物体，从生物体再到环境，不断地进行流动和循环，构成了生物地球化学循环，又称生物地化循球化学旋回。

生物地球化学循环包括两方面内容：一是地质大循环，物质或元素经生物体的吸收，从环境进入生物有机体内，生物有机体再以死体、残体或排泄物等形式将物质或元素返回环境进入大气、水、岩石、土壤和生物五大自然圈层的循环。二是生物小循环，环境中的元素经生物体吸收，在生态系统中被多层次利用，然后经过分解者的作用，再被生产者吸收、利用。主要物质的生物地球化学循环有碳循环、氮循环、磷循环、水循环。

4. 生态系统的信息传递

生态系统的信息传递不像物质流那样是循环的，也不像能量那样是单向的，而往往是双向的，有输入到输出的信息传递，也有从输出到输入的信息反馈。生态系统中包含多种多样的信息，大致可分为营养信息、物理信息、化学信息和行为信息。

三、生态平衡与生态稳定

（一）生态平衡

生态平衡的概念是由欧德姆（Eugene P.Odum）提出的，他认为生态系统具有自我调节恢复稳定的能力，他将生态系统的改变描述成动态平衡的过程，人类的活动应约束在自然系统的自我调节范围之内。生态平衡是指在一定时间内生态系统中的生物和环境之间、生物各个种群之间，通过能量流动、物质循环和信息传递，使它们相互之间达到高度适应、协调和统一的状态。也就是说，当生态系统处于平衡状态时，系统内各组成成分之间保持一定的比例关系，能量、物质的输入与输出在较长时间内趋于相等，结构和功能处于相对稳定状态，在受到外来干扰时，能通过自我调节恢复到初始的稳定状态。在生态系统内部，生产者、消费者、分解者和非生物环境之间，在一定时间内保持能量与物质输入、输出动态的相对稳定状态。

（二）生态稳定

生态系统是远离平衡的耗散结构，各组成要素处于协同作用的相干状态，具有非线性反馈机制，存在导致有序化的涨落，因此生态系统是一种具有反馈机制的控制系统。生态系统通过其生产者——绿色植物固定太阳能，并从地球表层吸收各种物质，源源不断地从外在环境输入负熵流。生产者、消费者和分解者共同形成的食物链、网就是负熵流的流通渠道，能量逐渐消耗，不断产生熵。正是负熵流的不断涌入，不断抵消着系统内部的增熵过程，生命系统才得以存在和发展，系统才能保持有序和稳定，经过长期的演化，形成了生态系统复杂的反馈机制和自我调控能力，这是理解生态系统稳定问题的重要契机。生态系统的自我调控就是指当生态系统的某些变量发生改变或偏离时，系统能通过一系列非线性反馈的调控，使系统恢复稳定、有序。如果系统的结构遭到损伤与破坏，这种机制还能使系统自发地重新组织成新的有序结构。当生态系统从外在环境输入的负熵流增强时，不但抵消了增熵过程，还使总熵下降，这时生态系统就能进化、升级，形成更高层次的耗散结构；当生

态系统从外在环境输入的负熵流减弱时，则不能抵消增熵过程，从而使总熵上升，这就意味着生态系统衰退、降级，从复杂的、高层次的耗散结构转变为较简单的、较低层次的耗散结构，其有序、稳定的水平也相应降低。倘若系统从外在环境输入的负熵流仅能抵消系统的增熵过程，但总熵不变，那么生态系统有序、稳定的水平就是停滞的，处于一种定态，这种状态的耗散结构既无衰退，也无进化。

生态系统的自我调控是通过系统的非线性反馈调控来实现的。例如，在水域生态系统中，春季水温上升，水生动物和植物的生理代谢过程加快，随着呼吸作用的增强，水中二氧化碳的含量增加、氧气含量减少；而水温的升高又使植物的光合作用更旺盛，植物进行光合作用的过程要消耗大量二氧化碳，并放出氧气，这样一来，水中的二氧化碳和氧气又恢复了正常。人为调控也可以参与生态系统的运行，如一块沙漠有序性很低，如果人类有意识地引入水，并逐步地种植防风固沙林，这无疑是一个输入负熵流、抵消系统内部增熵的过程。其结果，这一处沙漠可能慢慢地变成了绿洲，绿洲要求的自然条件组合肯定比沙漠本身要严格、有秩序。但是这块绿洲必须随时照料，不断地保持这种自然条件的有序性，否则一旦断了负熵流的来源，系统内部的增熵过程就无法抵消，这种有序性总是要趋向于无序性，绿洲总是有再变成沙漠的可能。因此，人类改造自然的过程，就是向自然界输入负熵流、降低熵值、提高其有序性的调控过程。

（三）多样性导致稳定性的生态系统

一个由众多生物物种组成的复杂生态系统，总是比一个只有少数几种物种组成的简单生态系统更能承受自然灾害或人为干预的打击，从而保持较好的稳定状态。例如，气候变化、某种害虫或病毒的入侵，对一个作物种类单一、生态格局简化的农田生态系统可能造成严重的，甚至毁灭性的打击。然而，上述情况对一个物种丰富、结构复杂，生态格局多样性的森林生态系统来说，通常是不会产生毁灭性后果的。树种单一的马尾松林，在松毛虫的侵害下可能遭到巨大损伤，甚至被毁；而非单一树种组成的针、阔叶混交林的稳定性就强得多，即使遭受危害也只是部分的、某种程度上的，一般不会是毁灭性的。在物种特别丰富、结构特别复杂的热带雨林，这种对抗灾变的稳定性是最强的，有序化程度也是最高的。因而热带雨林被认为是维护地球生态健全最重要的一种森林生态系统。这些现象和事实的普遍存在说明了多样性导致稳定性。物种的多样性意味着生态系统的结构复杂、网络化程度高，异质性强，能量、物质和信息输入输出的渠道众多且密集，纵横交错、畅通无阻，因而流量大、流速快、生产力高。即使个别途径被破坏，系统也会因多样物种之间的相生相克、相互补偿和替代而保证能量流、物质流、信息流的正常运转，使系统结构被破坏的部分得到迅速修复，恢复系统原有的稳定态，或形成新的稳定态。

（四）生态边缘效应

现代生态学所论及的边缘效应是指这样一种现象：在两种或多种生态系统交接重合的地带，通常生物群落结构比较复杂，某些物种特别活跃，出现不同生态环境的生物种类共生的现象，种群密度也有显著的变化，竞争激烈，生存力和繁殖力也相对更强。例如，许多鸟类在乡村、居民点、城郊、校园等自然和人工生态系统邻接处，其种类、密度和活跃程度都比在人迹稀少的荒野、草原或单种森林更多、更大；森林生态系统的林缘地带植物种类更丰富，花繁草茂的程度远甚于森林内部，一些野生动物更频繁地出没于植物镶嵌度大的边缘栖境；海洋的高产区都集中在同陆地、岛屿交接的地方或河口、海湾地区。生态科学认为，每一个物种、每一个生物个体都在多维的生态空间里占有一定的生态位，然而鉴于所处环境条件的局限，它们实际占有的生态位同理想生态位总是存在着或大或小的距离。这种距离就使得每一个物种、每一个个体潜藏着一种从实际生态位向理想生态位靠拢的趋势，生物群落的生态演替正反映了这种趋势。演替的“目的”无非是通过来自环境的能量和物质的不断输入与输出，不断抵消系统内部的增熵趋势，排除内部的无序，以维持和改善系统的功能。由于边缘地带的异质性、不稳定性和来自外系统的干扰与影响，这种有序化趋势和控制强度是从系统中心向系统边缘逐次递减的。因此，边缘地带自由度较高，选择余地较大。

（五）系统整体功能最优原理

系统论认为，整体功能大于部分之和。在整体中，各个子系统功能的发挥影响着系统整体功能的发挥，同时，各子系统功能的状态也取决于系统整体功能的状态。城市中各个子系统具有自身的目标与发展趋势，作为个体，它们都有无限制地满足自身发展的需要、不顾其他个体的潜势而存在的权利。所以城市各组成部分之间的关系并非总是协调一致的，而是呈现出相生相克的关系状态。因此，理顺城市生态系统结构，改善系统运行状态，要以提高整个系统的整体功能和综合效益为目标，局部功能与效益应当服从整体功能和效益。城市园林作为城市生态系统的子系统之一，需要适应整个城市生态系统的协调发展。换句话说，城市园林在国内目前情况下，虽然呈发展和上升的趋势，但在整个城市系统中还处于比较微弱的地位。因为无论从社会政治经济角度，还是从城市生态环境角度，城市园林目前都还处于一个较次要的位置。但城市园林对于城市居民个体和群体都具有非常现实和重要的意义，因此，园林设计专业的工作者应该争取更多的城市园林空间，更应该珍惜已有空间的规划设计和建设，既能保证城市园林这个子系统效益最大限度地发挥，又能协调整个城市系统。

四、可持续发展

可持续发展的概念是于 1987 年 4 月在世界环境与发展委员会（WCED）向联合国大会提交的《我们的共同的未来》的研究报告中首次提出的。在 1992 年的里约热内卢世界环保大会上，与社会人士给可持续发展下了明确的定义：可持续发展是既满足当代人的需求，又不对后代人满足自身需求的能力构成危害的发展。从此，可持续发展思想在全世界范围内得到共识。可持续发展包含了两个重要的方面：一是要满足人类发展的基本需求；二是当代人发展要有所限制，不能损害后代人的生存能力。

五、景观生态学

景观生态学的概念是由德国植物学家 C. 特罗尔（C.Troll）在 1939 年将生态学与地理学、景观学结合而提出的。景观生态学强调对大区域内

不同小地域单元的自然生物综合体的相互作用、相互关系的分析。这也决定了景观生态学是一门以生态学为基础，同时包含着地理学、美学、环境科学、风景园林学的综合学科。其研究对象表面看来往往是大、中尺度区域范围内的景观，但研究的本质是研究区域的自然、社会资源以及经济、管理状况的综合影响，具有综合性和区域的宏观视角特色。在研究过程中会设计景观的动态过程和整体结构。景观生态学将园林设计中的功能性垂直分析法与地理学中空间描述性水平分析法相结合，使景观生态学变为研究景观格局的形成与变迁、各要素之间相互联系的设计策略。随后，查德·福尔曼和切尔·戈登提出了景观生态学的基本结构，即一个区域内的景观是由斑块、基质、廊道构成。景观生态学有自身的局限性，但其偏向于大、中尺度区域的研究，能加深设计者对区域生态需求的了解，对生态园林整体的把控起到一定的促进作用。但景观生态学提供的理论指导过于总体化、理论化，诸如破碎度、隔离度等指标对园林设计者来说无法落实到图纸上，故理论与实践有一定的脱节。

第二节　园林生态系统的内容

一、园林生态系统的概念

园林生态系统（Landscape Architecture Ecosystem），指在园林绿地空间范围内，生物成分和非生物成分通过物质循环和能量流动互相作用、互相依存而构成的一个基本生态学功能单位。园林生态系统由园林生物群落和园林生态环境两部分组成。园林生物群落系统包括生产者、消费者和分解者；园林生态环境系统包括太阳辐射以及各种有机和无机成分，各成分依附于系统而存在。系统各成分之间或子系统之间，通过能流、物质流、信息流而有机地联系起来，通过相互制约、相互作用形成一个有机体。园林生态系统是园林生物群落存在的基础，为园林生物的生存、生长发育提供物质基础；园林生物群落是园林生态系统的核心，是与园林生态系统紧密相连的部分。园林生态环境与园林生物群落互为联系、相互作用，共同构成园林生态系统。同时，园林又是以人的活动为主体的开放系统，是一个由人类活动的社会属性、经济属性及自然过程相互关系构成的系统，即社会—经济—自然复合生态系统。

二、园林生态系统的服务功能

园林生态系统作为一个自然生态系统和人工系统的结合生态系统，主要具有生态系统服务功能。

园林生态系统的服务功能是指园林生态系统与生态过程为人类所提供的各种环境条件及效用。园林生态系统作为一种生态系统，既具有生态系统总体的服务功能，又具有其本身独特的服务功能。具体内容表现为以下几点。

（一）净化环境的作用

园林生态系统的净化作用主要表现在对大气环境的净化作用及对土壤环境的净化作用。园林生态系统对大气环境的净化作用主要表现在维持碳氧平衡、吸收有害气体、滞尘效应、减菌效应、减噪效应、负离子效应等方面。研究表明，一般城市中每人平均拥有 $10m^2$ 的树木或 $25\ m^2$ 的草坪才能保持空气中二氧化碳和氧气的比例平衡，使空气保持清新。

园林生态系统对土壤环境的净化作用主要表现在园林植物的存在有助于土壤自然特性的维持，保证了土壤本身的自净能力；园林植物能吸收土壤中的各种污染物，有净化作用。

（二）生物多样性的产生与维持

生物多样性（Biodiversity）指从分子到景观各种层次生命形态的集合，通常包括生态系统、物种和遗传多样性三个层次。生物多样性的高低是反映一个城市生态环境质量高低的重要标志。生物栖息地的丧失和破碎化是生物多样性降低的重要原因之一。园林生态系统可以营建各种类型的绿地组合，不仅丰富了园林空间的类型，而且增加了生物多样性。园林生态系统中的各种自然类型的引进或模拟，一方面可以增加系统类型的多样性，另一方面可以保存丰富的遗传信息，避免自然生态系统因环境而变动，特别是避免由于人为干扰而导致物种灭绝，起到了类似迁地保护的作用。

（三）改善小气候的作用

园林生态系统能改善或创造小气候。园林植物通过蒸腾作用，可以增加空气湿度，大面积的园林植物群落共同作用，甚至可以增加降水，改善本地的水分环境，如 1ha 阔叶林能蒸发 2500t 水，比同等面积裸地高 20 倍，可有效提高空气湿度，增加空气中负离子的浓度；园林植物的生命过程还可以平衡温度和湿度，使局部小气候不至于出现极端类型，提高城市居住环境的舒适度。研究表明，夏季城市中草坪的表面温度比裸地低 6~7℃，林下树荫下的气温较无绿地低 3~5℃；园林植物群落可以降低小区域范围内的风速，形成相对稳定的空气环境，或在无风的天气下形成局部微风，从而缓解空气污染，改善空气质量；园林植物还通过本身的净化能力改善环境质量，从而可以大大改善小气候。①

园林生态系统随着其范围的扩大和质量的提高，其改善环境的作用也会随之增大，并在大范围内改善气候条件。

（四）维持土壤自然特性的能力

土壤是一个国家财富的重要组成部分，在世界历史上，肥沃的土壤养育了早期文明，有的古文明因土壤生产力的丧失而衰落。今天，世界约有 20% 的土地因人类活动的影响而退化。

通过合理的营建园林生态系统，可使土壤的自然特性得以保持，并能进一步促进土壤的发育，保持并改善土壤的养分、水分、微生物等状况，从而维持土壤的功能，保持生物界的活力。

（五）缓解各种灾难的功能

建设良好、结构复杂的园林生态系统，可以减轻各种自然灾害对环境的冲击及灾害的深度蔓延，如防止水土流失；在地震、台风等自然灾害发生时给居民提供避难场所；由抗火树种组成的园林植物群落能阻止火势的蔓延；各种园林树木对放射性物质、电磁、辐射等的传播有明显的抑制作用，等等。

---

① 关庆伍．长春市公园绿地的植物景观评价 [D]. 哈尔滨：东北林业大学，2006.

（六）社会功能

良好的园林生态系统可以满足人们日常的休闲娱乐、身体锻炼、观赏美景、领略自然风光的需求。幽雅的环境一方面可以在喧嚣的城市硬质景观中，为人们提供一个放松身心、缓解生活压力、安静的休息场所；另一方面，也为人们提供一个非常重要的社会交往场所，对促进社会交往和社区健康发挥着重要的作用。

（七）精神文化的源泉及教育功能

各地独特的动植区系和自然生态系统环境在漫长的文化发展过程中塑造了当地人们的特定行为习俗和性格特征，决定了当地的生产生活方式，孕育了各具特色的地方文化，一方水土养一方人就是这个意思。城市的文化特色是城市历史发展积累、沉淀、更新的表现，同时也是人类居住活动不断适应和改造自然特征的反映。在城市文化特色中，城市园林是城市文化特色的自然本底，是塑造城市文化特色的基础。园林生态系统在为人们提供休闲娱乐的同时，还可以让人们学习到各种文化，增加个人知识、提高个人素养，同时人们在自然环境中欣赏植物，可以对自然界的巧夺天工、生物界的无奇不有赞叹不已，更能增加他们对大自然的热爱，从而懂得珍爱生命。

在城市中，特别是大型城市中，人们真正与大自然接触的机会较少，尤其是青少年。而园林生态系统是进行生命科学、环境科学知识教育的良好、方便的室外课堂，各种园林生物类型，特别是各种植物类型，具有教育的作用，如植物的进化过程、植物对环境的适应类型、植物的力量等，都为人们提供了学习的教材；园林丰富的景观、要素及物种多样性，也为环境教育和公众教育提供了机会和场所。①

三、园林生态系统的结构

园林生态系统的结构主要指构成园林生态系统的各种组成成分及量比关系，各组分在时间、空间上的分布，以及各组分间能量、物质、信息的流动途径和传递关系。园林生态系统的结构主要包括物种结构、空间结构、时间结构、营养结构和层次结构五个方面。

① 刘常富，陈玮．园林生态学[M].北京：科学技术出版社，2003.

（一）物种结构

园林生态系统的物种结构，指构成生态系统的各种生物种类以及它们之间的数量组合关系。

园林生态系统的物种结构多种多样，不同的系统类型其生物的种类和数量差别较大。例如，草坪类型物种结构简单，仅由一个或几个生物种类构成；小型绿地系统，如行道树、小游园等由几个到几十个生物种类构成；大型绿地系统，如公园、植物园、树木园、城市森林等，则是由众多的园林植物、园林动物和园林微生物所构成的物种结构多样、功能健全的生态单元。

（二）空间结构

园林生态系统的空间结构，指系统中各种生物的空间配置状况，通常包括垂直结构和水平结构。

园林生态系统的垂直结构即成层现象，指园林生物群落，特别是园林植物群落的同化器官和吸收器官在地上的不同高度和地下不同深度的空间垂直配置情况。目前，园林生态系统垂直结构的研究主要集中在地上部分的垂直配置上，内容主要包括单层结构、灌草结构、乔草结构、乔灌结构、乔灌草结构及多层结构（除乔、灌、草以外，还包括各种附生、寄生、藤本等植物配置）等。

园林生态系统的水平结构，指园林生物群落，特别是园林植物群落在一定范围内，植物类群在水平空间上的组合与分布。它取决于物种的生态学特性、种间关系及环境条件的综合作用，在构成群落的形态、动态结构和发挥群落的功能方面有重要作用。这一结构主要有自然式结构、规则式结构和混合式结构三种类型。

（三）时间结构

园林生态系统的时间结构，指由于时间的变化而产生的园林生态系统的结构变化。其主要表现为季相变化和长期变化。

1. 季相变化

季相园林，指园林生态系统经过长时间发展后发生的结构变化，表

现为园林生物群落的结构和外貌随季节的更迭依次出现改变。植物的物候现象是园林植物群落季相变化的基础。在不同的季节有不同的植物景观出现，如传统的春花、夏叶、秋实、冬态等。

2. 长期变化

长期变化，即园林生态系统经过长期发展后发生的结构变化。一方面表现为园林生态系统经过一定时间的自然演替变化，如各种植物，特别是各种高大乔木经过自然生长所表现的外部形态变化等，或由于各种外界（如污染）干扰使园林生态系统所发生的自然变化；另一方面是通过园林的长期规划所形成的预期结构表现，这以长期规划和不断的人工抚育为主。

（四）营养结构

园林生态系统的营养结构，指园林生态系统中的各种生物以食物为纽带所形成的特殊营养关系。其主要关系为由各种食物链所形成的食物网。

园林生态系统的营养结构由于人为干扰严重而趋向简单，在城市环境中表现尤为明显。园林生态系统的营养结构简单的标志是园林动物、微生物稀少，缺少分解者。这主要是由于园林植物群落简单，土壤表面的各种动植物残体，特别是各种枯枝落叶被及时清理造成的。园林生态系统营养结构的简单化，迫使既为园林生态系统的消费者，又为控制者和协调者的人类不得不消耗更多的能量以维持系统的正常运行。

按生态学原理，增加园林植物群落的复杂性，为各种园林动物和园林微生物提供生存空间，既可以减少管理投入，维持系统的良性运转，又可以营造自然氛围，为当今缺乏与自然密切接触的人们，特别是城市居民提供享受自然的空间，为人们保持身心的生态平衡奠定基础。

（五）层次结构

园林生态系统具有明显的层次结构，多个低层次的功能单元结合构成较高层次的功能性整体时，会产生在低层次中没有的新特性，这种现象就是新生野性现象或新生特性原则。园林生态系统既有其本身对局部环境重要作用的功能表现，又具有更高一层次的城市、区域层级保证其整个系统良性循环的作用。由于每个组织层次都具有同样的重要性，每个层次都有它本身特有的新生特性，因此，对园林生态系统的认识和研究要从不同的层次来考虑，这样既能保证园林生态系统本身的作用得以发挥，又能促进整个大环境功能的发挥。

第三节　生态园林的建设与调控

一、生态园林的建设

园林是自然景观与人文景观融为一体的特殊地域，已成为衡量城市现代经济水平和文明程度的标准，因此，以科学理论为指导，建设生态园林成为园林建设的热点。园林生态系统的建设是以生态学原理为指导，利用绿色植物特有的生态功能和景观功能，创造出既能改善环境质量，又能满足人们生理和心理需要的近自然景观。在大量栽植乔、灌、草等绿色植物，发挥其生态功能的前提下，根据环境的自然特性、气候、土壤、建筑物等进行植物的生态配置和群落结构设计，具有使其生态学上的科学性、功能上的综合性、布局上的艺术性和风格上的地方性，同时要考虑人力、物力和财力的投入量。因此，园林生态系统的建设必须兼顾环境效应、美学价值、社会需求和经济合理的需求，确定园林生态系统的目标以及实现这些目标的步骤等。

（一）生态园林的建设原则

1. 以生态平衡为主导

在生态园林的建设中，强调绿地系统的结构、布局形式与自然地形地貌和河湖水系的协调，以及与城市功能分区的关系，着眼于整个城市生态环境的合理布局，使城市绿地不仅围绕在城市四周，而且把自然引入城市中，以维护城市的生态平衡。近年来，我国不少城市，如北京、上海、天津、深圳等，开始了城郊结合、森林园林结合，将森林生态系统引入城市，在改善城市环境、丰富生物多样性方面取得了较好的成效。由于植物群落是生态园林的主体结构，也是生态园林发挥其生态作用的基础，所以应通过合理的植物群落的组成和布局，形成结构与功能相统

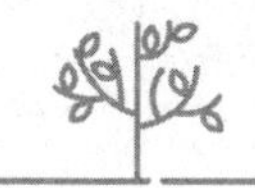

一的良性生态系统。同时，在植物种类、色彩配置上做到因地制宜、因需选种、因势赋形，通过合理布局园林绿地系统，使城市的园林建设逐步走向生态化、自然化。

2. 以生物多样性恢复和重建为基础

生物多样性是促进城市绿地自然化的基础，也是提高绿地生态系统功能的前提，所以生态园林建设应以恢复和重建城市物种多样性为基础。

生物多样性不仅反映了园林绿地环境中物种的丰富度、变化程度和均匀度，也反映了群落的动态及稳定性，以及不同的自然环境条件与群落的相互关系。在一个稳定的群落中，各种群对群落的时空条件、资源利用等方面都趋向于互相补充而不是直接竞争，系统越复杂也就越稳定。因此，在城市绿化中应尽量多造针阔混交林，少造或不造纯林。

生物多样性的保护首先要重视保护城市的自然植被和古树名木，完善城市绿地规划，加快绿廊体系建设，增加城市的开敞空间和生境斑块的联结度，给生物提供更多的栖息地和通畅的生境迁移通道；其次要重视丰富城市绿化植物种类，特别是要加大地带性植被中的新种引种和驯化工作，构建具有区域特色和城市个性的城市绿地景观；再次，要通过合理配置，增加与绿地适应性种类和扩大物种多样性的结合；最后要按照自然地带性植物群落结构特点和演替规律，合理建设和改造城市绿地群落结构，尤其是合理选择耐阴植物，丰富地被植物的多样性。

园林系统生物多样性的维持应以乡土植物、天然植物群落为主，形成多种植物混交、种类丰富的结构层次。乡土植物在长期进化过程中，已经很适应当地的气候条件，大力发展这些乡土植物，本身就发挥了乡土优势。在生态园林建设中还应突出与当地相适应的生态园林景观，大面积推广种植乔木、灌木、草本多层植被的立体绿地，增加空间绿量，降低管理成本，提高绿地系统的功能。

3. 生态园林建设要做到因地制宜

由于城市环境具有多样复杂、系统脆弱和胁迫深刻等特点，生态园林建设必须考虑土壤、环境、位置和功能等多种因素，利用城市的特殊小气候环境，营造景观的多样性。针对城市绿地自然土壤性能差的特点，应积极推广以人工介质为基础的种植土，创造适生环境，提高绿地自维持机制。重视植物配置与建筑物环境的协调，将建筑物空间和绿地景观融为有机整体。针对植物的生长发育规律，因时制宜，保持绿地景观的相对稳定和季相变化。过分强调奇花异草、盲目将南方植物北移、照搬异地和国外绿化模式、跟风赶时髦，其结果是生态和景观功能既得不到保证，代价又极大，应引起重视。

4. 处理好种间关系是关键

绿化植物的种间关系对群落演变具有决定性影响，对种间关系认识不足也会造成绿地景观的退化。竞争和适应是风景园林绿地植物主要的种间关系，而物种竞争能力具有竞争等级性，并受目标种和邻居种的影响。竞争和适应能力与扎根类型和深度、植株大小、生长率、耐阴性和他感作用等特征有关，还受植物的形态、生理、生活史、环境条件和资源水平影响。因此，应加强植物生物学和生态学特性研究，充分借鉴地带性演替群落的种类组成和结构规律，师法自然，考虑植物的相生相克，选择适宜的耐阴小乔木、灌木和地被植物，并通过密度和频度制约等方式调整群落种间的关系，使群落种群趋向互相补充而不是直接竞争。此外，还需充分利用太阳辐射、热量、水分和土肥等资源，提高绿地的生产力和稳定性。

5. 以建立群落自我维持机制为核心

园林绿地植物群落的形成是一个有序渐进的系统发育和功能完善的过程，所以生态园林建设不应过分注重事后管理，应加强源头建设和规划，以帮助生态园林实现自维持机制，自发改善种群结构，提高绿地自身的稳定性和抗逆性。建设中要尽量选用与当地气候和土壤相适应的植物种类，推广乔灌草结构群落，尽量减少单一树种模式或草坪，促进群落自肥的良性循环机制，减少施肥、除草和修剪等工作，从而降低建设和维护费用。

要引入群落的生态设计和生态系统管理，调节目标植物与有害生物的动态平衡，实现城市绿地植物的无公害控制，如通过对绿地水体建设，为有益昆虫和两栖动物提供适宜生境，让植物、病虫害、天敌及其环境相互作用、相互制约，形成病虫害生态调控机制。

6. 重视人与自然环境的和谐

现代城市生态园林以人类的福利为根本，追求人、植物景观、城市环境三者间的和谐共存，使城市居民、人工设施、历史民俗文化风情与绿色环境等各个方面达到最理想的配置。

（1）人与绿色环境的和谐。生态美的核心是和谐——物种种间的和谐、生物与生境的和谐、人与自然的和谐。人是城市环境中的主体及核心，城市生态园林景观应能够满足城市居民一些生理上或心理上的需求，如通过在园林绿地空间中的观赏、游玩、休息、健身等活动而获得放松和调整等。同时，人的活动对园林绿地空间的维护和发展也会造成不同程度的影响，因此在现代生态园林建设中，既要满足各种人类活动对园林空间的可及性，又要考虑绿色环境的自我维护能力，使人们都愿意进入园林绿地空间开展各类有益的活动，又能与绿色环境和谐共处。

（2）人工设施与绿色环境的和谐。建筑及其他城市设施是城市景观的特点，雕塑、园林小品等人工设施也是园林的重要组成部分。生态园林建设中应力求使这些人工设施与园林绿地融为一体，一方面要保持绿色环境的自然特点，满足人类对自然的心理需求；另一方面应考虑借助人工设施的建设，完善园林空间的功能属性，使城市的绿色环境具有现代生活气息和时代特征。

（3）历史民俗文化风情与现代城市绿色环境的和谐。城市绿地是保持和塑造城市风情、文脉和特色的重要场所，应以自然生态条件和地带性植被为基础，将民俗风情、传统文化、宗教、历史、文物等融合在园林绿化中，使城市绿地系统具有地域性和文化性特征，产生可识别性和特色性。在传统文化和传统园林艺术中，园林植物往往具有丰富的寓意和象征，通过合理的种植设计，可在局部地区将园林植物的寓意和韵律表达出来，促使植物的形与神相结合，创造意境，烘托环境氛围，增加绿地品位和情调，实现功能、形式和意义的统一。

人类渴望自然，城市呼唤绿色。园林绿化发展应该以人为本，充分认识和确定人的主体地位和人与环境的双向互动关系，把关心人、尊重人的宗旨具体体现在城市园林设计的创造中，满足人们的休闲、游览和观赏的需要，使园林、城市、人三者之间相互依存、融为一体。总之，生态园林是以丰富的植物为主要材料、模拟再现自然植物群落、提倡自然景观的创造，形成城市生态系统的自然调节能力，改善城市环境，维护生态平衡，保证城市的可持续发展，最大限度地满足人类社会生存和发展的需求。

（二）生态园林建设的步骤

园林作为一种综合的艺术形式，其价值也是多方面的。首先，它是人们休憩游览的重要形式。从古至今，无论是否具备园林知识和文化修养，只要走进园林，人们都能够直接感受到园林的外在美，这是生态园林系统建设的重要功能。其次，园林不仅带来山水的生物美，同时也是一种文化、艺术。有形的山水、建筑、花草与人文艺术精神相互融合，最大限度地满足了人与自然和谐相处的愿望，是园林生态系统建设过程中要考虑的目标之一。生态园林的建设一般可按照以下几个步骤进行。

1. 园林环境的生态调查

园林环境的生态调查是园林生态系统建设的重要内容之一，是关系到园林生态系统建设成败的前提。在环境条件比较特殊的区域，如城市中心、地形复杂、土壤质量较差的区域等，生态环境往往会限制园林植物的生存。因此，科学地对预建设的园林环境进行生态调查，对建立健康的园林生态系统具有重要意义。

（1）地形与土壤调查。地形条件的差异往往影响其他环境因子，充分了解园林环境的地形条件，如海拔、坡向、坡度、小地形状况、周边影响因子等，对植物类型的设计以及整体的规划具有重要意义。土壤调查包括土壤厚度、结构、水分、酸碱性、有机质含量等。土壤比较贫瘠的区域或酸碱性差别较大的土壤，应详细调查。在城市地区，要注意调查土壤堆垫土，对于是否需要土壤改良、如何进行改良，要制订合适的方案。

（2）小气候调查。特殊小气候一般由局部地形或建筑等因素形成，城市中较常见。要对其温度、湿度、风速、风向、日照状况、污染状况等进行详细调查，以确保园林植物成活、成林、成景。

（3）人工设施状况调查。对预建设的园林环境范围内，已经建设的或将要建设的各种人工设施进行调查，了解其对园林生态系统造成的影响，如各种地上、地下管网系统的走向、类别、埋藏深度、安全距离等，在具体施工过程中要严格按照各种规章制度进行，避免各种不必要的事件或事故发生。

2. 园林植物种类的选择与群落设计

（1）园林植物的选择。园林植物的选择应根据当地的具体状况，因

地制宜地选择各种适生植物。一般要以当地的乡土植物种类为主，并在此基础上适当增加各种引种驯化的种类，特别是已在本地经过长期种植、取得较好效果的植物品种或类型。同时，要考虑各种植物之间的相互关系，保证选择的植物不会出现相克现象。

当然，为营造健康的园林生态系统，还要考虑园林动物与微生物的生存，选择一些当地小动物比较喜欢栖息的植物或营造其喜欢栖居的植物群落。

（2）园林植物群落的设计。园林植物群落的设计首先要强调群落的结构、功能和生态学特性相互结合，保证园林植物群落的合理性和健康性。其次要注意与当地环境特点和功能需求相适应，突出园林植物群落对特殊区域的服务功能，如工厂周围的园林植物群落要以改善和净化环境为主，应选择耐粗放管理、抗污吸污、滞尘、防噪的树种和草皮等；而在居住区范围内应根据居住区内建筑密度高、可绿化面积有限、土质和自然条件差以及人接触多等特点选择易生长、耐旱、耐湿、树冠大、枝叶茂密、易于管理的乡土植物，同时还要避免选用有刺、有毒、有刺激性的植物。

3. 种植与养护

园林植物的种植方法可简单分为大树搬迁、苗木移植和直接播种三种。大树搬迁一般是在一些特殊环境下为满足特殊要求而进行的，该种方法虽能起到立竿见影的效果，满足人们及时欣赏的需求，但绿化费用和技术要求较高，且风险较大，从整体角度来看，效果不甚显著，通常情况不宜采用；苗木移植在园林绿化中应用最广，该方法能在较短的时间内形成景观，且苗木抗性较强，生长较快，费用适中；直接播种是在待绿化的地面上直接播种，其优点是可以为各种树木种子提供随机选择生境的机会，一旦出苗就能很快扎根，形成合适根系，可较好地适应当地的生境条件，且施工简单，费用低，但成活率较低，生长期长，难以迅速形成景观，因此在粗放式管理特别是大面积绿化区域使用较多。养护是维持园林景观、使其不断发挥各种效益的基础。园林景观的养护包括适时浇灌、适时修剪、补充更新、防治病虫害等方面。

二、园林生态系统的调控

（一）园林生态系统的平衡与失调

1. 园林生态系统的平衡

园林生态系统的平衡指系统在一定时空范围内，在其自然发展过程中或在人工控制下，系统内各组成成分的结构和功能处于相互适应和协调的动态平衡。园林生态系统的平衡通常表现为以下三种形式。

（1）相对稳定状态。这种主要表现为各种园林植物与动物的比例和数量相对稳定，物质与能量的输入和输出相当。生态系统内各种生产者在缓慢的生长过程中保持系统的相对稳定，各种复杂的园林植物群落，如各种植物园、树木园、风景区等基本上都属于这种类型。

（2）动态稳定状态。系统内的生物量或个体数量，随着环境的变化、消费者数量的增减或人为干扰过程会围绕环境容纳量上下波动，但变动范围一般在生态系统阈值范围内。因此，系统常通过自我调控处于稳定状态。粗放管理的、简单类型的园林绿地多属于这种类型。

（3）“非平衡”的稳定状态。系统的不稳定是绝对的，而平衡是相对的，特别是在结构比较简单、功能较小的园林绿地，物质的输入输出不仅不相等，甚至不围绕一个饱和量上下波动，而且是输入大于输出，积累大于消费。要维持其平衡状态必须不断地通过人为干扰或控制外加能量维持。各种草坪以及具有特殊造型的园林绿地多属于该类型。该类型必须进行适时修剪管理才能维持其景观，否则，其稳定性就会被打破。园林生态系统是一个开放的生态系统，它是不断运动和变化的，可以通过自身、内部的调控机制维持平衡，也可以通过外界的干扰（生物的或人类的）保持平衡。在系统内，物质的输入输出始终在进行，局部或小范围的破坏或扰动可通过系统的整体调控机制进行调控和补偿，局部的变动或不平衡并不影响整体的平衡。

2. 园林生态系统的失调

如果干扰超过园林生态系统的生态阈值和人工辅助的范围，就会导致园林生态系统本身自我调控能力下降甚至丧失，最后导致生态系统退化或崩溃，即生态园林系统失调。造成园林生态系统失调的因素很多，

主要包括自然因素和人为因素。

（1）自然因素。自然因素如地震、台风、干旱、水灾、泥石流、大面积的病虫害等。这些都会对生态园林系统构成威胁，导致生态系统失调。系统内部各生物成分的不合理配置，如生物群落的恶性竞争，也会导致生态系统失调。自然因素的破坏具有偶发性、短暂性，如果不是毁灭性的侵袭，通过人工保护，再加上后天精细的管理补偿，仍能很好地维持平衡。

（2）人为因素。人们对园林生态系统的恶意干扰是导致系统失调的一个重要原因。人为因素包括城市建筑物大面积侵占园林用地，任意改变园林植物的种类配置，盲目引进外来未经栽培试验的植物种类，在园林植物群落内随意倾倒垃圾、污水等。此外，为获得某种收益而扒树皮、摘树叶、砍大树、挖树根、捕获树体内昆虫等都会造成生态园林系统失调。

（二）园林生态系统的调控

园林生态系统的调控是以生态学原理为指导，利用绿色植物特有的生态和景观功能，创造出既能改善环境质量又能满足人们生理和心理需要的自然景观。在大量栽植乔、灌、草等绿色植物，发挥其生态功能的前提下，根据环境的自然特性、气候、土壤、建筑物等景观要素的要求进行植物的生态配置和群落结构设计，达到生态学上的科学性、功能上的综合性、布局上的艺术性和风格上的独特性，同时，还要考虑人力、物力的投入量。因此，园林生态系统的建设必须兼顾环境效应、美学价值、社会需求和合理的经济需求，确定园林生态系统的目标以及实现这些目标的步骤等。园林生态环境系统运行以人为主体，具有主动性、积极性。从生态学的观点来看，园林是一个人、物、空间融为一体，生产、生活相辅相成的新陈代谢体。其基本特点是由相互联系的各部分组成，具有系统性、有机性、决策性。它以人为中心，以人的根本利益为目的，能自我调节，有再生和决策能力，与周围环境协同进化，是生长和运动着的有机体系。园林生态系统调控就是根据自然生态系统高效、和谐的原理去调控园林生态环境的物质、能量流动，使之平衡、协调。

1. 园林生态系统调控的生态学原理

园林生态系统调控是根据自然生态系统的高效和谐原理，即靠共生、竞争、自然选择来自我调控各种生态关系，达到系统整体功能最优，同时通过规划、法规、制度、管理来人为控制。

（1）生态系统食物链结构原理。只有将园林生态系统中的各条食物链接成环，使物质在系统内循环利用，减少废物的排放，尽可能将废物处理后再利用，在园林系统废物和资源之间、内部和外部之间搭起桥梁，才能提高园林的资源利用效率，改善园林的生态环境。

（2）共生协同进化原理。共生指不同种的有机体或子系统合作、共存、互惠互利的现象。共生带来有序，生态效益随之增高；共生的结果使所有共生者都大大节约了原材料、能量和运输量，系统获得多重效益。因此，要提高园林生态系统的经济效益就要建立共生关系，可用园林生态规划的方法，通过调整关系，解决系统关系中不合理的问题，达到系统和谐的目标。

（3）因地制宜，占领生态位原理。要尽可能抓住一切可以利用的机会，占领一切可利用的生态位，包括生物、非生物（理化）环境、社会环境的选择。要有灵活机动的战略战术，善于利用现有的力量与能量去控制和引导系统，善于因势利导地将系统内外一切可以利用的力量和能量转到可利用的方向。

（4）整体优化和最适功能原理。园林生态系统是一个自组织系统，其演替目标在于整体功能的完善，而不是其组分的增长。这要求一切组织增长必须服从整体功能的需要，其产品的功效或服务目的是第一位的。随着环境变化，管理部门应及时调整产品的数量、品质和价格，以适应系统的发展。

（5）最小风险定律。在长期生态演替的过程中，只有生存在与限制因子上、下限相距最远的生态位中的那些物种，生存机会才大。因此，现存物种是与环境关系最融洽、世代风险最小的物种。限制因子理论告诉我们，任何一种生态因子在数量与质量上的不足和过多，都会对生态系统的功能造成损害。园林提高了人类的生活品质，但是这一人工生态系统也为生产与生活的进一步发展带来了风险。要使经济可持续发展，生活品质稳步上升，园林生态系统也应采取自然生态系统的最小风险对策，调整人类活动，使其处于与上、下限风险值相距最远的位置，从而使风险最小、园林系统长远发展的机会最大。

2. 园林生态系统的调控原则

园林生态系统是一个半自然生态系统或人工生态系统，在调控过程中，必须从生态学的角度出发，遵循以下生态学原则，建立起满足人们需要的园林生态系统。

（1）森林群落优先建设原则。由于森林能较好地协调各种植物之间的关系，最大限度地利用当地的各种自然资源，是结构最为合理、功能健全、稳定性强的复层群落结构，是改善环境的主力军，同时，建设和维持森林群落的费用也较低，因此，在调控园林生态系统时应优先建立森林。乔木高度在 5 m 以上，树冠覆盖度在 30% 以上的类型为森林。如果特定的环境不是建设森林或不能建设森林，也应适当发展结构相对复杂、功能相对强的森林型植物群落。

（2）地带性原则。每一个气候带都有其独特的植物群落类型，如高温高湿地区的热带典型地带性植被是热带雨林，四季分明的湿润温带典型地带性植被是落叶阔叶林，气候寒冷的寒温带则是针叶林。园林生态系统的调控要与当地的植物群落类型相一致，才能最大限度地适应当地的环境，保证园林植物群落调控成功。

（3）充分利用生态演替理论。生态演替是指一个群落被另一个群落所取代的过程。在自然状态下，如果没有人为干扰，演替次序为杂草→多年生草本或小灌木→乔木，最后达到“顶极群落”。生态演替可以达到顶极群落，也可以停留在演替的某一个阶段。园林工作者应充分利用这种理论，使群落的自然演替与人工控制相结合，在相对小的范围内形成多种多样的植物景观，既能丰富群落类型，满足人们对不同景观的观赏需求，又可为各种园林动物、微生物提供栖息地，增加生物种类。

（4）保护生物多样性原则。保护园林生态系统中生物的多样性，就是对原有环境中的物种加以保护，不要按统一格式更换物种或环境类型。另外，应积极引进物种，并使其与环境之间、各生物之间相互协调，形成一个稳定的园林生态系统。当然，在引进物种时要避免盲目性，以防生物入侵对园林生态系统造成不良影响。

（5）整体功能原则。园林生态系统的调控必须以整体功能为中心，发挥整体效应，各种园林小地块的作用相对较弱，只有将各种小地块连成整体，才能发挥更大的生态效应。同时，将园林生态系统建设成为一个统一的整体，保证其稳定性，增强了园林生态系统对外界干扰的抵抗能力，从而大大减少维护费用。

3. 园林生态系统的调控技术

园林生态系统是一个开放的人工生态系统，与其他人工生态系统一样，也是由生物与其生存的环境组成的相互作用或有潜在相互作用的统一体。在组成系统的诸元素中，有些是人为可以控制的可控因子，如生物组分和环境质量组分中的水分和养分。而气候在目前的技术条件下无法直接进行人为控制，属于非可控因子，但通过一些适当措施，可以营造一个相对适宜的健康的生态系统。通过物理、化学和生物措施等的应用来调控园林生态系统，建立起光、热、水、气、土壤和各种生物的生态平衡，使经济、生态和社会三大效益相统一。但是人工调控必须按照生态学原理来进行，才能既满足目前需要，又能促进园林生态系统的良性发展。

（1）个体调控。园林生态系统的个体调控是指对生物个体，特别是对植物个体的生理及遗传特性进行调控，以增加其环境适应性，提高其对环境资源的转化效率。这种调控主要表现在新品种的选育上。我国植物资源丰富，通过选种可以大大增加园林植物的种类，而且可以获得具有不同优良发育的植物个体，并可以经直接栽培、嫁接、组培或基因重组等手段产生优良新品种，使之既具有较高的生产能力和观赏价值，又具有良好的适应性和抗逆性。同时，从国外引进各种优良植物资源，也是营建稳定健康的园林植物群落的物质基础。但应注意，对于各种新物种的引进，包括通过转基因等技术获得的新物种，一定要谨慎使用，以防止其变为入侵物种，对园林生态系统造成冲击而导致生态失调。

（2）群体调控。园林生态系统的群体调控是指调节园林生态系统中个体与个体之间、种群与种群之间的关系，充分了解园林植物之间的关系，特别是园林植物之间、园林植物与园林环境之间的相互关系，在特定环境条件下进行合理的植物生态配置，形成稳定、高效、健康、结构复杂、功能协调的园林生物群落，是进行园林生态系统调控的重要内容。具体措施主要包括：密度调节，如调节园林系统中植物的种植密度等；前后搭配调节，如林木的更新；群体种类组成调节，如立体种植、动物混养、混交林营造等；对系统的生物组分进行调节。它主要包括两个方面：其一，利用肥料、生长调节剂、生物菌肥等对园林植物生长的调节；

其二，利用除草剂、杀虫剂、杀菌剂、园林益虫等对草害、病虫害的调控。

（3）环境调控。环境调控就是利用有关技术措施改善生物的生态环境，从而达到调控的目的。它包括对土壤、气候、水分、有利和有害物种等因素的调节，其主要目的是改变不利的环境条件，或者削弱不良环境因子对生物种群的危害程度。具体表现为运用物理（整地、剔除土壤中的各种建筑材料等）、化学（施肥、施用各种化学改良剂等）和生物（施用有机肥、利用赤眼蜂和七星瓢虫等益虫防治害虫等）等方法改良生物生存的环境条件；通过各种自然或人工措施调节气候环境（利用温室、大棚、人工气候室等保存、种植园林植物）；通过增大水域面积，如加大喷灌、滴灌等，直接改善生物生存环境的水分状况。

（4）适当的人工管理。园林生态系统是在人为干扰较频繁环境下的生态系统，人们对生态系统的各种负面影响必须通过适当的人工管理来加以补偿。当然，有些地段特别是城市中心区环境相对恶劣，对园林生态系统的适当管理更是维持园林生态平衡的基础。而在园林生物群落相对复杂、结构稳定时可适当减少管理的投入，通过其自身的调控机制来维持。

（5）大力宣传与普及生态意识。加强法治教育、依法保护生态、大力宣传、提高公众的生态意识，是维持园林生态平衡乃至全球生态平衡的重要基础。要加强生态环境宣传教育，树立牢固的环境意识和环境法制观念，为保护环境与资源、维持生态平衡做贡献；参与监督、管理、保护环境的公众活动；积极开展以《中华人民共和国环境保护法》为主的各类宣传教育活动，让人们认识到园林生态系统对人们生活质量、人类健康的重要性，从我做起，爱护环境，保护环境。另外，在工业上推广不排污或少排污的工艺，推行废水、废气、废渣的回收利用；对园林植物的管护时推广节水、节肥、节农药以及生物防治病虫害等技术；积极调整能源结构，积极推广太阳能、风能等“洁净”能源，并在此基础上主动建设园林生态系统，真正维持园林生态系统的平衡。

（6）系统结构调控。利用综合技术与管理措施，协调不同种群的关系，合理组装成新的复合群体，使系统各组分间的结构与功能更加协调，系统的能量流动、物质循环更趋合理。从系统构成上讲，结构调控主要包括三个方面：①确定系统组成在数量上的最优比例；②确定系统组成在时间、空间上的最优联系方式，要求因地制宜、合理布局园林系统的配置；③确定系统组成在能流、物流、信息流上的最优联系方式，如物质能量的多级循环利用、生物之间的相生相克配置等。

（7）设计与优化调控。随着系统论、控制论的发展和计算机应用的普及，系统分析和模拟已逐渐地应用到生态系统的设计与优化中，使人类对生态系统的调控由经验型转向定量化、最优化。

第四节　生态园林规划与发展

一、生态园林规划的概述

（一）生态规划概念

生态规划是以可持续发展的理论为基础，以生态学原理和区域规划原理为指导，应用系统科学、环境科学等多学科的手段辨识、模拟和设计生态系统内部的各种生态关系和生态过程，确定资源开发利用与保护的生态适宜度，探讨改善系统结构与功能的生态建设对策，促进人与环境持续协调发展的一种规划方法。其目的是在区域规划的基础上，通过对某一区域生态环境和自然资源的全面调查、分析和评价，把区域生态建设、环境保护、自然资源的综合利用、区域社会经济建设有机结合起来，培育天蓝、水清、地绿、景美的生态景观，建设整体、协同、自生、开放的生态文明，孵化经济高效、环境和谐、社会适用的生态产业，确定社会、经济、环境协调发展的最佳生态位，建设人与自然和谐共处的舒适、优美、清洁、安全、高效的生态区，建立低投入、高产出、低污染、高循环、高效运行的生产调控系统，最终实现区域经济效益、社会效益和生态效益高度统一的可持续发展。生态规划以人为本，以资源环境承载力为前提，以强调系统开放、优势互补、高效和谐、可持续性等为显著特征。

自工业革命以来，人类以牺牲环境为代价，大量掠夺自然资源，贪婪地向自然界索取，创造了辉煌的物质文明，但人类赖以生存的环境却

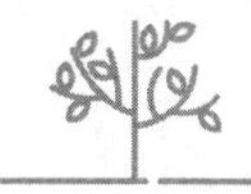

受到了严重的污染与破坏，人类面临严峻的生存危机和发展挑战。自1978年改革开放以来，我国在经济上取得了举世瞩目的成绩，工业迅猛发展，国民经济持续繁荣，人民生活水平极大提高。在这样的发展背景下，人们比以往任何时候都更向往园林城市、生态城市、田园城市，园林生态规划与设计的呼声也随之越来越高。生态规划已成为世界各地城市建设和规划研究的热点。

（二）园林生态规划的含义

园林生态规划，指运用园林生态学的原理，以区域园林生态系统的整体优化为基本目标，在园林生态分析、综合评价的基础上，建立区域园林生态系统的优化空间结构和模式，最终目标是建立一个结构合理、功能完善、可持续发展的园林生态系统。生态规划与园林生态规划既有差异也有共同点，生态规划强调大、中尺度的生态要素的分析和评价的重要性，如城市生态规划；而园林生态规划则以在某个区域生态特征的基础上的园林配置为主要目标，如对城市公园绿地、广场、居住区、道路系统、主题公园、生态公园等的规划。园林生态规划的任务应包括确定城市各类绿地的用地指标，选定各项绿地的用地范围，合理安排整个城市园林生态系统的结构和布局方式，研究维持城市生态平衡的绿地覆盖率和人均绿地等，合理设计群落结构、选配植物，并进行绿化效益的估算。

传统的园林绿地系统规划是以园林学和城市规划学为基础；城市园林绿地设计则多以塑造室外空间环境、满足城市居民对绿地空间的使用要求为主。从具体的实施效果来看，传统的城市园林绿地系统规划存在较多问题，如园林绿地系统规划设计缺少科学的理论支撑，缺少生态学方面的考虑，对城市绿地系统在再现自然、维持生态平衡、保护生物多样性、保证城市功能良性循环和城市系统功能的整体稳定发挥等方面的考虑与认识明显不足。城市园林绿地规划设计过分强调绿地的形式美，绿地人工化倾向较为严重，部分城市甚至把建设大草坪广场作为一种时尚，以破坏自然为代价来换取整齐的人工园林景观，缺少对原有自然环境的尊重，忽略了景观整体空间上的合理配置，致使园林景观封闭、物种单一、异质性差、功能不完善。在城市园林绿地的建设过程中，受经济利益的驱动致使城市大量现有和规划绿地被侵占，公共绿地建设速度极其缓慢，园林绿地建设往往同社会效益、经济效益明显对立，这是造成城市园林绿地实际实施效果不佳的主要原因之一。

而以园林生态学为指导的园林绿地系统规划注重融合生态学及相关交叉学科的研究成果，提倡在城市园林绿地系统规划中融入生态学和园林规划的思想，使城市园林绿地规划与园林生态规划实现有机结合，对城市绿地系统的布局进行深入的分析研究，使建成的城市园林绿地不仅外部形态符合美学规律以及居民日常生活行为的需求，同时其内部和整体结构也符合生态学原理和生物学特性的要求。城市绿地系统在城市复合生态系统中肩负着提供健康、安全的生存空间，创造和谐的生活氛围，发展高效的环境经济的重任。

（三）生态园林规划的设计方法

环境是人类赖以生存的基本条件。随着现代工业的发展，城市人口剧增、规模急剧膨胀，生态环境受到严重威胁。人类和环境紧密地联系在一起，相互制约，相互依赖，保持着相对稳定和平衡。随着时代发展，人们对环境的要求越来越高，“绿水青山就是金山银山”，生态空间建设是摆在我们面前的一项长期而艰巨的任务。

席卷全球的生态主义浪潮促使人们站在科学的视角上重新审视园林绿化行业，风景园林也开始将自己的使命与整个地球生态系统地联系起来。现在，在一些发达国家，生态主义的设计早已不是停留在论文和图纸上的空谈，也不再是少数设计者的实验，而是已经成为园林设计者内在的和本质的考虑。尊重自然发展过程、倡导能源与物质的循环利用和场地的自我维持、发展可持续的处理技术等思想贯穿于园林设计、建造和管理的始终。在设计中对生态的追求已经与对功能和形式的追求同等重要，有时甚至超越了后两者，占据了首要位置。

生态学思想的引入，使风景园林建设的思想和方法发生了重大转变，也大大影响甚至改变了园林的形象。园林建设不再只停留在花园设计的狭小天地，而是开始介入更为广泛的环境建设与生态恢复领域。对场地生态发展过程的尊重、对资源与能源的循环利用、对场地自我维持和可持续处理技术的倡导、都体现了浓厚的生态理念。

越来越多的风景园林建设在设计中遵循生态的原则，具体的规划设

计方法有以下几种。

1. 生态整体性与复合性方法

从生态学的角度来说，园林的各要素相互作用和交错，但各自有着独特的特点，最终形成一个有机整体。园林又是城市的一个组成部分，园林设计应尽量改善人居环境，生态园林设计的最终目的是为了与良好的生态过程协调，使其对环境的破坏降到最小而产出达到最大。

要从城市生态系统高度综合的角度考虑单个园林绿地的功能。生态系统中整体功能大于部分之和，这在风景园林设计中意味着应从整体上全方位进行设计，正确对待人的需求以及园林与自然的相互作用，追求整体效果。在整体中各子系统功能的状态取决于系统整体功能的状态，同时，各子系统功能的发挥影响系统整体功能的发挥，个体融于整体之中，整体功能才能很好地发挥。因此，风景园林规划设计对现场的了解非常重要，对于基址本身及周围的环境来讲，园林设计协调好这些联系将有助于该地块及所在区域作用的发挥。

复合性方法表现为生态园林的学科交叉与技术的融合。园林在发展过程中，不断与其他学科交流。学科间的交叉与互补增加了园林的活力，丰富了园林设计的语汇，使园林具有新的内涵。园林是科学、艺术和功能的统一体，在与其他学科的交流中，生态与艺术的结合增强了风景园林的审美韵味，扩展了园林的形式范围，而技术的合理应用增进了园林的生态效益。例如，园林中可采用生物修复法，种植能吸收有毒物质的植被，处理污染土壤，增加土壤的腐殖质含量和微生物活动，使土壤逐步改善；湿地公园利用生物技术，通过微生物与水生植物处理污水，如成都活水公园。

2. 尊重自然与显露自然的方法

一切自然生态形式都有其自身的合理性，是适应自然发展规律的结果。一切景观建设活动都应从建立正确的人与自然关系出发，尊重自然，保护生态环境，尽可能小的对环境产生影响。

自然生态系统一直生生不息地为人类提供各种生活资源与条件，满足人们各方面的需求。而人类也应在充分有效利用自然资源的前提下，尊重其各种生命形式和发生过程。自然具有强自我组织、自我协调和自生更新发展的能力。生态园林建设要顺应自然规律，从而保证自然的自我生存与延续。尊重自然就要适应场所的自然过程，现代人的需要可能与历史上该场所中的人的需要不尽相同，因此，为场所而设计决不意味着模仿和拘泥于传统的形式，而是将场所中的阳光、地形、水、气、土壤、植被等自然因素结合在设计中，从而维护场所的自然过程，达到“清水出芙蓉，天然去雕饰”的艺术效果。

尊重自然还体现在生态园林建设应保护与节约资源，特别是一些有特殊景观价值和历史价值的人文资源，如湿地、自然水系、古树名木、自然景观和古城、古建筑、民居等，更应该保存并让其展现特有的魅力。

显露自然是由于现代城市居民离自然越来越远，自然元素和自然过程日趋隐形，远山的天际线、脚下的地平线、夏日流萤、满天繁星都快成为抽象的名词了。如同自然过程在传统设计中从大众眼中消失一样，城市生活的支持系统也往往被遮隐。污水处理厂、垃圾填埋场、发电厂及变电站都被作为丑陋的对象而有意识地加以隐藏。自然景观以及城市生活支持系统的消隐，使人们无从关心环境的现状和未来，也就更谈不上由于对环境生态问题的关心而节制日常的行为。因此，要让人人参与设计、关心环境，必须重新显露自然过程，让城市居民重新感到雨后溪流的上涨、地表径流汇于池塘；通过枝叶的摇动，感到自然风的存在；从花开花落，看到四季的变化；从叶枯叶荣，看到自然的腐烂和降解过程。景观是一种显露生态的语言。

生态设计回应了人们对土地和土地上生物之间的依恋关系，并通过将自然元素及自然过程显露和引导人们体验自然，来唤醒人们对自然的关怀。这是一种审美生态，主张设计具有以下几方面的特征：第一，能帮助人们看见和关注人类在大地上留下的痕迹；第二，能让复杂的自然过程可见并可以被理解；第三，把被隐藏看不见的系统和过程显露出来；第四，能强调人与自然尚未被认识的联系。

显露自然作为生态设计的一个重要原理和生态美学原理，在现代园林景观的设计中越来越得到重视。生态显露设计，即显露和解释生态现象、过程和关系，强调设计者不单设计园林景观的形式和功能，还可以给自然现象加上着重号，突显其特征，引导人们的注意力，设计人们的体验。在这里，雨水不再被当作洪水和疾病传播的罪魁，也不再是城乡河流湖泊的累赘和急于被排泄的废物。雨水的导流、收集和再利用的过

程，通过城市雨水生态设计可以成为城市的一种独特景观。在这里，设计挖地三尺，把脚下土层和基岩变化作为景观设计的对象，以唤起大城市居民对摩天楼与水泥铺装下的自然意识。在自然景观中的水和火不再被当作灾害，而是一种维持景观和生物多样性所必需的生态过程。

3. 乡土性与地域方法

任一特定场地的自然因素与文化积淀都是对当地独特环境的理解与衍生，也是与当时当地自然环境协调共生的结果。所以，一个适合特定场地的生态园林项目，必须先考虑当地整体环境和地域文化所给予的启示，因地制宜地结合当地生物气候、地形地貌进行设计，充分使用当地的建材和植物材料，尽可能保护和利用地方性物种，保证场地和谐的环境特征与生物的多样性。

（1）特定区域内资源的利用。园林绿化基址在地理分布上差异是很大的，每一基址所处的生态类型都和特定范围相联系，所以基址不同，所处生态系统的类型也随之不同，并存在不同的生态条件。反映在园林建设中就是要考虑特定区域内的“自然”要素，如植被、野生动物、微生物、资源及土壤、气候、水体等。只有植根于自然条件下，园林才能更好地发展。

合理地利用特定区域内的资源，如乡土植物、本土建材等，还可降低管理和维护成本，当地的各种资源在生态位中的作用已经固定，合理地利用资源将对维护生态的平衡与发展起到良好的作用。

（2）地域文化的传承。地域文化是一个地方的人们在长期生产生活过程中积累起来的文化成果，是和特定环境相适应的，有着特定的产生和发展背景。园林建设要适宜于特定区域内的风土人情及其传统文化，还要挖掘这些文化的内涵，因为这些文化反映了当地人的精神需求与向往。园林设计者可以吸收融合国际文化以创造新的地域文化或民族文化，但不能离开地域文化的传承。尊重当地的区域特征，有助于创造特定的场所，也有助于环境的良性循环。

（3）乡土植物的应用。乡土性的重要表现是对乡土植物的应用。目前，城市绿化景观建设习惯使用外来植物，在城市景观草坪建设上尤为突出。现在各城市常使用的几种有限的草坪草种，几乎都是外来种，品种非常单一，还把当地的野生草作为杂草对待。在日常养护中，园林绿地中的野草都要被铲除。然而，种类繁多、生长茂盛的野草也是城市生物多样性的一部分，理应得到科学对待；野草生命力强，疏于管理也能顽强生存，应发挥其生态服务功能；对野草适当的选择应用，可以省去许多人工种植的引种草对精细养护和灌溉用水的大量耗费，并可以改变由于品种单一难以达到丰富景观的不利因素。应该说，保护城市的野草也是保持城市生态环境的需要，是城市绿化崇尚自然的需要。

乡土树种长期生长于当地，适应当地自然条件，生命力顽强，能发挥其自养功能，降低养护管理成本；多种乡土树种的组合造林，其稳定的生物群落可以提高抗病虫害和抗自然灾害能力，保护当地的自然植被；增加乡土树种，可以凸显本土特色，增加自然野趣；重视乡土树种的利用，可以构筑稳定的自然生物群落，体现生态的多样性。但从目前来看，乡土植物的应用还有一段长路要走。

乡土植物开发与应用可以从以下八个方面开展：一是加强基础研究，建立乡土树种种质资源保存库；二是保护现有的乡土植物群落；三是最广泛的应用就是最有效的保护；四是乡土木本植物种质创新，以育种为基本手段，选育优良品种；五是潜在植被的认识与应用；六是树种合理配置，科学种植；七是利用和适应群落发生发育规律；八是建议优先开发乡土植物。

4. 生物多样性方法

一般来说，生态系统的结构越多样复杂，其抗干扰能力越强，越易于维持稳定状态。园林设计中的多样性应体现在生物多样性和空间利用方式的多样等方面。

自然系统包容了丰富多样的生物，生物多样性是城市人们生存与发展的需要，也是维持城市生态系统平衡的基础。生物多样性至少包括三个层次的含意，即生物遗传基因的多样性、生物物种的多样性和生态系统的多样性。多样性维持了生态系统的健康和高效，因此是生态系统服务功能的基础。与自然相容的设计就应尊重和维护多样性，“生态园林的最深层的含意就是为生物多样性而设计”。为生物多样性而设计，不但是人类自我生存所必需的，也是现代设计者应具备的职业道德和伦理规范。而保护生物多样性的根本是保持和维护乡土生物与生境的多样性。对这一问题，生态园林设计应在三个层面上进行：其一是保持有效数量的乡

土动植物种群；其二是保护各种类型及多种演替阶段的生态系统；其三是尊重各种生态过程及自然的干扰，包括旱雨季的交替规律以及洪水的季节性泛滥。

关于如何通过景观格局的设计来保持生物多样性，是景观生态规划的一个重要方面。在城市中，要保留一些粗绿化，让野生植物、野草、野灌木形成自然绿化，这种地带性植物多样性和异质性的绿地，将带来动物景观的多样性，能吸引更多的昆虫、鸟类和小动物来栖息。例如，在人工改造的较为清洁的河流及湖泊附近，蜻蜓种类十分丰富，有时具有很高的密度。而高草群落（如芦苇等）、花灌木、地被植被附近，会吸引各种蝴蝶，这对于公园内少儿的自然认知教育非常有利。同时，公园内景观斑块类型增加贵阳，生物多样性也会增加，为此，应首先增加和设计各式各样的园林景观斑块，如观赏型植物群、保健型植物群落、生产型植物群落、疏林草地、水生或湿地植物群落等。曾一度被观赏花木、栽培园艺品种等价值标准主导的城市园林绿地，应将生物多样性保护作为最重要的指标。在每天都有物种从地球上消失的今天，乡土植物比奇花异卉具有更为重要的生态价值。通过生态设计，一个可持续的、具有丰富物种和生境的园林绿地系统，才是未来城市设计者所要追求的。

多样性还表现在对空间的充分利用上，就是以自然群落为范本，创造合理的人工植物群落，使植物在空间中各得其位，尽量创造多样的生境。

园林设计的基址经常有两种不同类型地段的交接与过渡，如水陆交接处，林缘、建筑基础四周，这些空间有着边缘效应，是生物生境变化较多的地带，能为人类提供多种生态服务，有着多样的生物流。园林设计应充分利用边缘地带，在丛林边缘，自然的生态效应会产生景观丰富、物种多样的林缘带，可以充分利用这种边缘效应创造丰富的景观。园林设计实践中经常忽视边缘效应的存在。人们常常看到水陆过渡带生硬的水泥衬底，本来应该是多种植物和生物栖息的边缘带，却只有暴晒的水泥或硬质石块。在河岸处理中，应仿效自然河岸，采取软式稳定法代替钢筋混凝土或石砌挡土墙的硬式河岸，这不仅有利于维护和保护生物多样性、增加景观异质性、促进循环、构架城市绿色走廊，而且有利于降低建造和管理费用。

5. 循环经济方法

要实现人类生存环境的可持续发展，必须高效利用能源，充分利用和循环利用资源，尽可能减少包括能源、土地、水、生物资源等的使用和消耗，提倡让废弃的土地、原材料（如植被、土壤、砖石等）服务于新的功能，循环再用。要将循环经济的基本原则——减量化（Reduce）、再利用（Reuse）、资源化[再循环（Recycle）]，简称“3R”原则，融入生态园林中去。

（1）减量化原则。减量化原则属于输入端控制原则，旨在用较少原料和能源来达到预定的生产目的和消费目的，在经济活动的源头就注重节约资源和减少污染。在生产中，减量化原则要求制造商通过优化设计制造工艺等方法来减少产品的物质使用量，最终节约资源和减少污染物的排放。在消费中，减量化原则提倡人们选择包装物较少的物品，购买耐用的可循环使用物品，而不是一次性物品，从而减少垃圾的产生；减少对物品的过度包装，反对消费主义。

减少自然资源的消耗主要包括节约用地，降低物耗、能耗和水耗，合理利用自然的光、水、风、温度等自然要素，利用生态系统自身的功能减少自然资源的消耗。

（2）再利用。再利用原则属于过程性控制，目的是通过延长产品的服务寿命，来减少资源的使用量和污染物的排放量。在生态园林设计中，再利用原则体现为更新改造，如可以对废弃厂房、废弃地遗留下来的质量较好的建材、构筑物进行改造，以满足新的功能需要，也体现为原有植被的尽可能保留。这样可以大大减少资源的消耗，也可以降低能耗，还可以节约因拆除而耗费的财力、物力，从而减少废弃物的产生。

对城市工业废弃地，通过生态恢复，可开辟成为公园、绿地等休闲娱乐场所，同时减少了废弃地处理的成本，一部分老厂房和构筑物可以成为公园的有机组成部分，并体现出时代的变迁之感。其他如建筑废物、矿渣、铁轨、残碎砖瓦等废弃物，也可局部或部分利用，产生新的功能，同时减少生产、加工、运输的物耗与能耗；也可以重复使用一切可利用的材料和构件，如钢构件、木制品、砖石配件、照明设施等。它要求设计者能充分考虑到这些选用材料与构件在今后再利用的可能性。

（3）资源化（再循环）原则。资源化（再循环）原则是输出端控制，

是指废弃物的资源化，使废弃物转化为再生原材料，重新生产出原产品或次级产品，如果不能被作为原材料重复利用，就应该对其进行回收，通过把废弃物转变为资源的方法来减少资源的使用量和污染物的排放量。这样做不仅能够减轻垃圾填埋场和焚烧场的压力，而且可以减少新资源的使用。

自然资源可分为水、森林、动物等再生资源和石油、煤等不可再生资源，对再生资源的合理利用可以减少对环境的影响。在园林设计中利用水资源和其他可再生资源可以减少环境的负效应。自然界的植物是自生自灭、自播繁衍的，在生态园林设计中可以利用植物的这种规律，如采用自播繁衍的地被植物可以减少维护的成本，而起着相似观赏作用的人工草坪，维护管理的费用高，而且过一定年限后会退化，需重新铺设。

以上原则中，减量化原则属于输入端方法，旨在减少进入生产和消费过程的物质量；再利用原则属于过程性方法，目的是提高产品和服务的利用效率；资源化（再循环）原则是输出端方法，通过把废物再次变成资源以减少末端处理的负荷。

循环经济的根本目标是要求在经济过程中系统地避免和减少废物，再利用和资源化（再循环）都应建立在对经济过程进行了充分源削减的基础之上。

总之，风景园林建设中应尽可能使用再生原料制成的材料、尽可能将场地上的材料循环使用、最大限度地发挥材料的潜力，减少生产、加工、运输而消耗的能源，减少施工中的废弃物，并且保留当地的文化特点。德国海尔布隆市砖瓦厂公园，便充分利用了原砖瓦厂的废弃材料——砾石。该公园将砾石作为道路的基层或挡土墙的材料和增加土壤中渗水性的添加剂，将石材砌成挡土墙，旧铁路的铁轨作为路缘……所有这些废旧物在利用中都获得了新的表现，也保留了上百年的砖厂的生态的和视觉的特点。

充分利用场地上原有的建筑和设施，赋予它们新的使用功能。德国国际建筑展埃姆舍公园中的众多原有工业设施都被改造成了展览馆、音乐厅、画廊、博物馆、办公场所、运动健身与娱乐建筑，均得到了很好的利用。公园中还设置了一个完整的自行车游览系统，在这个系统中可以充分地了解、欣赏区域的文化和工业园林，利用该系统进行游览，可以有效地减少对机动车的使用，从而减少环境污染。

高效率地用水，减少水资源消耗是生态原则的重要体现。一些园林设计项目，能够通过雨水利用，解决大部分的园林用水问题，有的甚至能够完全自给自足，从而实现对城市洁净水资源的零消耗。在这些设计中，回收的雨水不仅用于水景的营造、绿地的灌溉，还用作周边建筑的内部清洁，如德国某风景公园中最大限度地保留了原钢铁厂的历史信息，将原工厂的旧排水渠改造成水景公园，利用新建的风力设施带动净水系统，将收集的雨水输送到各个花园，用来灌溉。水景可为都市带来了浓厚的自然气息，形成充满活力的、适合各种人需求的城市开放空间，这些水都来自雨水的收集，用于建筑内部卫生洁具的冲洗、室外植物的浇灌及补充室外水面的用水。水的流动、水生植物的生长都与水质的净化相关联，园林被理性地融合于生态的原则之中。

6. 生命周期方法

生命周期的评价在工业生态学中是一种面向产品的方法，它评价产品、工艺或活动，从原材料采集到产品生产、运输、销售、使用、回收、维护和最终处置整个生命周期阶段的所有环境负荷，它辨识和量化产品整个生命周期中能量和物质的消耗以及环境释放，评价这些消耗和释放对环境的影响，最后提出减少这些影响的措施。

生态原理的应用体现在关注园林从开始到最终的全过程，即园林的生命周期，力图在源头开始，全过程预防和减少环境问题，考虑生命周期的每一个环节，而不是等问题出现后再解决。

园林中生态原则的应用应以系统的思维方式去考虑园林在每一个环节中的所有资源消耗、废弃物的产生情况，评价这些能量和物质的使用以及所释放废物对环境的影响，并采取可行的设计方法。例如，减少资源消耗，包括能源、水、土地消耗的最小化；增强材料的可回收性和耐久性以及材料的封闭循环；减少对自然的影响，包括减少气体的排放、水的流出；废物的处理，如有毒物质的无害化处置，培育可持续使用的再生资源等；提高材料的服务价值，设计使用者实际需要的功能，这样使用者接受同样功能的设计耗用的资源与能源较少。

7. 公众参与方法

当前风景园林规划设计的过程以设计人员和领导为主导，缺少真正

的使用者——公众的参与。忽视倾听公众的要求和愿望，越俎代庖的设计自然难以真正满足公众的需要。园林离不开所在的社会，公众是社会的主体，园林又是为公众服务的，是社会根本利益之所在，园林规划设计合理与否，直接影响公众的生活质量，公众也最关注其周围环境的发展。公众的生态意识和生态作为能对园林产生特定的影响。园林环境，尤其人居环境的开放空间建设中引入公众参与体制是迫切而有意义的。生态园林是公众所喜爱的户外游憩场所，所以其建设和管理中加强与公众的交流是必需的，在新的时期下，要探讨更广泛、更深入、更有效的公众参与方式。

公众参与首先体现在公众参与设计。园林设计包含在每个人的日常生活中，而不应局限于少数的专业人员，每个人的决策和选择都将对设计产生影响。传统意义的园林设计多为专业人员创造，认为设计仅仅是设计人员高雅的创作过程。而融入生态园林的设计则强调群策群力，每个人都是设计者，都可以提出自己的意见和方法。专业人员与大众进行合作与交流，也使专业人员的理念和目标被大众接受，更容易实施。人人都是设计者，人人参与设计过程，风景园林设计应融大众知识于设计之中。同时，公众如果积极参与园林的设计，还能有效地对设计人员和项目决策这两个主体进行制约，形成合理的公众参与风景园林规划设计决策模式。三者相互影响、相互制约，综合平衡各种使用者的需求，有利于克服片面性。有了公众的参与，更能集思广益，决策也能更科学，设计项目的可操作性也得到增强，这也避免了设计人员陷入形式的自我陶醉之中；还能统一思想，有效实施规划设计，促进市民对城市园林景观的理解力和市民素质的提高；有助于双方观念改变及建成后公众的自觉管理与维护，进而促进监督，减少暗箱操作等违规事件的发生，推动园林绿化事业的健康发展。

二、生态园林的发展

随着新时代的到来，多种现代高新技术也已逐渐应用到园林景观的规划设计和建设中，这些技术已成为当下风景园林规划设计中的重要方法，不仅影响着风景园林专业人员的工作方式和思维模式，也不断拓展着风景园林领域的研究边界，专业人士开始尝试通过定量技术手段解决风景园林环境所面临的复杂问题，以期真正实现“艺术”与“科学”的相互协调。

（一）生态园林整体设计发展

1. 与生命体结合的生态设计

生态设计的理念，是园林设计专业应该从一而终的基本信念。近年来，风景园林从业者对“生态”相关的理论与实践进行了广泛而深入的研究、讨论，但是真正有意义的实际项目并不是很多。这个学科一直崇尚理论结合实际，对理论的实践更应该是我们需要重点关注的。在不同的项目中，不同尺度和层次的景观需求不同，生物圈内层不同，生态系统中各构成要素之间的关系也各不相同，应该做到具体问题具体分析，只有这样才能建立起一个良性循环的生态系统。

2. 科学与艺术结合的设计

风景园林行业所遵循的有关自然的理念以及科学对自然世界的理念，在 20 世纪 70 年代发生了巨大的变化。景观朝着理想的高潮状态有序发展的思潮已经被摒弃。动态的艺术更新和日新月异的科技发展，在当代具有典型的引导性，它也从学科融合的角度决定了风景园林的前进方向。

3. 与文化相结合的地域性设计

北京市园林局早在 1998 年就明确提出“文化建园”的方针，随后风景园林领域地域性的探索伴随着全球化的大趋势也日益高涨。相对于传统的地域主义，新地域主义更着眼于特定的文化和地域，重点关注人们熟悉的真实生活轨迹以及日常的生活方式，萃取最本质的文化内涵，致力于用先进的理念与技术表达当地文化，维持城市景观与其所处的当地社会的紧密而又持续的关系。例如，邯郸勒泰中心，在建筑中注入了邯郸传统建筑的青黛砖瓦的战汉风格，并将屋顶瓦片替换为现代材料，使得当地的传统建筑在新时代中散发出新的活力，这是典型的与当地文化相结合的地域性设计作品。

（二）生态园林建设中的传统技术应用

一个好的规划设计源于对目标的整合认识，这就要求运用合适的方式或手段对事物进行客观性分析与评价。

1. 遥感技术、地理信息系统及数据库应用

遥感技术具有多平台、大范围、多波段、多时相的特点，广泛应用在资源、环境、生态研究、土地利用等领域。遥感影像可以提供形态信息和色调（灰度）信息，通常可以直接反映一个地域的地势、植被、地表水分布特征和土地利用特征，而气候、土壤、地下水、环境污染等特征可以借助特殊的光学处理方法，或借助间接指标解释一些参数。它可以为进行生态研究及规划提供多方面信息，并直接反映在生态图上。

地理信息系统（GIS）是利用计算机网络对地理环境信息进行分析的综合技术系统。它能迅速、系统地收集、整理和分析各地区乃至全国的各种地理信息，通过数字化模式存储于数据库中，并采用系统分析、数理统计等方法建立模型，提供所研究地区的历史、现状和发展的全面信息。目前被广泛应用于景观生态研究、景观管理、区域规划等领域中。地理信息系统体现了区域性和综合性特点，具备系统分析功能；遥感则善于提供同步的、反映客观的空间分布规律的信息。二者综合使用可发挥更大效益。

2. 风景视觉资源评价系统

风景视觉资源是风景资源的一部分，是认识、理解、规划、管理风景的关键。20 世纪 60 年代风景视觉资源评价这一课题被提出，并纳入风景视觉资源管理体系中。其主旨是通过一种科学的方法和手段来认识风景，对不同风景进行科学分类，并为规划和管理提供客观的依据，进而达到对风景视觉资源的有效、永续利用。同时在视觉角度，其还探索了设计什么样的风景才能满足人们多层次的审美需求。

专家评价系统是风景视觉资源评价体系中的一个影响较大的学派，主要由富有经验的专家对客观风景本身进行评价。其主要理论方法为基于形式美的原则，认为符合形式美原则的风景一般都具有较高的质量，即属于优美的风景，评价方法是将风景分解为线条、形体、质地和色彩等基本构成元素，以非数量化和数量化方法相结合的方法来评价风景。

风景视觉资源系统的意义和作用是明确的，但其在理论和实践方面均存在许多不足，仍须进一步完善，如评价因子选择、权重的分配、每项因子的评判标准的制定等。

3. 多种分析方法及数学模型的引入

在园林的具体实践中，在结合信息收集和资源调查中，还引发了多种有关分析方法的探讨，如空间—形体分析方法、场所—文脉分析方法、相关线—域面分析方法、城市空间景观分析方法……这些都是对园林学的丰富。另外，现代园林学在客观求证，尤其在生态性的量化研究方面，需要多学科的参与和综合方法的指导，这就不得不借助于大量的数学模型，并以其严谨性和逻辑性保证研究得以顺利进行。

园林有着保护城市环境、文教游憩、景观、防灾和社会效益等综合作用，其组成很多是使城市生态系统协调发展的因素。从生态角度讲，园林设计中应用生态原理是对不平衡的城市生态系统的一种挽救和恢复，在发挥好园林各种作用的同时，尽力解决当前众多生态问题，使城市生态系统趋于平衡，这种平衡包含了空间的结构、功能、区域性协调等横向的协调和时间上的纵向持续与稳定。

风景园林特别是现代生态园林是多学科交叉的结果，要综合考虑功能、生态、艺术等问题，使园林既具有艺术的感染力又具有科学的合理性。

（三）生态园林建设中的技术创新应用

1. 虚拟现实技术的发展应用

在园林景观设计中引入虚拟现实技术（VR），是设计技术理念和方法上的创新，也是近年来比较流行的一种虚拟现实技术应用研究的一个方向。在前期的策划、初期的概念、中期的构思、后期的辅助以及施工过程中都发挥了重要的作用。

（1）策划阶段的可行性。虚拟现实技术在园林景观设计初期阶段的可行性分析起到了重要的作用，一般情况下，景观设计的第一步需要对对象进行详细调查，包括气候、水文、流域等气候条件，民俗、文化等历史条件，还有交通、环境等地理条件。只有充分地把握景观设计的条件，才能对需要设计的景观的定位、理念、形式、投资、工期等方面进行系统全面的评估。

虚拟现实技术在处理信息和数据方面具有很大优势，在园林设计前期可以对业主提出的项目要求进行分析和预算。首先，确定设计现场的条

件，对地形地貌、气候、水文、绿化环境、建筑高度、设施位置、工程投资、时间周期等方面进行分析，把设计中所有可能出现的问题和难题陈述出来，虽然该阶段主要偏重分析，但关系着后续创作的各个环节。其次，利用虚拟现实技术涵盖的图形学、数据信息处理、网络并行技术，可以提供全局的设计和理解，使设计初期的概念更加科学、真实、准确、合理。

（2）初期的概念设计。处于设计初期的概念和思维是园林景观设计的关键，但是概念设计没有方案设计那么具体，也没有通过图纸表现形象，传统的概念设计几乎无法用机器完成。合理地利用虚拟现实技术中的沉浸和交互功能，可以在一定程度上帮助设计人员快速地实现概念和思维模型的生成。

设计人员往往可以在设计现场，通过前期的调研数据建立概念模型，并对概念模型进行评估和分析，突破传统过程中在图纸上进行二维世界勾画的局限性，而且避免了模型与环境脱节。此时由于创作团队思想还处于比较模糊甚至徘徊不定的阶段，如果利用虚拟现实技术的沉浸交互，对创作的概念模型从多视角、全方位展开实时、动态的研讨和分析，就能够让思维随时处于活跃的阶段，产生更多、更优的构想和创意点，设计人员快速、简洁地将这些不稳定的图像信息输入计算机，能够保存一瞬即逝的创作灵感。

这些抽象的创作灵感和想法，还未形成直观的图形表现，所以对其他园林元素的影响和结合是无法实现的，除非通过绘图手段去提高认识、探索这一表现形式或空间构成，而虚拟现实技术恰好是借助计算机的表现能力，快速地将绘图技术进行表现，通过自动生成造型模型为设计人员提供新的设计思路。

（3）中期的主体构思。虚拟现实技术在三维甚至多维空间表现出强大的功能，对园林景观设计的主体构思及发展阶段起到了巨大的促进作用。虚拟技术可以让设计人员的抽象思维转化为实际的场景，同时也可以突破常规的方法限制，让园林的空间构思像塑造雕塑一样自由。

利用虚拟现实技术在进行项目的可行性分析后，根据初期的基本构思，确定设计的总体定位、风格表现，从可持续发展和生态文明建设的角度将经济效益和社会效益综合起来，制定合理、清晰的设计流程。配合计算机辅助设计软件对构思进行意向的图形表达，也可以生成三维模型，对空间进行仔细推敲，使设计变得更加科学。

园林景观设计的主题构思内容丰富、形式多样，表现了对文化历史、资源条件、空间环境、季节时间、社会因素的关系和综合。园林景观设计最重要的手段就是景观表现手法，通过虚拟环境、虚拟图形和实时图像的表现，充分表达景观的多维空间。在设计过程中，设计人员一般会提出好几种设计方案，对园林景观的表现进行多种方式的构想，通过虚拟现实技术，可以实时地按照需要以同样的角度、在同样的时间对几种不同的设计方案进行切换，感受不同的形象。例如，在场景的东南面新建一个茶室，随着设计创作团队意见的深入，把中式的禅意风格、日式的柔和风格、田园的自然风格和欧式的温馨风格整合到一个场景上，实现多种方案的比较。随着设计的深入，开始对方案中的具体园林设计元素进行推敲，从雕塑到水体、从植被到铺装，虽然这些元素是静止的，但是游人对其的感知却处于变化之中。同样一个造型树，从远处看、近处看和树下看都会产生截然不同的感官效果，所以，通过虚拟现实技术才能进行全方位、多维度的模拟感知，才有利于优化空间设计构思。

（4）后期的设计优化。风景园林设计创作团队都是从总体到局部，从系统到环节进行构思和创作。所以经常会出现有些设计人员在后期构思和创作中的修改会对前期的基础产生影响，按照传统的方法又要对总体的构思进行修改，修改之后在创作过程中又会发现和出现新的问题，然后又去解决新的问题，如此反复，大大增加了工作量。随着虚拟现实技术的实现，在后期设计中可以进行技术性的评估，以便在沟通和交流的过程中展示系统和细节之间的关系，做到同步修改。

通过虚拟现实技术提供的全景显示设计效果，设计人员和业主都可以从第一视觉的角度深入每一个场景，不受约束，甚至实时互动地理解和感受设计意图，在视觉、听觉以及触觉上都能达到场景实际建成后的真实效果。

（5）施工的辅助指导。在园林施工阶段，可以利用虚拟模型完成虚拟施工仿真，对于一些复杂工程而言，技术员可以通过虚拟施工来论证项目的科学性和合理性，还可以预测项目施工过程中存在的风险，并及时制订对应的风险控制方案，从而确保项目工程顺利进行。

在传统的园林施工阶段，参与人员基本上都是完全按照设计方提供

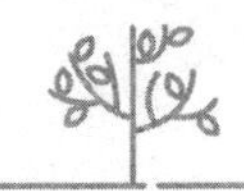

的图纸和施工方多年的施工经验制订工程实施方案，往往容易出现一些漏洞和不足，从而影响工程的质量和整体进度，同时，施工人员和设计人员因为业务交流也存在扯皮现象。通过虚拟仿真平台和模型就可以把所有施工环节的资料和现场的环境结合起来生成虚拟模型，验证整个过程和方案的可行性和科学性，并且在修正的过程中，能够直观地看到某处调整对其他环节与整体的影响和变化，做到“心中一盘棋”。有时候，面对复杂的土建及建筑施工，设计人员可以利用虚拟模型工程部件与结构的关系，通过仿真在多种方案设计中寻求最优方案，施工人员利用虚拟模型对复杂的建筑结构与施工部件进行精准处理，掌握施工过程中的重点和难点，避免发生事故。

2. 数字景观技术的应用前景

数字景观的概念目前仍没有一个统一的定义。本书基于之前学者对此领域的研究，认为数字景观是区别于传统的用纸质、图片或实物来表现景观的技术手段，是借助计算机技术，综合运用 GIS、遥感、遥测、多媒体技术、计算机网络技术、人工智能技术、虚拟现实技术、仿真技术和多传感技术等数字技术，对景观信息进行采集、监测、分析、模拟、创造、再现的过程和技术。

数字景观技术在对城市形态与生态进行科学、准确的认知方面显得越发重要。传统的实地调研、勘测及人工感性判断在效率与准确性上已无法满足当下风景园林的发展诉求，数字化的环境信息采集与量化模拟评价成为助力城市生态与形态协同发展的途径。

在数字化环境信息采集方面，数字景观技术有助于提升调查研究的效率与精准性。风景园林环境的数字化采集与分析技术正逐渐改变传统的空间调研方式，卫星遥感影像识别与三维的空间数据采集成了数字景观技术的发展热点及重点。研究对象覆盖城市绿地空间、生态服务设施、风景名胜区等各类型及尺度下的风景园林环境。通过计算机软件与算法等技术对手机定位数据、地图服务 POI（信趣点）数据、社交网络数据、交通传感数据等开放数据展开分析，以解决空间品质评估、绿道规划选址及选线、绿地空间使用规律及影响因素评估等相应问题。

在环境量化模拟与评价方面，数字景观技术能够实现对环境要素与自然过程的科学解读。精准的数字景观环境模型将可能带来以下两个方面的变革：其一，植被或绿地空间发展趋势预测，基于第三次全国国土调查空间规划调研采集所获取到的大范围、高精度空间模型，结合计算机算法分析、模拟出不同时段下植被的生长趋势，以便后续的科学防控及管理；其二，特殊地貌片区的自然生态条件分析，从中微观的角度看，以点云为代表的景观空间模拟、修改及可视化技术为实现高品质景观空间提供了新的途径。

数字时代的到来不仅提升了风景园林领域的研究精度及效率，也带动了数字景观技术的多样化发展，更是拓展了具体研究的广度与方向。当下我国风景园林领域正面临着生态及形态不协同、人群诉求不满足等诸多问题，尤其在5G信息技术飞速发展的当下，技术本身的突破不仅带动了城市中人群生活方式、交通运输途径等多个方面的革新，也将联系起物联网，增强现实、虚拟现实、通信网络等诸多技术领域，使得数字景观技术在未来城市发展过程中可以更好地化解现阶段我国风景园林领域所面临的具体问题，逐渐改变既有的研究途径以及实施结构。

从国内数字技术相关方面的应用需求及趋势来看，现阶段空间建模技术、大数据技术及参数化技术等技术手段已在我国风景园林研究领域有所应用和尝试。其中，动态大数据技术在我国风景园林研究领域中更显现出突出的研究优势，并得到广泛的应用。现阶段，随着国土空间规划编制工作的大范围展开，“公园城市”“城市双修”等理念的广泛推行，我国风景园林领域的研究与实践秉承着“生态为底、提升品质、激发活力”的发展目标，更注重精细化、科学化发展。因此，在应对我国风景园林领域中生态、形态及人群活力等方面的问题时，诸如三维空间信息采集技术、大数据技术以及虚拟呈像技术等精细化分析技术手段将会得到更为长远和深入的应用、推广及协同发展。

从数字景观技术在我国风景园林领域的应用前瞻来看，本研究认为数字景观技术对于解决我国风景园林领域现阶段“生态与形态协同”“人本诉求满足”以及“设计、实施一体化”三个方面诉求均具有积极作用。在未来风景园林领域发展中，无论是在技术方法层面，抑或是实践操作层面，数字景观技术均展现出显著发展优势，具体体现在以下两个层面。其一，技术方法层面：“跨学科、跨领域”的技术方法融合。现阶段在风景园林的实践过程中对于数字景观技术的探讨多局限于单一层面的技术

运用，虽有学者尝试进行跨学科的多技术融合，但目前尚未形成系统化的研究方法。而风景园林环境实际上受到形态、生态、人群等多方面因素的复杂影响，须依托于多技术手段展开深度融合的技术试验。近年来，随着风景园林信息模型（LIM）技术应用体系的发展，其将包含勘察设计技术、规划设计技术等多种专业技术的应用，如场地基础数据的收集和处理涉及工程测绘技术等内容，为“跨学科、跨领域”的多技术融合应用提供了基础条件。其二，实践操作层面：“全流程，精准化”的设计实践协同。在未来风景园林领域的实践过程中，将依据“评价—设计—实施—监控”的设计全流程，从“生态与形态协同”“人本诉求满足”“设计、实施一体化”三个方面入手，结合所适宜的各类数字景观技术手段，展开全方位下的风景园林环境协同设计，逐渐实现风景园林设计的精准化、集约化及标准化。

第二章　园林景观设计概论

第一节　园林景观概述

一、园林

园林是建造在地上的天堂，是一种最理想的生活场所模型。人类社会在文明初期就有着对美好居住环境的憧憬和向往，也从侧面反映了先民们对园林的理解。世界各地在各自母体文化长久的历史发展中，逐步形成了规整式园林和风景式园林。前者包括以法国古典主义园林为代表的大部分西方园林，讲究规矩格律、对称均齐，具有明确的轴线和几何对应关系，甚至花草树木都加以修剪成型并纳入几何关系之中，着重显示园林总体的人工图案美，表现为一种为人所控制的，有秩序、理性的自然。后者是以中国古典园林为代表的东方园林体系，其规则完全自由灵活且不拘一格，着重显示纯自然的天成之美，是一种顺乎大自然景观构成规律的缩移和模拟。

（一）园林美

1. 自然美

凡不加以人工雕琢的自然事物，如泰山日出、钱塘潮、黄山云海、黄果树瀑布、峨眉佛光、云南石林、贵州将军洞等，或其声音、色泽和形状能令人产生美感、身心愉悦，并能寄情于景的，都是自然美。

自然美来源于自然，唐代文学家柳宗元在《邕州柳中丞作马退山茅亭记》一文中提到“夫美不自美，因人而彰”。美的自然风光是客观存在的，离开了人类就无所谓美，只有当它与人类发生联系以后，才有美与丑的区别。自然美反映了人们的审美意识，只有和人发生了关系的自然，才能成为审美对象。

自然美美在哪里？自然界的事物并不是一切皆美的，只有符合美的客观规律的自然事物才是美的。例如，孔雀比野鸡美，熊猫比狗熊美，金鱼比鲤鱼美，虽然前者与后者所构成的物质基本一致，但是形象与形式不完全一样，且前者的形式比后者更符合美的法则，因此，美在形式。宇宙有无穷多的事物，美的毕竟是少数，所以世界著名的风景名胜并不甚多。世界一共有75亿人口，在人体结构形式上，符合美的形式法则者，不是很多，自古以来，著名的美人也是屈指可数的。世界各地，虽然都有日月、山水、花草、鸟兽，但国内外游客还是不惜金钱，不辞辛苦，千里迢迢到泰山日观峰，去欣赏旭日东升，舟游长江三峡，欣赏两岸的峭壁陡峰和那汹涌的波涛，目的是愉悦耳目，猎取自然的形式美。

自然美包含着规则和不规则两种自然形式。例如，在花岗岩节理发育的地貌中，岩体被分割成许多平面呈矩形的岩块，风化严重者呈球形。在英国北爱尔兰安特令郡海岸的巨人堤，由 4 万多根石柱聚集而成，堤身伸展出海，望而不见终端，石柱大部分呈完全对称的六边形，也有四边、五边或八边形的，从空中俯瞰石柱，宛如铺路石子，排列得整整齐齐。这是由于在 8000 多万年前地壳剧烈变动，使不列颠群岛一股玄武岩浆涌上地面，形成洪流，流向大海，后冷却收缩，终成为当今世界奇观之一。绝大多数植物的叶和花都是对称的，而整个植株的形象却呈不规则状，这都说明规则的形式常寓于不规则的形式之中，反之亦然。规则与不规则两种自然形式与形象共存于一个物体中，几乎是普遍现象，如地球是椭圆的，但它的表面呈现高山、平地、江河湖海等，到处都凹凸不平、曲折拐弯。有些树木冠形整齐，但它的枝叶却并不规则，如铅笔柏、中山柏等。有人认为，自然美是高级阶段的美，规则美是低级阶段的美，这从人们审美的发展过程这一角度来说也许是对的。因为当时慑于大自然威力的人们，不会觉得莽莽丛林和浩瀚大海是美的。但从美的

本身来讲，并不能说明规则的美比不规则的美低级。美与不美是相对的，只要能引起美感的事物都是美的，但是美的程度是比较而言的。太阳和月亮在人们的心目中都是圆的，圆就是规则的形象，也是完美的象征。大多数的花都是对称的，它们都是天然生成的，也是自然美。被艺术家誉为最美的人体，是绝对对称的，如果某人某部分出现不对称现象，就被称为畸形或者病态。因而我们不要认为不规则的美是高级的美，规则美是低级的美。不论规则还是不规则的形式或形象都来自自然，只要这些形式或形象及其所处的环境具有和谐的特点，便是美的。著名雕塑家罗丹说："自然总是美的""一山自有一山景，休与他山论短长"，所以规则与不规则的形体从来没有彼美此丑或彼高此低的区别，不可以作简单粗暴的判断，它们都是美不可缺少的形式与形象。由规则和不规则的形体结合在一起的事物，更为生动，既不显杂乱，又不显呆板。人体是绝对对称的，但如今的发式与衣着却往往是不对称的，因而显得活泼与潇洒；人在翩翩起舞时，舞蹈动作大多不对称，却显得异常生动，富有动态美。

总之，自然美包含着规则与不规则两种形式，这两种形式原本结合在一起，有的从大处结合，有的从小处结合，只要结合呈现和谐，便可成为完美的整体，如举世闻名的万里长城、埃及金字塔、长江与黄河上的一座座大坝以及坐落在地球上的一个个城市和村庄，无不为大自然增添更多的魅力。了解了这个原因，便能创造出更为美好的世界。这便是规则与不规则两种形式结合在一起，而不采用过渡形式，也能达到统一的根本原因。

日出与日落、朝霞与晚霞、云雾雨雪等气象变化和百花争艳、芳草如茵、绿荫护夏、满山红遍以及雪压青松等植物的季相变化，哪个不是园林中的自然美？以杭州西湖为例，它有朝夕黄昏之异，风雪雨雾之变，春夏秋冬之殊，呈现出异常丰富的气象景观。古人曾言："两湖之胜晴湖不如雨湖，雨湖不如月湖，月湖不如雪湖。"西湖风景区呈现出春花烂漫、夏荫浓郁、秋色绚丽、冬景苍翠的季相变化，它瞬息多变，仪态万千，它的自然美因时空而异，因而令人百游而不厌。

气象景观和植物的季相变化，是构成园林自然美的重要因素。除了这两种变化外，还有地形地貌、飞禽走兽和水禽游鱼等自然因素的变化，

如起伏的山峦、曲折的溪涧、凉凉的泉水、啾啾的鸟语、绿色的原野、黛绿的丛林、烂漫的山花、馥郁的花香、纷飞的彩蝶、奔腾的江河、蓝色的大海和搏浪的银燕等，这些众多的自然景观，无一不是美好的。这些美，自然质朴、绚丽壮观、宁静幽雅、生动活泼，非人工美所能模拟。

在一些以拟自然美为特征的江南园林中，有一些对自然景色的模仿，如“蝉噪林逾静，鸟鸣山更幽”“爽借清风明借月，动观流水静观山”“清风明月本无价，近水远山皆有情”等诗句描写的建筑，只不过是对拟自然美的艺术夸张，然而却是对自然美的真实写照。

2. 生活美

园林作为一个现实环境，必须保证游人在游览时，感到生活方面的方便和舒适。要达到这个目的，首先要保证环境卫生、空气清新、水体洁净并消除一切臭气；第二要有宜人的微域；第三要避免噪声；第四植物种类要丰富，生长健壮繁茂；第五要有便利的交通、完善的生活福利设施、适合园林的文化娱乐活动和美丽安静的休息环境；第六，要有可挡烈日、避风雨、供休息、就餐和观赏相结合的建筑物。现代人们建设园林和开辟风景区，主要是为人们创造接近大自然的机会，让其接受大自然的爱抚，享受大自然的阳光、空气和特有的自然美。在大自然中充分舒展身心、消除疲劳，以利于健康。但是园林毕竟不同于原始的大自然和自然保护区，它必须保证生活美的六个方面，方能吸引游人游览。

3. 艺术美

人们在欣赏和研究自然美、创造生活美的同时，孕育了艺术美。艺术美应是自然美和生活美的升华，因为自然美和生活美是创造艺术美的源泉。存在于自然界中的事物并非一切皆美，也不是所有的自然事物中的美，都能立刻被人们所认识。这是因为自然物的存在不是有目的地迎合人们的审美意识，而只有当自然物的某些属性与人们的主观意识相吻合时，才能为人们所赏识。因而要把自然界中的自然事物，作为风景供人们欣赏，还需要经过艺术家们的审视、选择、提炼和加工，通过摒俗收佳的手法，进行剪裁、调度、组合和联系，才能引人入胜，使人们在游览过程中感到它的艺术美。尤其是中国传统园林的造景，虽然取材于自然山水，但并不像自然主义那样，对具体的一草一木、一山一水加以机械化模仿，而是集天下名山胜景，加以高度概括和提炼，力求达到“一峰则太华千寻，一勺则江湖万里”的神似境界，这就是艺术美，康德和歌德称它为“第二自然”。

还有一些艺术美的东西，如音乐、绘画、照明、书画、诗词、碑刻、园林建筑以及园艺等，都可以运用到园林中，以丰富园林景观和游赏内容，使人对美的欣赏得到加强和深化。

生活美和艺术美都是人工美，人工美赋予自然，不仅有锦上添花和功利上的好处，而且可以把作者的思想感情倾注到自然美中去，更易达到情景交融、物我相契的效果。

综上所述，园林美应以自然美为特点，与艺术美和生活美高度统一。

园林艺术必须为社会主义事业服务，为广大群众所喜闻乐见。要切实贯彻“古为今用，洋为中用”的方针，认真研究和继承我国优秀的园林艺术遗产，同时要吸收外国园林艺术成就，努力创造出具有民族形式、社会主义内容的园林艺术新风格，不断提高园林景观设计的水平。

（二）园林功能

园林通常都是开放性的公共空间，它为人们提供的基本功能包括游玩、休憩、美化、改善环境等。

1. 园林的游玩、休憩功能

游玩、休憩是园林所具备的基本功能，也是最直接、最重要的功能。在进行园林规划时，设计人员要首先体现园林的游玩、休憩功能。一般情况下，在园林中的游玩、休憩活动主要有运动游戏、文化、观赏、休闲几种。露天舞会、庙会等属于文化的范围，下棋、日常身体锻炼则属于运动、游戏的范畴。

2. 园林的美化功能

园林作为城市里开放性的环境绿化场所，拥有大量的植被和水体，与城市的建筑完美结合，造就了一道亮丽的风景线。同时，园林的美化作用还和人们对自然美、社会美、艺术美的鉴赏力和感受力有关。园林不断地创新美，提高了人们对美的追求，培养了城市人们的高尚情趣。

3. 园林改善环境的功能

园林中大面积的植被和绿化能够改善城市中不良的空气状况，还能够降低辐射、防止水土流失、调节区域气候、减低噪声污染等。

4. 园林促进城市经济发展的功能

园林的美化功能、改善环境的功能能够使园林具有更大的价值，因此也能吸引投资者的注意，从而提升土地的价值，推动地区经济的发展。

（三）园林的时代特征及发展趋势

1. 现代园林的特征

随着科学技术的迅猛发展，文化艺术的不断进步，国际交流及旅游的日益方便、频繁，人们的审美观念也发生了很大变化，审美要求也更强烈、更高级。纵观世界园林绿化的发展，现代园林表现出如下特征：

（1）各国既保持自己优秀传统园林艺术的特色，又互相借鉴，融合他国之长并创新创造。

（2）把过去孤立的、内向的园林转变为敞开的、外向的整个城市环境，从城市中的花园转变为花园的城市。

（3）园林中建筑密度减少了，以植物为主组织的景观取代了以建筑为主的景观。

（4）丘陵起伏的地形和建立草坪，代替了大面积的挖湖堆山，减少了土方工程、增加了环境容量。

（5）增加了养鱼、种藕以及栽种药用和芳香植物等生产内容。

（6）强调功能性、科学性与艺术性的结合，用生态学的观点进行植物配置。

（7）新技术、新材料、新的园林机械在园林中应用越来越广泛。

（8）体现时代精神的雕塑在园林中的应用日益增多。

2. 现代园林发展趋势

（1）建设生态园林。21 世纪是人类与环境共生的世纪，城市园林绿化发展的核心问题是生态问题。城市园林绿化的新趋势——以植物造景为主体，把园林绿化作为完善城市生态系统，促进良性循环，维护城市生态平衡的重要措施，建设生态园林的理论与实践正在兴起，这是世界园林的大势所趋。随着生态农业、生态林业、生态城市等概念的提出，生态园林已成为我国园林界共同关注的焦点。

（2）综合运用各种新技术、新材料、新艺术手段，对园林进行科学规划、科学施工，将创造出丰富多样的新型园林。

（3）园林绿化的生态效益与社会效益、经济效益的相互结合、相互作用将更为紧密，将向更高程度发展。

（4）园林绿化的科学研究与理论建设，将综合生态学、美学、建筑学、心理学、社会学、行为科学、电子学等多种学科而有新的突破与发展。

自 20 世纪 90 年代以来，在可持续发展理论的影响下，国际性大都市无不重视开展城市生态园林绿地建设，以促进城市与自然的和谐发展。由此形成了 21 世纪的城市园林景观绿地的三大发展趋势：其一，城市园林绿地系统要素趋于多元化；其二，城市园林绿地结构趋向网络化；其三，城市园林绿地系统功能趋于生态合理化。

二、景观

“景观”一词的原始含义来源于地理学，其最初的指向意义是某地区或某种类型的自然景色，现在也指人工创造的景色。现在的“景观”指在社会中人为处理过的景象，分为自然景观和人文景观两大类。自然景观是天然景观和人工景观的自然方面的总称。人文景观是指受到人类直接影响和长期作用而使自然面貌发生明显变化的景观，如城市、村镇等。城市景观属于人文景观，包括自然景观和人工景观，但由于人类漫长的改造自然的活动，自然景观和人工景观的界限在概念上的划分已经不再那么明确，所以城市景观就是自然景观和人工景观的综合表现。①

随着社会经济的发展和历史文化的变迁，城市的功能越来越多元化，“景观”一词也有了极大程度的拓展。从古代的“圃”“苑”等到现在的公园、居住区、城市开放空间、道旁绿地、小游园、自然风景区等，都属于“景观”。“景观”一词在现代英语中被称为“landscape”，它来源于荷兰语，是以绘画的术语引入，所以受荷兰的风景画影响较深。因此，“景观”一词在起源之初侧重的是物质性方面的特征，而我们现今所说的“景观”的含义，除了视觉意义之外，还强调了以人为主体的精神层面的意义，本研究中“景观”的含义，包括景观中的文化载体的内涵，体现着人类社会的各类文化，也包含设计者对于景观中文化理念引导的各类景观环境，其中重点探讨的是由设计者参与的人为社会景观。

① 田晓．景观设计中运用景观文化之探讨[J]．商洛学院院学报，2009（10）：40-42.

（一）景观的构成因素

园林景观属于人类文化的一种现实表现。因此，它有着物质和精神两个层面的意义。对于“形式”而言，在物态层面上追求的终极目的称为“内容”。“内容”是指事物所含的物质性的部分。而对于现实性艺术形式而言，内容包括了作用和意义。[①]

形式、功能和意义是景观的三个要素，其中景观的形式是景观外在的表象，包括景观的美学特征，景观的形式在一定程度体现景观的功能作用，事实上更多的是景观的功能决定景观的形式，它在景观的形式表征中表现得更为具象，景观的意义在其中就相对抽象，它需要景观的使用者有一定的文化基础、生活体验、个人情感以及对城市历史文化的感受，如此方能体会。

1. 形式要素

《庄子·天地》中有“物成生理谓之形”之说。园林景观作为艺术作品的一种物质形态，它的形式表示就是景观物质构成各要素之间的相互组合关系及方式。不同的艺术门类在形式上都有其自身的特点，宗白华对美术中的形式解义为：数量的比例、形线的排列（建筑）、色彩的和谐（绘画）、音律的节奏，都是抽象的点、线、面、体或声音的交织结构。[②]虽然景观的物质形式随着社会科技的进步，其中的构成材料与设计手法不断更新，但构成园林景观的基本要素却从未颠覆和改变，在园林景观中形式从属于物质介质。

2. 功能要素

不同类型的园林景观有不同的使用对象，而使用对象的需求就构成景观的功能要求，因此功能是景观建造首要满足的内容，也是景观形式产生的基础。相应于艺术的发展，景观的功能除了满足生活目的，还有精神方面对美的需求功能。本研究所指的功能作用是狭义上的人类生活需求功能，是为了满足人们生活需求的一种特性。虽然景观的功能作用是景观存在的基础，但功能并不是景观艺术的目的，在实用之后，人们追求更多的是审美以及精神寄托方面的需求。人类对于美的审视与鉴赏

① 付强．文化意义对园林景观设计的影响[D]．西安：长安大学，2011，06.

② 时宏宇．宗白华艺术学思想研究[D]．济南：山东师范大学，2006.

是随着人类文化的发展而发展变化的。例如，原始人的生活器皿是以实用为出发点，而审美特征只不过是一种附加的价值，但用现代人的审美眼光来看，却是一种极佳的艺术品，功能在这里被替代了，事实上，实用艺术的出现是先于纯艺术的。景观的最初出现也是以实用为目的，后经过演化才具有一定的审美艺术。对于纯粹的以欣赏为目的的园林景观则是到后现代主义抽象派景观发展以后了。

3. 意义要素

实用功能主义的园林景观的发展并不能满足人类对于精神领域更多的诉求，人们对于景观的需求更多方面会在精神领域上有着对某种情感的寄托，事实上，在中国古典园林当中就已存在对未知神仙世界的向往，“一池三山”“瑶池仙台”的仙境意义指导了多数古典园林的建设。

意义在文化艺术当中就是对文化的传承、精神观念以及个人思维在物质形式上反映，是精神的内容，是一种观念。所以从艺术品的价值来讲，其意义存在的价值和判断的标准才是艺术品价值的保证（付强）。在艺术方面，预先考虑精神需求，才是艺术价值的存在方式，而物质形式则是科学技术需要解决的问题。

（二）景观中的文化意义

景观的构成中有物质形式和表达的文化内涵两个方面，我们可以称其为“物质”和“价值”两个系统。其中，物质系统主要是由景观的表达形式构成，其构成要素分为空间、结构、环境、建筑及人的行为等多种形态。所有的艺术形式都由物质要素和所包括的价值要素构成。物质是艺术的外在表现形式，而价值却是艺术的内在根本，对于景观这种艺术形态来讲，价值就是其内在的文化意义。

1. 景观中文化意义的表达

园林景观是一种具有意义的特定艺术形式，意义在其中的表现是通过对形式中的解读来实现的。对于使用者来说，自己本身的文学素养、爱好倾向都会影响环境对人们的精神方面的作用，景观当中的意义便随着不同人的认知成了景观里最重要的可以变化的元素。

首先，对于园林景观的设计者而言，不同的设计者对于同一个意义的形式表现是存在差别的，这便形成了景观风格的多样化表现，并且园

林当中景观意义的表达是有别于其他艺术形式的，如雕塑，其是点状的、片面的、跳跃的，这种艺术形式即便在没有观众的时候，也存在相对完整性，尽管不同的观赏者由于文化艺术所限，解读结果可能会不同。我们经常会用“风景如画”来赞美园林景观，但园林景观则具有“诗化”的意境，不能仅仅从视觉方面进行狭义的评价，因此我们更需要从建园的背景、建园的历史甚至园区所在的城市背景及景观本身的结构等多个角度来完成对园林景观的赏析。

其次，观赏者在评价景观时，需要注意景观是一个连续不断的需要完整领会的过程，而不是点状的、可以独立欣赏一目了然的艺术品。园林景观的内涵在没有使用者时，是非完整的，它需要与人的互动交流，方能显示其空间的意义及景观这种艺术品的价值。

最后，人对于景观的使用是一个连续的时间过程，不仅在一定的短时间内有“步移景异”的审美观感，而且在不同的季节和年代，景观随着季节的变化、光线的变化以及自然界风雨雷电的影响，也会呈现出不同的表象，作为物质体态的景观，时间也是审美的必要条件。

2. 景观中文化意义预设和使用

任何一个艺术作品由设计者设计后，都需要被观赏者欣赏。对于园林而言，设计者设计出来的园林景观需要的是参与其中的人们对其的理解和使用。景观艺术虽然强调对物质技术的应用，但景观更应关注的是使用者的需求以及公众所接纳的开放性。园林景观是为使用者而创建的，没有使用者的园林景观没有生命力。

对于艺术作品而言，其意义的表达最初从象征入手，而其中具象的象征是象征意义的开始阶段，是人类对于具体的物象或形式所产生的联想。象征的联想源于人们的同类文化背景，因此具象象征对于同一文化背景下的大众更易于被接受，并不需过多的专业知识。但对于景观意义预设的设计者来说，具象的象征并不是景观作品根本的选择，他们更愿意在隐晦的表层形式之下预设多重的精神意义。

抽象象征则是指由抽象的形式或形象所产生出的象征，如数字、图案、色彩、植物等。这种象征需要有更多的精神领悟才可以解读。抽象的象征比具象象征有更多的意义性。园林景观中如植物类的“松竹梅兰”的精神象征便是俗成的抽象象征意义，后现代主义有更多的构成形式的抽象象征意义需要有一定的文化背景层次才能解读。

在园林景观中使用的抽象意义很难做到被大众所解读。设计者在设计作品意义预期时，需要被观赏者感受并理解，这就是对于景观中预设意义的解读，一般来说，对于大众景观来讲，最为简单的就是用约定俗成的景观符号来表达意义，即使如此，也有可能由于使用个体的不同而存在理解上的差异。这里不包括观赏者对作品意义理解的延伸，这不属于误读的范畴，而是设计者本身所期望的观赏者的参与。

景观设计的意义预设是需要被大众所解读认知的，因此景观中的语言运用应该是大众化的语言，必须用大众可以理解的语言进行意义设置，只有这样设计者的设计意图才能被大众所了解。

（三）景观的基本特征

1. 景观的系统整体性

景观是由景观要素组成的复杂系统，含有等级结构，具有独立的功能特性和明显的视觉特征，是具有明确边界的可辨识的地理实体。景观系统具有功能上的整体性和连续性，只有从系统的整体性出发来研究景观的结构功能和变化才能得出正确的科学结论。景观系统同其他非线性系统一样，是一个开放的、远离平衡态的系统，具有自组织性、自相似性、随机性和有序性等特征。

景观格局一般是指景观空间格局，即大小和形状各异的景观要素在空间上的排列和组合，包括景观组成单元的类型、数目及空间分布与配置，如不同类型的斑块可以在空间上呈随机型、均匀型和聚集型分布。景观格局是景观异质性的具体表现，可运用负熵和信息论方法进行测度。景观异质性也可理解为景观要素分布的不确定性，其出现频率通常可以用正态分布曲线表示。景观异质性本是系统或系统属性的变异程度，而空间异质性成为景观生态学别具特色的显著特征，包括空间组成、空间构型和空间相关等内容。景观异质性同景观抗干扰能力、恢复能力、系统稳定性和生物多样性有密切关系，景观异质性程度高有利于物种共生而不利于内部稀有物种的生存。

在景观设计上，重视景观的系统整体性，可以得到较好的美学效果。例如，在传统别墅区的设计上过于强调宅院的概念，会导致整体环境的

下降。现代别墅，如信步华亭别墅区的设计，住宅前后间距较大，结合水系环绕的手法，打破了四面用围墙和绿篱分隔的独门独户方式，突出私有景观与公共景观相结合的特征，从而强调了景观的整体性。

2. 景观的时空尺度性

在景观学研究中，空间尺度是指所研究景观单元的面积大小或最小信息单元的空间分辨率水平，而时间尺度是其动态变化的时间间隔。景观生态学的研究基本上对应于中尺度范围。格局与过程的时空尺度是景观生态学的研究热点，所以尺度分析和尺度效应受到格外重视。尺度分析一般是将小尺度上的斑块格局经过重新组合，在较大尺度上形成空间格局的过程，与之相伴的是斑块形状趋向规则化以及景观类型的减少。尺度效应表现为最小斑块面积和随尺度增大而增大，其类型则有所转换，景观多样性减小。通过建立景观模型和应用 GIS 技术，可以根据研究目的选择最佳尺度，并对不同尺度的研究成果进行转换。由于在景观尺度上进行控制性实验代价较高，因此尺度的转换技术十分重要。尺度外推涉及如何穿越不同尺度约束体系的限制，至今仍是一个难点。

生态系统在小尺度上常表现出非平衡特征，而在大尺度上仍可以体现出与平衡模型相似的结果，景观系统常常可以克服其中局部生物反馈的不稳定性。尺度性与持续性有着重要联系，小尺度生态过程可能会导致个别生态系统出现激烈波动，而尺度的自然调节过程可提供较大的稳定性。在较大尺度上，其作为非线性耗散系统演化中一种普遍现象的混沌，可提高景观生态系统的持续性，避免碎裂导致种群灭绝。大尺度空间过程包括土地利用和土地覆盖变化、生境破碎化、引入种的散布、区域性气候波动和流域水文变化等。在更大尺度的区域中，景观是互不重复、对比性强粗粒格局的基本结构单元。在景观和区域都在人类可辨识的尺度上来分析景观结构，把生态功能置于人类可感受的范围内进行表述，这尤其有利于了解景观建设和管理对生态过程的影响。在时间尺度上，人类世代几千年的尺度是景观生态学关注的焦点。

3. 景观的生态流与空间再分配原理

生物物种、营养物质和其他物质能量在景观组分间的流动被称为生态流，它们是景观中生态过程的具体体现。受景观格局的影响，这些流分别表现为聚集与扩散，其中以水平流为主，它需要克服空间阻力来实现对景观的覆盖与控制。物质运动过程总是同时伴随着一系列能量转化过程，斑块间的物质流可视为在不同能级上的有序运动，斑块的能级特征由其空间位置、物质的组成、生物因素以及其他环境因素所决定。

景观空间要素间物种的扩散与聚集、矿质养分的再分配速率通常与干扰强度成正比，穿越边缘的能量与生物流随异质性的增大而增强。在没有任何干扰时，景观水平结构趋于均质化，而垂直结构的分异更加明显。

生态流的传输途径有风、水、飞行动物、地面动物和人，其驱动力可分为扩散、传输和运动，传输和运动是景观尺度上的主要作用力。扩散形成最少的聚集格局，传输居中，而运动可在景观中形成最明显的聚集格局。景观的边缘效应对生态流有重要影响，它可以起到半透膜的作用，对通过的生态流进行过滤。此外，在相邻景观要素处于不同发育期时，边缘效应可以随时间转换而分别起到源和汇的作用。

4. 景观的结构镶嵌性

景观空间异质性通常表现为梯度与镶嵌，后者的特征是对象被聚集形成清楚的边界，连续空间发生中断和突变。土地镶嵌性是景观的基本特征之一，福尔曼（R. Forman）提出的斑块—廊道—基质模型即是对此的一种理论表述。

景观斑块是受地理、气候、生物和人文因子影响所成的空间集合体，具有特定的结构形态，表现为物质、能量或信息的输入与输出单位。斑块的大小和形状不同，有规则和不规则之分；廊道曲直、宽度不同，连接度也有高有低；而基质更显多样，从连续到孔隙状，从聚集态到分散态，构成了镶嵌变化、丰富多彩的景观格局。空间格局是景观功能流的主要决定因素。结构和功能、格局与过程之间的联系和反馈是景观生态学的基本命题。

景观镶嵌的测定包括多样性、边缘、中心斑块和斑块总体格局测定等方面，还包括多样度、优势度、相对均匀度、边缘数、分维数、斑块隔离度、易达性、斑块分散度、蔓延度等指标。此外，网络理论中心位置理论、渗流理论（随机空间模型）等也被用于景观空间结构的研究。

5. 景观的文化性

景观的设计既包含自然科学的特色，也包含人文科学的特色。例如，

湖南攸县灵龟峰综合公园东北角的景福泉，视线上较为隐蔽，将假山跌水、祈福小桥驳岸等元素进行有机结合，加入江南古典园林的植物造景风格，用具象的手法再现历史典故，加入许愿、祈福等活动内容，同时，四周荷香氤氲，是一个特色景点。

6. 景观演替的人类主导性

景观变化的动力机制有自然干扰与人类活动影响两个方面。由于当今世界上人类活动影响具有普遍性和深刻性，对于作为人类生存环境的各类景观而言，人类活动无疑起着主导作用，通过对变化方向和速率的调控可以实现景观的定向演变和可持续发展。

景观稳定性取决于景观空间结构对于外部干扰的阻抗及恢复能力，其中景观系统所能承受人类活动作用的阈值称为景观生态系统承载力。其限制变量为环境对人类活动的反作用，如景观空间结构的拥挤程度、景观中主要生态系统的稳定性、可更新自然资源的利用强度、环境质量以及人类身心健康的适应与感受性，等等。

景观系统的演化方式有正反馈和负反馈两种。负反馈有利于系统的自适应和自组织，保持系统的稳定，是自然景观演化的主要方式；而不稳定则与正反馈相联系。从自然景观向人工景观的转化多为正反馈，如围湖造田、毁林开荒和城市扩张等。耗散结构理论揭示，非平衡不可逆性是组织之源、有序之源，景观系统通过涨落达到有序。景观系统的演化亦符合这一规律，人类活动打破了自然景观中原有的生态平衡，放大了干扰，改变了景观演化的方向并创造出新的生态平衡，重新实现景观的有序化。

7. 景观的多重价值原理

景观作为一个由不同土地单元镶嵌组成、具有明显视觉特征的地理实体，兼具经济、生态和美学价值，这种多重性价值判断是景观规划和管理的基础。景观的经济价值主要体现在生物生产力和土地资源开发等方面，其生态价值主要体现为生物多样性与环境功能等方面，这些均已研究清楚。而景观美学价值却是一个范围广泛、内涵丰富，比较难以确定的命题。随着时代的发展，人们的审美观也在变化，人工景观的创造是工业社会强大生产力的体现，城市化与工业化相伴而生；然而久居高楼如林、车声嘈杂、空气污染的城市之后，人们又企盼着亲近自然和回归自然，返璞归真成为时尚。

从人类行为过程模式和信息处理理论等方面进行分析后发现，不同民族和文化传统对景观要求各不相同，如中国的园林景观和欧洲相比特色较鲜明，它注重野趣生机、自然韵味，情景交融、意境含蓄，以小见大、时空变换，增加景观容量与环境氛围。价值优化是管理和发展的基础，景观规划和设计应以创建宜人景观为中心。宜人的景观可以理解为比较适于人类生存、体现生态文明的人居环境，包括景观通达性、建筑经济性、生态稳定性、环境清洁度、空间拥挤度、景观优美度等内容，当前许多地方对于居民小区绿、静、美、安的要求即是这方面的通俗表达。景观特别重视各要素的空间关系，如城市景观规划应注意合理安排城市空间格局，相对集中开敞空间，建筑空间要疏密相间；在人工环境中努力显现自然；增加景观的视觉多样性；保护环境敏感区、推进绿色空间体系建设。

（四）景观设计的层次划分

从景观设计的意义和设计的内容方面来分析，景观设计有三个层次：外在形式的设计、行为景观设计和生态景观设计。

1. 外在形式的设计

外在形式的设计主要以外在形式的变化与外观的视觉美作为追求目标，注重视觉享受，甚至只是单单二维空间的美好。平面形态可以说是一种单面的效果图，而三维形态则是给了一个动态的视点形成的视觉效果，它是二维空间的延续。如果想追求三维视觉景致的话，在此基础上加入人的行为就成了行为景观设计。

2. 行为景观设计

行为景观设计主要是以人的行为为基准点，强调人的感受，是三维形态的立体感受，它的效果取决于人的视点的高低大小、人自身的行为习惯和心理活动。所以行为景观设计往往并不在乎设计出的作品的外在形式，而是着重表现设计者本身精神方面的某点升华，纯粹的表达自己在某时刻的情感的迸发。例如，中国的古典园林，在设计中往往喜欢用梅、兰、竹、菊，以此寄情，这也是仅在我国的文化当中才会理解，因为这种行为景观设计很大程度上受到文化的影响，体现了人的主观意识形态。

3. 生态景观设计

生态景观设计是把设计的范畴延伸到了生态领域，重新赋予景观另外一个使命——改善、调节自然生态，提高人与自然的协调性，把人与自然环境的矛盾降低到最低点，形成美化、和谐、可持续的最佳景观效果。社会理论与实践为生态景观提供了充分的后备力量，各学科的交叉综合，为生态景观提供了广阔的知识铺垫，这种景观设计的广泛性、科学性、综合性、实践性就融合成了生态景观。生态景观设计尊重因地制宜、最少的改变及干预自然本身的生命法则，以充分利用原有本身的优势为主，寻求场地环境与设计两者最优的融洽方式，打造最和谐、最恰当的效果。

景观设计人员的职责并不是刻意除陈创新，更多的在于会发现、会利用。这种发现—认识—利用的过程也是设计必不可少的过程。设计人员要用自身专业的眼光去观察设计对象本身的价值、去了解场地的特点。因此，最好的设计应该是虽有设计，却宛自天成，自然不做作，不破坏任何生物功能状态，减少对自然资源的没有限度的剥削，保持它自身的“营养均衡”，维持植物与动物栖息地的原有特性，这样既有利于自然，也有利于人们自身，从而达到人居环境与生态系统的健康平衡。生态设计尊重的是生命的无价，重视自然与社会的和谐。

第二节　园林景观构成要素

园林景观的构成要素很多，本书主要从地形、水体、植物、建筑等方面进行论述。

一、地形

地形又称地貌，是地表的起伏变化，也就是地表的外观。园林主要由丰富的植物、变化的地形、迷人的水景、精巧的建筑、流畅的道路等园林元素构成，地形在其中发挥着基础性的作用，其他所有的园林要素都是承载在地形之上，与地形共同协作，营造出宜人的环境。因此，地形可以看成是园林的骨架。

不同地形形成的景观特征主要有四种：高大巍峨的山地、起伏和缓的丘陵、广阔平坦的平原、周高中低的盆地。其中，山地的景观特征突出，表现在以下几方面：其一，划分空间，形成不同景区。其二，形成景观制高点，控制全局，居高临下，美景可尽收眼底。其三，凭借山景。山，或雄伟高耸，或陡峭险峻，或沟谷幽深，或作背景，或作主景，都可借以丰富景观层次。其四，山的意境美。例如，我国的古典园林“一池三山”的格局，源自传说中的蓬莱三仙岛，是人们对仙境的向往。

地形在园林设计中的主要功能有如下几种。

（一）分隔空间

分隔空间可以通过地形的高差变化来对空间进行分隔。例如，在一平地上进行设计时，为了增加空间的变化，设计人员往往对地形进行高低处理，从而将一大空间分隔成若干个小空间。

（二）改善小气候

从风的角度而言，园林设计可以通过对地形的处理来阻挡或引导风向。凸面地形、瘠地或土丘等，可用来阻挡冬季强大的寒风。在我国，冬季大部分地区为北风或西北风，为了能防风，通常把西北面或北部处理成堆山，而若想引导夏季凉爽的东南风，可通过对地形的处理，在东南面形成谷状风道，或者在南部营造湖池，这样夏季就可以利用水体降温。

从日照、稳定的角度而言，地形带来地表形态的丰富变化，形成了不同方位的坡地。不同角度的坡地接受太阳辐射、日照长短都不同，其温度差异也很大。例如，对于北半球来说，南坡所受的日照要比北坡充分，其平均温度也较高；而在南半球，情况则正好相反。

（三）组织排水

园林场地最好是依靠地表排水，因此通过巧妙的坡度变化来组织排水的话，将会以最少的人力、财力达到最好的效果。较好的地形设计，就是在暴雨季节，大量的雨水也不会在场地内淤积。从排水的角度来考虑，地形的最小坡度不应该小于5%。

（四）引导视线

人们的视线总是沿着最小阻力的方向通往开敞的空间。可以通过地形的处理对人的视野进行限定，从而使视线停留在某一特定焦点上。例如，长沙烈士公园为了突出纪念碑，运用的就是这种手法。

（五）增加绿化面积

显然，对于底面面积相同的基地来说，起伏的地形所形成的表面积比平地会更大。因此，在现代城市用地非常紧张的环境下，在进行城市园林景观建设时，加大地形的处理量会十分有效地增加绿地面积。此外，由于地形所产生的不同坡度特征的场地，也保证了不同习性的植物提供了生存的稳定性。

（六）美学功能

在园林设计创作中，有些设计人员通过对地形进行艺术处理，使地形自身成为一个景观。例如，一些山丘常常被用来作为空间构图的背景。再如，颐和园内的佛香阁、排云殿等建筑群就是依托万寿山而建。它是借助自然山体的大型尺度和向上收分的外轮廓线给人一种雄伟、高大、坚实、向上和永恒的感觉。

（七）游憩功能

不同的地形有不同的游憩功能。例如，平坦的地形适合开展大型的户外活动；缓坡大草坪可供游人休憩，沐浴阳光；幽深的峡谷为游人提供世外桃源的享受；高地则是观景的好场所。另外，地形可以起到控制游览速度与游览路线的作用，比如它通过地形的变化，影响行人和车辆行驶的方向、速度和节奏。

二、水体

（一）水体的作用

水体是园林中给人以强烈感受的因素，“水，活物也。其形欲深静，欲柔滑，欲汪洋，欲回环，欲肥腻，欲喷薄……”它甚至能使不同的设计因素与之产生关系而形成一个整体，像白塔、佛香阁一样保证了总体上的统一感，江南园林常以水贯通几个院落，也达到了很好的效果。只有了解水的重要性并能创造出各种不同性格的水体，才能为全园设计打下良好的基础。

我国古典园林当中，山水密不可分，叠山必须顾及理水，山只是静止的景物，山得水而活。有了水景物便能生动起来，能打破空间的闭锁，还能产生倒影。

《画筌》中写道：“目中有山，始可作树；意中有水，方许作山。”在设计地形时，山水应该同时考虑，除了挖方、排水等工程上的原因以外，山和水相依，彼此更可以展现出各自的特点，这是园林艺术最直接的用意所在。

韩婴在《韩诗外传》中对水的特点也曾作过概括：“夫水者，缘理而行，不遗小间，似有智者；动而下之，似有礼者；蹈深不疑，似有勇者；障防而清，似知命者；历险致远，卒成不毁，似有德者。天地以成，群物以生，国家以宁，万事以平，品物以正。此智者所以乐水也。”他认为水的流向、流速均根据一定的道理而无例外，如同有智慧一样，甘居于低洼之所，仿佛通晓礼义；面对高山深谷也毫不犹豫地前进，有勇敢的气概；时时保持清澈，能了解自己的命运所在；忍受艰辛不怕遥远，具备了高尚的品德；天地万物离开它就不能生存，关系着国家的安宁以及对事物的衡量是否公平。由远古开始，人类和水的关系就非常密切。一方面饮水对于人比食物更为重要，这要求人和水要保持亲近的关系。另一方面，水也可以使人遭受灭顶之灾，从上古的传说中我们会感受到祖先治水的艰难经历。在和水打交道的过程中，人们对水有了更多的了解。由《山海经》可知，古人已开始对我国西高东低的地形有了认识，大江大河“发源必东”，仿佛体现了水之有志。这种比德于水的倾向使后世极为重视水景的设计。水是园林中生命的保障，使园中充满旺盛的生机；水是净化环境的工具。园林中水的作用，还不止这些，如在功能上能带来湿润的空气、调节气温、吸收灰尘，有利于游人的健康，还可用于灌溉和消防。

在炎热的夏季通过水分蒸发可使空气湿润凉爽，水面低平可引清风

吹到岸上，故石涛的《画语录》中有“树下地常荫，水边风最凉”之说。水和其他要素配合，可以产生更为丰富的变化，“山令人古，水令人远”。园林中只要有水，就会焕发出勃勃生机。宋朝的朱熹曾概括道：“仁者安于义理而厚重不迁，有似于山，故乐山。川知者达于事理，而周流无滞，有似于水，故乐水。”山和水的具体形态千变万化，“厚重不迁”（静）和“周流无滞”（动）是各自最基本的特征。石涛说：“非山之任水，不足以见乎周流，非水之任山，不足以见乎环流。”道出了山水相依才能令景观动静相参、丰富完整。另外，水面还可以进行各种水上运动及养鱼种藕等生产活动中。

（二）水体的形态

无论中西方园林都曾在水景设计中模仿自然界里水存在的形态，这些形态可大致分为如下两类：

带状水体：江、河等平地上的大型水体和溪涧等山间幽闭景观。前者多分布在大型风景区中；后者和地形结合紧密，在园林中出现得更为频繁。

块状水体：大者如湖海，烟波浩渺，水天相接。园林中的大湖常以“海”命名，如福海、北海等，以求得“纳千顷之汪洋”的艺术效果。小者如池沼，适于山居茅舍，带给人以安宁、静穆的气氛。

在城市里是不大可能将天然水系移入园林中的。这就需要对天然水体观察提炼，求得“神似”而非“形似”，以人工水面（主要是湖面）创造近于自然水系的效果。

（三）理水

园林中人工所造的水景，多是就天然水面略加人工或依地势“就地凿水”而成。

水景按照静动状态可分为动水和静水。动水包括河流、溪涧、瀑布、喷泉、壁泉等；静水包括水池、湖沼等。

水景按照自然和规则程度可分为自然式水景和规则式水景。自然式水景包括河流、湖泊、池沼、泉源、溪涧、涌泉、瀑布等；规则式水景包括规则式水池、喷泉、壁泉等。

现将园林中主要水景简介如下。

1. 河流

在园林中组织河流时，应结合地形，不宜过分弯曲，河岸应有缓有陡，河床应有宽有窄，空间上应有开朗和闭锁。

造景设计时要注意河流两岸风景，尤其是当游人泛舟于河流之上时，要有意识地为其安排对景、夹景和借景，留出一些好的透视线。

2. 溪涧

在自然界中，泉水通过山体断口夹在两山间的流水为涧。山间浅流为溪。一般习惯上“溪”“涧”通用，常以水流平缓者为溪，湍急者为涧。

溪涧之水景，以动水为佳，且宜湍急，上通水源，下达水体，在园林中，应选陡石之地布置溪涧，平面上要求蜿蜒曲折，竖向上要求有缓有陡，形成急流、潜流，如无锡寄畅园中的八音涧，以忽断忽续、忽隐忽现、忽急忽缓、忽聚忽散的手法处理流水，水形多变、水声悦耳，有其独到之处。

3. 湖池

湖池有天然、人工两种，园林中湖池多就天然水域略加修饰或依地势就低凿水而成，沿岸因境设景，自成天然图画。

湖池常作为园林或一个局部的构图中心，在我国古典园林中常在较小的水池四周围以建筑，如颐和园中的谐趣园，苏州的拙政园、留园，上海的豫园等。这种布置手法，最宜组织园内互为对景，产生面面入画的效果，有“小中见大”之妙。

湖池水位有最低、最高与常水位之分，植物一般均种于最高水位以上，耐湿树种可种在静水位以上，池周围种植物应留出透视线，使湖岸有开有合、有透有漏。

4. 瀑布

从河床纵剖断面陡坡或悬崖处倾泻而下的水为瀑，远看像挂着的白布，故谓之瀑布。国外有人认为陡坡上形成的滑落水流也可算作瀑布，它在阳光下有动人的光感，我们这里所指的是因水在空中下落而形成的瀑布。

水景中最活跃的要数瀑布，它可独立成景，形成丰富多彩的效果，在园林里很常见。瀑布可分为线瀑、挂瀑、飞瀑、叠瀑等。瀑布口的形

状决定了瀑布的形态，如线瀑水口窄，帘瀑水口宽。水口平直，瀑布透明平滑；水口不整齐会使水帘变皱；水口极不规则时，水帘将出现不透明的水花。现代瀑布可以让光线照在瀑布背面，流光溢彩，引人入胜。天气干燥炎热的地方，流水应在阴影下设置；阴天较多的地区则应在阳光下设置，以便于人接近甚至进入水流。叠瀑是指水流不是直接落入池中而是经过几个短的间断叠落后形成的瀑布，它比较自然，充满变化，最适于与假山结合模仿真实的瀑布。设计时要注意水面不宜过多，应上密下疏，使水最后能保持足够的跌落力量。叠落过程中水流一般可分为几股，也可以几股合为一股，如承德避暑山庄中的沧浪屿就是这样处理的。水池中可设石承受冲刷，使水花和声音显露出来。

大的风景区中，常有天然瀑布可以利用，但一般的园林，就很少有了。所以，如果经济条件许可又非常需要，可结合迭山创造人工小瀑布。人工瀑布只有在具有高水位置或人工给水时才能运用。

瀑布由五部分构成：上流（水源）、落水口、瀑身、瀑潭、下流。

瀑布下落的方式有直落、阶段落、线落、溅落和左右落等。

瀑布附近的绿化，不可阻挡瀑身，因此瀑布两侧不宜配置树形高耸和垂直的树木。在瀑身 3~4 倍距离内，应做空旷处理，以便游人能在适当的距离内欣赏瀑景。对游人有强烈吸引力的瀑布，还应在适当地点专设观瀑亭。

5. 喷泉

地下水向地面上涌谓泉，泉水集中、流速大者可成涌泉、喷泉。

园林中，喷泉往往与水池相伴随，它布置在建筑物前、广场的中心或闭锁空间内部，作为一个局部的构图中心，尤其在缺水的园林风景焦点上运用喷泉，可得到较高的艺术效果。喷泉有以下水柱为中心的，也有以雕像为中心的，前者适用于广场以及游人较多的场所，后者则多用于宁静地区，喷泉的水池形状大小可以多种多样，但要与周围环境相协调。

喷泉的水源有天然的也有人工的，天然水源即是在高处设储水池，利用天然水压使水流喷出，人工水源则是利用自来水或水泵推水。处理好喷泉的喷头是形成不同样式喷泉水景的关键之一。喷泉出水的方式可分长流式或间歇式。近年来，随着光、电、声波和自控装置的发展，在国外有随着音乐节奏起舞的喷泉柱群和间歇喷泉。我国于 1982 年在北京石景山区古城公园也成功装置了自行设计的自控花型喷泉群。

喷泉水池的植物种植，应符合功能及观赏要求，可选择茨菇、水生鸢尾、睡莲二水葱、千屈菜、荷花等。水池深度因种植类型而异，一般不宜超过 60 cm，亦可用盆栽水生植物直接沉入水底。

喷泉在城市中也得到广泛应用，它的动感适于在静水中形成对比，在缺乏流水的地方和室内空间可以发挥很大的作用。

6. 壁泉

壁泉的构造分壁面、落水口、受水池三部分。壁面附近墙面凹进一些，用石料做成装饰，有浮雕及雕塑。落水口可用兽形、人物雕像或山石来装饰，如我国旧园及寺庙中，就有将壁泉落水口做成龙头式样的。其落水形式需依水量之多少决定，水多时，可设置水幕，使成片落水，水少时成柱状落，水更少成淋落、点滴状落下。目前壁泉已被运用到建筑的室内空间中，增加了室内动景，颇富生气，如广州白云山庄的“三叠泉”就是这种类型。

（四）水体中的地形和建筑

堤、岛等水路边际要素在水景设计中占有特殊的地位。心理学上认为不同质的两部分，在边界上信息量最大。岛是指四面环水的水中陆地。岛可以划分两类，一是水面空间打破水面的单调，对视线起抑障作用，避免湖岸秀丽风景一览无余；二是从岸上望湖，岛可作为环湖视点集中的焦点，登岛可以环顾四周湖中的开阔景色和湖岸上的全景。此外，岛还可以增加水上活动内容，吸引游人，活跃湖面气氛，丰富水面的动景。

岛可分为山岛、平岛和池岛。山岛突出水面，有垂直的线条，配以适当的建筑，常成为全园的主景或眺望点，如北京北海的琼华岛。平岛给人舒适方便、平易近人的感觉，其形状很多，边缘大都平缓。池岛的代表作之一——三潭印月，被誉为“湖中有岛，岛中有湖”的胜景。此种手法在面积上壮大了声势，在景色上丰富了变化，具有独特的效果。

岛也可分隔水面，它在水中的位置忌居中、忌排比、忌形状端正，无论水景面积大小和岛的类型如何，大都居于水面偏侧。岛的数量以少而精为佳，只要比例恰当，一两个足矣，但要与岸上景物相呼应，建筑和岛的形体宁小勿大，小巧之岛便于安置。

杭州的九溪就是靠道路被溪流反复穿行、形成多重边界，方使人领略到“曲曲弯弯路，叮叮咚咚泉”的意境。三潭印月也是湖中有岛、岛中有湖、湖上又有堤桥的多层次界面综合体。园林中的桥也是这样一种边界要素。它的形式极为灵活，长者可达百余米，短者仅一步即可越过，高者可通巨舟，低者紧贴水面。采用何种形式要做到“因境而成”，大湖长堤上的桥要有和宏伟的景观相配合的尺度。十七孔桥、断桥都是这一类中成功的作品。桥之高低与空间感受也有关系。

“登泰山而小天下”这句话说明了视点越高越适于远眺，大空间内的高大桥梁不仅可以成景，也是得景的有力保障，大水面可以行船，桥如无一定高度就会起阻碍作用。小园中不可行船，水景以近赏为主，不求“站得高，看得远”，而须低伏水面，才可使所处空间有扩大的感觉。这样荷花金鱼均可细赏，如同漫步于清波之上。桥之低平和水边假山的高耸还可形成对比，江南园林中大都如此。当两岸距离过长或周围景物较好可供观赏时常用曲桥满足需要。桥不应将水面等分，最好在水面转折处架设，可以，便产生深远感。水浅时可设汀步，它比桥更自然随意，其排列应有变化，数目不应过多，否则会给人给一种以过于整齐的印象。如果水面较宽，应使驳岸探出，相互呼应，形成视角，缩短汀步占据的水面长度。桥的立面和倒影有关，如半圆形拱桥和倒影结合会形成圆框，在地势平坦、周围景物平淡时可用拱桥丰富轮廓。

小环境中的堤、桥已不再概念化，弯曲宽窄不等往往更显得活泼、流畅。堤既可将大水面分成不同风格的景区，又是便捷的通道，故宜直不宜曲。长堤为便于两侧水体沟通、行船，中间往往设桥，这也丰富了景观，弥补因堤过于窄长、容易使人感到单调的不足。堤宜平、宜近水，不应过分追求自身变化。石岛应以陡险取胜，常布置在最高点的东南位置上。土岛应缓，周围可密植水生植物保持野趣，令景色亲切宜人。

坡岸线宜圆润，不似石岛鳞响参差。庭院中的水池内如果设小岛会增添生气，还可筑巢以引水鸟。岛不必多，但要各具特色。

杭州西湖三岛中的湖心亭虽小却有醒目的主体建筑，人们远远就能看见熠熠发光的琉璃瓦。小瀛洲绿树丛中白墙灰瓦红柱，以空间变换取胜。1982 年开发阮公墩时将竹屋茅舍隐于密林之中，形成内向的“小洲、林中、人家”的主题。

有时人在水棚内反而觉得热，这是因为人同时吸收阳光直射和水面反射阳光带来的热量，除了改进护栏外，在不影响倒影效果的情况下，可在亭边种植荷花、睡莲等植物。近水岸边种植分枝点较低的乔木，设置座椅吸引纳凉的人们以坐卧为主。

（五）湖岸和池体的设计

湖岸的种类很多，可由土、草、石、沙、砖、混凝土等材料构成。草坡因有根系保护，比土坡容易保持稳定。山石岸宜低不宜高，小水面里宜曲不宜直，常在上部悬挑以水岫产生幽远的感觉，在石岸较长、人工味较浓的地方，可以种植灌木和藤木以减少暴露在外的面积。自然斜坡和阶梯式驳岸对水位变化有较强的适应性。两岸间的宽窄决定水流的速度，如果创造急流就能开展划艇等体育活动。

池底的设计常常被人忽略，而它与水接触的面积很大，对水的形态有着重要影响。用细腻光滑的材料做底面时，水流会很平静，如换用卵石等粗糙的材料，就会引起水流的碰撞，产生波浪和水声。水底不平时会使水随地形起伏运动形成湍濑。池底深时，水色暗淡，景物的反射效果好。人们为了加强反射效果，常将池壁和池底漆成蓝色或黑色。如果追求清澈见底的效果，则水池应浅。水池的深浅还应由水生植物的不同要求决定。

三、植物

植物是一种特殊的造景要素，最大的特点是具有生命，能生长。植物的种类极多，从世界范围看，已经超过30万种，它们遍布世界各个地区，与地质地貌等共同构成了地球千差万别的外表。植木有很多种类型，如常绿、落叶、针叶、阔叶、乔木、灌木、草本等。植物大小、形状、质感、花及叶的季节性变化各具特征。因此，植物能够造就丰富多彩、富于变化、迷人的景观。

植物还有很多其他的功能与作用，如涵养水源、保持水土、吸尘滞埃、构造生态群落、建造空间、限制视线等。

尽管植物有如此多的优点，但许多外行和平庸的设计人员却仅仅将其视为一种装饰物，以致植物在园林设计中，往往被当作完善工程的最

后因素。这是一种无知、狭隘的思想。

一个优秀的设计人员应该要熟练掌握植物的生态习性、观赏特性以及其各种功能，只有这样才能充分发挥它的价值。

植物景观牵涉的内容太多，需要一个系统的学习。本节主要从植物的大小、形状、色彩三个方面介绍植物的观赏特性，以及针对其特性的利用和设计原则。因为一个设计出来的景观，植物的观赏特征是非常重要的。任何一个赏景者对于植物的第一印象便来自其外貌。如果该设计形式不美观，那它将不会受到欢迎。

（一）植物的大小

由于植物的大小在形成空间布局中起着重要的作用，因此，植物的大小是在设计之初就要考虑的。

植物按大小可分为大中型乔木、小乔木、灌木、地被植物四类。

不同大小的植物在植物空间营造中也起着不同的作用，如乔木多是做上层覆盖，灌木多是用作立面“墙”，而地被植物则多是做底。

1. 大中型乔木

大中型乔木的高度一般在 6 m 以上，因其体量大，所以成为空间中的显著要素，能构成环境空间的基本结构和骨架。常见大中型植物有香樟、榕树、银杏、鹅掌楸、枫香、合欢、悬铃木等。

2. 小乔木

小乔木的高度通常为 4~6 m。因其很多分枝是在人的视平线上，如果人透过树干和树叶看景的话，能看到一种若隐若现的效果。常见的该类植物有樱花、玉兰、龙爪槐等。

3. 灌木

灌木依照高度可分为高灌木、中灌木、低灌木。高灌木最高可达 3~4 m。由于高灌木通常分枝点低、枝叶繁密，能够创造较围合的空间，如珊瑚树经常修剪成绿篱做空间围合之用。中灌木通常高度在 1~2 m，这些植物的分枝点通常贴地而起，也能起到较好的限制或分隔空间的作用，另外，视觉上起到较好的衔接上层乔木和下层矮灌木、地被植物的作用。矮灌木是高度较小的植物，一般不超过 1。但其最低高度必须在 30 cm 以上，低于这一高度的植物，一般都按地被植物对待。矮灌木的功能基本上与中灌木相同。常见的灌木有栀子、月季、小叶女贞等。

4. 地被植物

地被植物是指低矮、爬蔓的植物，其高度一般不超过 40 cm。它能起到暗示空间边界的作用。在园林设计时，主要用它来做底层的覆盖。此外，还可以利用一些彩叶的、开花的地被植物来烘托主景。常见的地被植物有麦冬、紫鸭趾草、白车轴草等。

（二）植物的形状

植物的形状简称树形，是指植物整体的外在形象。常见的树形有笔形、球形、尖塔形、水平展开形、垂枝形等。

1. 笔形

笔形的植物大多主干明显且直立向上，形态显得高而窄。其常见植物有杨树、圆柏、紫杉等。由于其形态具有向上的指向性，所以能引导视线向上，在垂直面上有主导作用。当与较低矮的球形或展开形植物一起搭配时，对比会非常强烈，因而使用时要谨慎。

2. 球形

球形植物具有明显的圆球形或近圆球形形状，如榕树、桂花、紫荆、泡桐等。圆球形植物在引导视线方面无倾向性。因此，在整个构图中，圆球形植物不会破坏设计的统一性。这也使该类植物在植物群中起到了调和作用，将其他类型统一起来。

3. 尖塔形

尖塔形的植物底部明显大，整个树形从底部开始逐渐向上收缩，最后在顶部形成尖头，如雪松、云杉、龙柏等。

尖塔形植物的尖头非常引人注意，加上总体轮廓非常分明和特殊，常在植物造景中作为视觉景观的重点，特别是与较矮的球形植物对比搭配时，常常取得意想不到的效果。欧洲常见该类型植物与尖塔形的建筑物或尖耸的山巅相呼应，大片的黑色森林在同样尖尖的雪山下，气势壮阔、令人陶醉。

4. 水平展开形

水平展开形植物的枝条具有明显的水平方向生长的习性，因此，它具有一种水平方向上的稳定感、宽阔感和外延感，二乔玉兰、铺地柏都

属该类型。由于它可以引导视线在水平方向上移动，因此该类植物常用于在水平方向上联系其他植物，或者通过植物的列植也能获得这种效果。水平展开形植物与笔形及尖塔形植物的垂直方向能形成强烈的对比。

5. 垂枝形

垂枝形植物的枝条具有明显的悬垂或下弯的效果。这类植物有垂柳、龙爪槐等。这类植物能将人的视线引向地面，与引导视线向上的圆锥形植物正好相反。这类植物种在水岸边效果极佳，柔软的枝条被风吹拂，配合水面起伏的涟漪，非常具有美感，让人思绪纷飞，或者种在地面较高处，这样能充分体现其下垂的枝条。

6. 其他形

植物还有很多其他特殊的形状，如钟形、馒头形、芭蕉形、龙枝形等，它们也各有自己的应用特点。

（三）植物的色彩

色彩对人的视觉冲击力是很大的，人们往往在很远的地方就注意到植物的色彩。每个人对色彩的偏爱以及对色彩的反应都不同，但大多数人对于颜色的心理反应是相同的。例如，明亮的色彩让人感到欢快，柔和的色调则有助于平静和放松，而灰暗的色彩则让人感到沉闷。植物的色彩主要通过叶、花、果实、枝条以及皮等来表现。

叶在植物的所有器官中所占面积最大，因此影响了植物的整体色彩。叶的主要色彩是绿色，但绿色中也存在色差和变化，如嫩绿、浅绿、黄绿、蓝绿、墨绿、浓绿、暗绿等，不同绿色植物搭配可形成微妙的色差。深浓的绿色因有收缩感、拉近感，常用作背景或底层，而浅淡的绿色有扩张感、漂离感，常布置在前或上层。各种不同色调的绿色重复出现既有微妙的变化也能很好地达到统一。

植物除了绿叶类外，还有秋色叶类、双色叶类、斑色叶类等。这使得植物景观更加丰富与绚丽。

果实与枝条、皮在园林景观设计植物配置中的应用常常会收到意想不到的效果，如满枝红果或者白色的皮常使人感到高兴。但在具体植物造景的色彩搭配中，花朵、果实的色彩和秋色叶虽然颜色绚烂丰富，但因其寿命不长，所以在配置时要以植物在一年中占据大部分时间的夏、

冬季为主来考虑色彩，只依据花色、果色或秋色是极不明智的。

在植物园林景观设计中基本上要用到两种色彩类型：一种是背景色或者基本色，是整个植物景观的底色，起柔化剂的作用，以调和景色，它在景色中应该是一致的、均匀的。第二种是重点色，用于突出景观场地的某种特质。同时植物色彩本身所具有的表情也是我们必须考虑的，如不同色彩的植物具有不同的轻重感、冷暖感、兴奋与沉静感、远近感、明暗感、疲劳感、面积感等，这都可以在心理上影响观赏者对色彩的感受。

植物的冷暖还能影响人对于空间的感觉，暖色调如红色、黄色、橙色等有趋近感，而冷色调如蓝色、绿色则会有退后感。植物的色彩在空间中能发挥众多功能，足以影响设计的统一性、多样性及空间的情调和感受。植物的色彩与其他特性一样，不能孤立，而是要与整个空间场地中其他造景要素综合考虑，相互配合运用，以达到设计的目的。

四、建筑

建筑可居、可游、可望、可行于其中，满足多种功能要求，有突出的景观作用。建筑的景观作用主要表现在以下几个方面。

1. 点景

建筑常成为景观的构图中心，控制全局，起画龙点睛的作用。尤其滨水建筑更有“凌空、架轻、通透、精巧”等的特点。

2. 赏景

亭、台、楼、阁、塔、榭、舫等建筑，以静观为主；廊、桥等建筑，曲折前行，步移景易，以动观为主。

3. 组织路线

建筑可以引导人们的视线，成为起承转合的过渡空间。

4. 划分空间

建筑可以围合庭院，组织并分隔空间层次。

第三节　园林景观设计原则

园林景观在设计的过程中一般要遵循一定的原则，本节就简要介绍园林景观设计所要遵循的原则。

一、生态性原则

景观设计的生态性原则主要表现在自然优先和生态文明两个方面。自然优先是指尊重自然、显露自然。自然环境是人类赖以生存的基础，尊重并强化城市的自然景观特征，使人工环境与自然环境和谐共处，有助于城市特色的创造。另外，设计中要尽可能地使用再生原料制成的材料，最大限度地发挥材料的潜力，减少资源的浪费。

二、文化性原则

作为一种文化载体，任何景观都必然地处在特定的自然环境和人文环境中，自然环境条件是文化形成的决定性因素之一，影响着人们的审美观和价值取向。同时，物质环境与社会文化相互依存、相互促进、共同成长。

景观的历史文化性主要是人文景观，包括历史遗迹、遗址、名人故居、古代石刻、陵墓等。一定时期的景观作品，与当时的社会生产、生活方式、家庭组织、社会结构都有直接的联系。从景观自身发展的历史分析，景观在不同的历史阶段，具有特定的历史背景，景观设计者在长期实践中不断地积淀，形成了系列的景观创作理论和手法，体现了各自的文化内涵。从另一个角度讲，景观的发展是历史发展的物化结果，折射着历史的发展，是历史某个片段的体现。随着科学技术的进步，文化活动的丰富，人们对视觉对象的审美要求和表现能力在不断地提高，对视觉形象的审美体征，也随着历史的变化而变化。

景观的地域文化性指某一地区由于自然地理环境的不同而形成的特性。人们生活在特定的自然环境中，必然形成与环境相适应的生产生活方式和风俗习惯，这种民俗与当地文化相结合，形成了地域文化。

在进行景观创作甚至景观欣赏时，必须分析景观所在地的地域特征和自然环境，入乡随俗，见人见物，充分尊重当地的民族文化，尊重当地的礼仪和生活习惯，从中抓住主要特点，经过提炼融入景观作品，这样才能创作出优秀的作品。

三、艺术性原则

景观不是绿色植物的堆积，也不是建筑物的简单摆放，而是各生态群落在审美基础上的艺术配置，是人为艺术与自然生态的进一步和谐。在景观配置中，应遵循统一、协调、均衡、韵律的原则，使景观稳定、和谐，让人产生柔和、平静、舒适和愉悦的美感。

（一）多样与统一

多样与统一是一切艺术领域最概括、最本质的原则，园林景观设计亦是如此。园林景观设计的多样与统一主要表现在以下四个方面。

1. 因地制宜，合理布局

根据绿地的性质、功能要求和景观要求，把各种内容和景物，因地制宜地进行合理布局，是实现园林景观设计多样与统一的前提。

2. 调整好主从关系

在园林景观设计中，应该明确各个部分之间的主从关系，通过强调次要部分对主要部分的从属关系达到统一的目的。

3. 调和与对比

调和与对比是指利用园林景观之间某种因素（如大小、色彩等）的差异，取得不同艺术效果的表现形式。调和即意味着统一，主要是指在园林景观设计中构景要素的风格和色调一致。对比是指将具有明显差异的构景要素组合在一起的表现形式。合理运用对比手法能够使具有明显差异的构景要素达到相辅相成、相得益彰的艺术效果，如虚实对比、动静对比等。

4. 节奏与韵律

节奏和韵律是指同一图案按照一定的变化规律重复出现所体现出的一种形式美感。这种形式美感在园林景观设计中应用十分广泛。简单的如行道树、花带、台阶等，复杂一些的如地形地貌、林冠线、园路等的高低起伏和曲折变化，还有静水中的涟漪、飞瀑的轰鸣、溪流的低语等。这些都可以展示出节律的美感。

（二）比例与尺度

比例是指物体本身长、宽、高之间的大小关系和整体与局部、局部与局部间的大小关系。尺度是指物体的整体或局部与人或人所习见的某种特定标准之间的大小关系。在园林景观设计中，构景要素本身各部分之间、各构景要素之间、局部与整体之间都要有恰当的比例关系。这种比例关系要符合人们的审美习惯，给人以美感。

英国美学家夏夫兹博里说："凡是美的都是和谐的和比例合度的。"一个优秀的园林景观设计，除了要把握好景物本身与景物之间的比例关系外，还要根据景物所处的环境选择适宜的尺度。例如，皇家园林为了展示帝王权威，园林要素相对大尺度、大比例，即用粗壮的柱子、厚重的屋顶、敦实的墙体来展示其威严。再如，苏州的残粒园，其花园面积仅有 140 多平方米，但其布局精巧、紧凑，园中的山石、水池、小亭等景物不仅比例得当，且尺度适宜，让人赏心悦目。可见，良好的比例关系与适宜的尺度的恰当结合，是园林景观设计成败的关键所在。

由于人具有众所周知的真实尺寸，且尺寸变化不大，因此常被人们用作"标尺"来衡量其他物体的大小。在园林景观设计中，许多要素的尺度是以人的身高及其活动所需空间为量度标准的。栏杆、窗台、园桌及园凳等，都是根据其使用功能的要求，基本保持着不变的尺度。

（三）均衡与稳定

均衡是指物体各部分之间的平衡关系，如物体左与右，前与后的轻重关系等。在自然界中，静止的物体一般都是以平衡的状态存在的，如人具有左右对称的体形，树的枝丫向树干四周分出。不平衡的物体则会使人感觉不稳定，产生危险感。园林景观设计中一般要求园林景物的体量关系符合人们在日常生活中形成的平衡安定的概念，除少数动势造景外（如悬崖、峭壁等），都力求均衡。均衡的处理可分为对称均衡和不对称均衡两种。

1. 对称均衡

对称均衡的特点是具有一条明确的轴线，且轴线两侧的景物呈对称分布，给人以严谨、条理分明的感觉。北京的故宫、法国的凡尔赛宫都是对称均衡布局的典范，显示出一种由对称布置而产生的非凡美。但是，对称均衡的布局方式并不适用于所有的园林景观设计，正如英国著名艺术家荷迦兹所说："整齐、一致或对称只有在它们能用来表示适宜性时，才能取悦于人。"

2. 不对称均衡

不对称均衡的特点是适应性强、造型灵活多变，使园林景观布局在平衡中充满动势，给人一种生动活泼的美感。不对称均衡的设计形式可以使园林景观更加接近自然效果，在我国传统园林中应用较多。不对称均衡设计的原理与力学上的杠杆原理有相似之处。进行园林景观布局时，先确定一个平衡中心点，然后仿效杠杆原理进行景物的布置，重量感大的物体距平衡中心近，重量感小的物体距平衡中心远。例如北海静心斋，其建筑多位于东南两面，西北两面则略显苍白，但西北角假山最高点上的叠翠楼却使其整体布局达到了一种平衡状态。

稳定是指物体整体上下之间的轻重关系。上小下大曾被认为是稳定的唯一标准，可以给人一种雄伟的感觉，如埃及金字塔。在园林景观设计中，往往也采用底部较大、向上逐渐缩小的方法来获得稳定感，如我国古典园林景观中的塔、楼阁等。此外，也常利用材料的不同质地、颜色等给人的不同重量感来获得稳定感，如园林景观建筑的墙体，其下层多用粗石或深色材料，而上层则采用较光滑或浅色的材料。

但是，在园林景观设计中，如果都采用上小下大、稳如泰山的设计形式，难免会使人感到千篇一律。故而，在现代园林景观设计中，人们利用先进的材料及工艺创建了很多新的稳定形式，如北卡罗来纳州的雕塑——"我们相遇的地方"，先是用纤维材料编织成网状结构来减轻风荷载，然后利用四周四根柱子的拉力将其稳定在空中。

（四）比拟与联想

比拟是文学艺术中的一种修辞手法，在形式美学中，它与联想密不可分。人们能够通过景观形象联想到比景观本身更加广阔、丰富的内容，如名人雕像、名人故居，能够让人联想到其生平事迹、代表作品等。在园林景观设计中，比拟与联想的运用方法主要有以下几种。

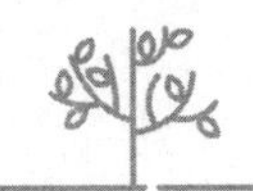

1. 模拟

模拟主要是指对自然山水的模拟，在我国的园林景观设计中较为常见。在园林景观设计中，这种方法通过筑山、理池、种植植物等，模拟天然野趣的自然环境，在有限的空间里创造出无限的景色，使人产生“一峰则太华千寻，一勺则江湖万里”的联想。但这种模拟不是简单的模仿，而是经过艺术加工的局部模拟。

2. 植物的拟人化

植物的拟人化是指根据植物不同的特性与姿态，赋予其拟人化的品格，如梅、松、竹有“岁寒三友”之称，象征不畏严寒、坚强不屈的高尚气节。不同的园林植物能给人不同的感受，使人产生不同的联想，诗人、画家常以这些园林植物为题材吟诗作画。在园林景观设计中，合理运用这些园林植物，能够使人们在欣赏其姿态美的同时，联想到相关诗句、画作等，为园林景观设计增色。

3. 园林建筑、雕塑造型产生的联想

在园林景观设计中，设计者常常根据历史事件、人物故事、神话传说、动植物形象等来设计园林建筑、景观小品等，如蘑菇亭、月洞门、名人塑像、动物造型的园椅等。人们在欣赏这类园林景观时，能够通过其形象联想到相关的历史事件、人物故事、动植物形象等。

4. 遗址访古产生的联想

遗址访古产生的联想是指人们参观历史故事的遗址、名人故居等地时，会联想到当时的情景，受到多方面的教益。例如，杭州的岳坟、灵隐寺，苏州的虎丘，武昌的黄鹤楼，西安临潼的华清池，成都的杜甫草堂等。

四、经济性原则

园林景观能否建成，其规模大小与内容及建成后的维护管理，在很大程度上受制于经济条件。进行园林景观设计时，应把适用、美观与经济统一起来，贯彻因地制宜、就地取材的原则，尽量降低造价，节约资源，同时也要方便后期的维护管理。例如，户外园林景观容易被风化、损坏，需要经常进行维护，因此，在设计时，要充分考虑材料的经济性，并且使用与材料相适应的、方便维修和更换的加工工艺。

第三章　园林景观生态设计研究

第一节　景观设计程序步骤

一、前期阶段

（一）接受设计任务书，基地实地踏勘，同时收集有关资料

一个建设项目的业主会邀请一家或几家设计单位进行方案设计。作为设计方，在与业主初步接触时，要了解整个项目的概况，包括建设规模、投资规模、可持续发展等方面，特别要了解业主对这个项目的总体规模框架方向和基本实施内容，总体方向框架确定了这个项目是一个什么性质的园林景观，基本实施内容确定了园林景观服务的对象，把握了这两点，规划总原则就可以正确制定了。

另外，业主会派熟悉基地情况的人员陪同总体设计人员和项目负责人到基地现场踏勘，收集规划设计前必须掌握的原始资料。这些资料主要包括所处地区的气候条件，气温、光照、季风风向、水文、地质土壤（酸碱性、地下水位）；周围环境、主要道路、车流人流方向；基地内环境状况，各地区标高、走向等。

总体规划设计人员能够结合业主提供的基地现状图，对基地进行总体了解，对较大的影响因素做到心中有底，并在今后总体规划构思时，

针对不利因素加以克服和避让，并充分合理的利用有利因素。此外，还要在总体和一些特殊的基地地块内进行摄影。将实地现状的情况带回来，以便加深对基地的感性认识。

（二）初步的总体构思及修改

基地现场资料收集后，就必须立即进行整理、归纳，以防止遗漏那些细小的却有较大影响因素的环节。

在着手进行总体规划设计构思前，必须认真阅读业主提供的《设计任务书》或《设计招标书》。在设计任务书中详细列出业主对建设项目的各方面要求：总体定位性质、内容、投资规模、技术经济相符控制及设计周期等。

在进行总体规划构思时，要对业主提出的项目总体定位做一个构思，并与抽象的文化内涵及深层的寓表相符合，同时必须考虑将设计任务书中的规划内容融合到有利的规划构图中去。

构思草图只是一个初步的规划轮廓，然后要将草图结合收集到的原始资料进行补充、修改。逐步明确总图中的各细节的具体位置，经过多次修改调整，会使整个规划在功能上趋于合理，构图符合园林景观设计的基本原则——美观、舒适（视觉上）。

（三）方案的第二次修改

经过了初次修改后的规划构思，还不是一个完全成熟的方案，设计人员此时应虚心好学，集思广益，多渠道、多层次、多次数地听取各方面的建议。由于大多数规划设计方案，甲方在时间上往往比较紧迫，所以乙方在设计时需注意避免：

第一，只顾进度，一味图快，最后的设计内容简单枯燥，无新意，甚至完全照搬其他方案，图面技术质量粗糙，不符合设计任务书要求；

第二，过多地更改设计方案构思，花过多时间和精力去追求图面的精美包装，而忽视规划原则、立意、构图及可操作性。

整个方案全部制定下来后，图文的包装必不可少，因为其越来越受到业主与设计单位的重视。

第三，将规划方案的说明、投资概算、水电设计的主要节点汇编成文字部分，将规划平面图、交通组织图、功能分区图、绿化种植图、附属设施示意图、全景透视图、局部景点透视图汇编成图纸部分，再文本部分与图纸部分结合，就形成一套完整的规划方案文本。视情况规划方案文本可将纸与文字有机结合。

二、中期阶段

（一）业主的信息反馈

递交规划方案文本，制作文本 PPT。项目负责人一定要结合项目的总体设计情况，在有限的时间内，将项目概况、总体设计定位、设计原则、设计内容、技术各指标等向甲方汇报，要先将设计指导思想和设计原则阐述清楚，再介绍各项设计内容和局部设计。

业主听取规划方案汇报，拿到文本后，一般会在较短的时间内给予答复，答复中会提出一次性调整意见，包括修改、添删的项目内容以及投资规模增减、用地的范围变动等，针对这些反馈信息，设计人员要在短时间内对规划案进行调整、修改和补充。

（二）方案调整

对于一些较大的变动或者总体规划方向的大调整，则要花费较长一段时间进行方案调整，甚至推倒重做。

对于业主的信息反馈，设计人员要认真听取反馈意见，积极主动地完成规划方案调整，在规划方案调整进程中，认真领会甲方的反馈意见，并将各反馈意见融入方案设计中，以期对今后的设计工作产生积极推动的作用。

一般调整规划方案的工作量没有前期的工作量大，大致需要一张调整后的规划总图和一些重要的调整说明，但它的作用非常重要，以后的规划方案详审以及施工图设计等都是以调整方案为基础进行的。

（三）方案汇报

有关部门组织专家评审组，集一天或几天时间，开展一个专家评审

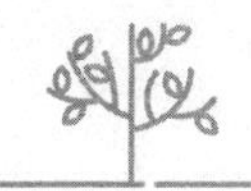

（论证）会，出席会议的人员，除了各方面的专家外，还有建设方领导，市、区有关部门的领导以及项目设计人员。

作为设计方，项目负责人一定要结合项目的总体设计情况，在一段有限的时间内，将项目概况、总体设计定位、设计原则、设计内容、技术经济指标、总投资估算等诸多方面内容，向领导和专家们做一个全方位汇报，汇报人必须清楚自己的项目情况，且由于专家们不一定都了解，因而在某些细节上，要尽量介绍透彻一点、直观化一点，并且一定要有针对性。在方案评审会上，宜先将指导思想和设计原则阐述清楚，然后介绍设计布局和内容。设计内容的介绍，必须紧密结合，先前阐述的设计原则，将设计指导思想及原则作为设计布局和内容的理论基础，而后者又是前者的具象化体现，两者应相辅相成，切不可造成设计原则与设计内容南辕北辙。

方案评审会结束后，设计方收到打印成文的专家组评审意见，设计负责人必须认真阅读，对每条意见都应有一个明确答复，对于特别有意义的专家意见，要积极听取，立即修改方案，将方案评审修改意见具体落实到规划方案中。

（四）方案扩初设计

设计人员结合专家的评审意见，进行深入一步的扩大初步设计（简称“扩初设计”）。在扩初设计文本中，应该有更细、更深入的总体规划平面图，总体方向设计平面，总体绿化设计平面，建筑小品的平、立、部面，并按主要尺寸，在地块特别复杂的地段，绘制详细的剖面图、立面图、效果图，在剖面图中，还必须标明几个主要空间地面的标高（路面标高、地坪标高、室内地平标高）。

在扩初设计文本中，都应该有详细的水、电气设计说明，如有较大用电、用水设施，要绘制给排水、电气各平面图。

（五）方案扩初设计汇报

扩初设计汇报会上，专家们的意见不会像方案评审会上那样分散，而是比较集中，具有针对性。设计负责人的发言要言简意赅，对症下药，根据方案评审会上专家们的意见，介绍扩初设计文本中修改的内容和措施，未能修改的意见，要充分说明理由，争取得到专家评委会专家们与甲方的理解。

在方案评审会和方案扩初设计汇报会上，如条件允许，要尽可能使用多媒体进行讲解，这样能使整个方案的规划理念和精细化局部设计效果与实际结合，使设计方案具有形象性和表现力。

一般情况下，经过方案设计评审和扩初设计汇报后，总体规划和具体设计内容都能顺利通过，也就为施工图打下了良好的基础，扩初设计越详细，施工图设计就越省力。

方案扩初设计汇报时，甲方和专家组会针对某一具体材料要求及某些植物物种的确定提出意见。下一步施工图设计时应准确地将这些要求落实到设计中。

三、后期阶段

（一）施工图设计

在前一阶段工作的基础上，对项目基地再次踏勘后对项目进行施工图设计。这里所说的基地的再次踏勘应注意以下几点：第一，参加人员从设计项目负责人到主要设计人，应有建筑、结构、水电等设计人员参加；第二，做到精勘；第三，掌握最新变化了的基地情况，找出对今后设计影响较大的变化因素，加以研究、调整，再进行施工图设计。

需要注意的是，现在很多大工程，市、区重点工程，施工都相当紧促，往往最先确定竣工期，再从后倒排竣工进度。这就要求设计人员打破常规的出图程序，以“先要先出图”的方式出图。在现代园林景观绿地施工图设计中，施工方急需要的图纸是总平面放线图，如竖向设计图，一些主要的大剖面图，水体的总体上水位、下水位与管网布置图，主要材料表，电的总平面布置图和系统图等。

这些需要较早完成的图纸要做到：各专业图纸之间要相互一致，自圆其说；每一种专业图纸与今后陆续完成的图纸之间，要有准确的衔接和连续关系。

（二）施工图预算编制

施工图预算是以扩初设计中的概算为基础的，该预算覆盖了施工图中所有设计项目的工程费用、土方地形工程总造价、建筑小品总造价、绿化工程总造价、水电安装总价等。

施工图预算与最终工程结算，往往有较大出入，其中的原因各种各样，影响较大的是施工过程中工程项目的增减、工程建设周期的调整、工程范围内地质情况的变化、材料应用的变化、设计变化等，工程造价师和项目设计负责人应该多沟通，明确具体的工程做法及工程造价控制等，尽量使施工预算能较准确地反映整个工程项目的投资状况。

（三）施工图交底

业主拿到设计施工图后，会联系监理方、施工方对施工图进行看图和读图。看图属于总体上的把握，读图属于具体设计节点、详图的理解。之后，由业主牵头，组织设计方、监理方、施工方进行施工图设计交底会。在交底会上，业主、监理、施工各方提出看图后所发现的各专业方面的问题，各专业设计人员将对口进行答疑。一般情况下，业主方的问题多涉及总体上的协调、衔接；监理方、施工方的问题常提及设计节点及大样的具体实施。双方的侧重点不同。由于业主、监理方、施工方是有备而来，并且有些问题是施工过程中的关键节点，因而设计方在交底会议前要充分准备，会上要尽量结合设计图纸当场答复，现场不能答复的，会后综合考虑后尽快作出书面回复。

总之，设计只能指导施工，不是项目工程的真实反映。在整个项目设计过程中，整个项目设计负责人往往承担着总体定位、竖向设计、道路广场、水体等设计任务，不但要按时，甚至要提前完成各项设计任务，而且会把很多时间和精力花费在开会、协调、组织、平衡等工作上，尤其是甲方与设计方之间、设计方与施工方之间，设计各专业方向的协调工作更不可避免。往往工程规模越大，工程影响力越深远，组织协调工作就越繁重，从这方面看，项目设计负责人不仅要掌握扎实的设计理论和丰富的实践经验，更要有极强的工作责任心和优良的职业道德。

在项目实施工程中，项目设计负责人还负担着与甲方、施工方的协调与联系，在材料选购方面要对材料的质感、色彩等进行把关，同时对施工过程中出现的与图纸不相符合的设计变更及制定具体解决措施，结合现场客观地形、地质、地表情况做出最合理、最迅捷的设计。

第二节　园林景观生态过程

从系统论的角度看，景观是一个开放系统，在不断与外界进行物质与能量交换的过程中，系统内发生的物理过程、化学过程和生物过程使景观在一定的时空尺度内保持相对的稳定性，也萌生着永恒的变化。了解景观生态过程及其产生机理，就为探求景观的稳定与变化找到了一把钥匙。

一、能量转化过程

（一）景观的能量基础

景观中的一切过程都必须以能量为动力，景观的能量来源从宏观上看，除太阳能外，还有地球内能、潮汐能。太阳能是景观中一切过程的能量源泉，也是景观地带性分异的动因；地球内能使地表有了海洋和陆地、高山和低地等非地带性的景观差异；潮汐能则是地球、太阳和月球之间的引潮力，产生潮涨潮落的局部变化，是景观局地分异的动因之一。

（二）能量在景观中的转化

1. 太阳能在景观中的转化

太阳辐射是景观中强度最大的直接能量，它是导致大气变化的最主要动力，也是加热大气的唯一热源，如大气纬向环流的产生使地表低、高纬度获得的太阳能不均，或净辐射不同，使大气获得的热量存在差异，产生高低纬大气气团温度差，于是出现了大气纬向运动。地表有植被覆盖和无植被覆盖的景观对太阳能的转化途径也是不同的。

2. 太阳能在景观中的作用

（1）景观协调性的能量基础。太阳能在景观中的重要意义，首先表

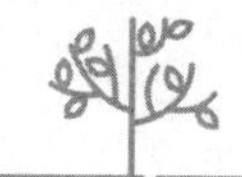

现在它通过地表、大气、水体、生物、土壤和岩石地形复合体之间的能量交换，把景观在垂直方向上联结成“千层饼”式的能量系统。景观中各组成部分之间相互制约的基础，就是太阳能在各组成部分之间的能吸交换。

当然，不同组成部分能够组成统一整体，还必须有物质循环作为另一种基础——物质基础。景观中物质循环的主要动力是太阳能。景观中全部的自然过程，如大气环流、地表环流、绿色植物生产过程、土壤形成过程及外地貌过程等，都与获得太阳能的多少有重要关系，如热带，地面获得的辐射净值高，用于增温的热量多，大气增温效果明显，气温高，所以终年长夏，植物全年都能正常地进行光合作用，物种丰富，生物量相对高，食物链也相对复杂。高温使景观中的热发、蒸腾作用加强，输入到大气中的水分增多，丰沛的降雨对地表的侵蚀与雕琢作用也相对强，流水地貌发育；由于易溶元素的迁移强烈，景观中易溶元素的积累相对变少，导致不易迁移的元素在景观中相对富积。为了适应高温的气候，植物的叶面面积普遍宽大，以利于散热。为了对抗强对流的天气，植物的根系发达，多板状根、气生根。

苔原带和极地展现的则是另一种景观过程。由于获得的太阳辐射净位低，所以气温低，全年气候寒冷，冬季漫长，白昼短，蒸发量小，相对湿度大，致使高等植物无法存活，只有苔藓、地衣等低等植物可以生存，植物的根只能在地表大约 30cm 的深度内自由伸展，30 cm 以下则是坚如磐石的永久性冻土层。苔原植被在长期演化过程中形成了能够适应极地特殊环境的生活特征：植物矮小，紧贴地面匍匐生长的常绿植物在春季可以很快地进行光合作用，不必耗时形成新叶，还能抗风、保温、减少植物蒸腾。其景观特征则是物种极其贫乏，食物链十分简单。

太阳能也是水平方向上景观整体性的能量基础。同一纬度获得的太阳能可能相同，但下垫面不同，反射率不同，空气增温不同，必然产生水平方向上的能量差异。全球尺度的环流、海陆风、洋流都是这种水平方向上存在的能量梯度导致的热量从暖区向冷区的运动。陆地表面小尺度的空气运动也是如此。例如，夏季收获后，炎热的农田释放的热量，传到邻近的森林和居住区，使森林变干、邻近居住区变得酷热难当。

森林和周围空阔地斑块间夜间的温度变化，在无风的夜晚，是从前

者向后者水平流动。这种空气流动已经被人们称为没有海洋的海洋风。温暖的森林气流水平流向寒冷的空阔地，而冷的、开阔的空气在垂直方向上流向更冷的空间。夜晚发生的这种气流携带气体、浮尘、孢子、种子和其他粒子实现了水平方向和垂直方向上的运动。

白天空阔地上的温度比森林高，在无风的时候，空气的运动方向与夜晚相反。在日出前和日落后景观中的水平温度剖面是最均衡的。与白天和夜晚相比，在日出和日落时局地生态系统中太阳能量呈现出一个很陡的上升区和下降区。

局部能量梯度差使景观产生沿压力差方向的空气流，风穿越不同的景观，进而使能量在景观中均匀分布。

水平流在相邻生态系统间的流动不仅可以引起能量的变化，还可以引起土壤温度、空气温度或 ET 的变化。土壤温度升高可使永久冻结带融化，种子提早发芽和根部生长，这种效应在生长季早期或晚期表现得更明显。水平流导致的空气温度升高可使积雪融化，促进或阻碍动物活动，提高生产力或使霜冻的危害降至最小，延长生长季，进而提高生态系统对太阳能的固定。

水平流引发的燕发力提高称为“绿洲效应”。绿洲植物在垂直方向上加速了水汽的运动，原因是白天从周围沙漠吹来的热而干的风如同一架水分抽干机，加速了水分的蒸发。湿地中也存在绿洲效应，上风向灌丛区的水平流使湿地的有效湿度（ET）加大，水分损失率可提高 5%，绿洲效应在撒瓦纳草原和沙漠中尤其突出。

风驱动的水平流是区域景观间能量联系的主要动因。源景观是能量释放系统，如沙漠、草原等。汇景观是森林或湿地、泥炭等。当秋季气温转低时，湿地和湖泊就相当于能量源，当春天气温转暖时，它就变成热量汇，直接影响着下风向的土壤和蒸发。

（2）太阳能决定景观的自然生产潜力

一地的太阳总辐射的多少，实际上决定着该地单位面积上每年最多能产生多少光合产物。如果其他环境条件均适宜于绿色植物的生产，即空气中的 CO_2 供应充足，有良好的土壤肥力、适宜的气候条件（有适量的水分和适宜的温度）以及完善的田间管理，则绿色植物可以达到最高的生产力。如果选用的品种也是高光合效率的，那么这些条件下的绿色

植物的最大生产力，就只与太阳总辐射的多少有关。

纬度高的地区，存在日平均气温低于10℃的季节，绿色植物不能活跃生长，太阳总辐射不能被植物用来进行光合作用。此时的气温便成为关键的限制因素。若想将理想的生产力转化为现实的生产力，就必须将高于或等于10℃期间的太阳总辐射能尽可能地固定于绿色植物中。没有其他限制因子，仅由光热资源决定的绿色植物的生物量称为光温生产潜力。

（3）太阳能产生不同的景观地带。苏联学者布迪科根据格里高里耶夫的意见，认为辐射平衡与降水的比例关系，对于景观中的主要自然地理过程的发生和强度具有确定意义。景观地带周期律在景观表层出现，主要由太阳能在地表的分布决定。掌握这一规律，只要知道某地的辐射净值，就可以确定其属于哪一热量带，知道其辐射干燥指数，也可知其所在地的景观类型。

（三）地球内能与地貌格局

地球内部的聚变反应主要发生在地幔对流层以下。起主导作用的是岩石中所含的铀、钍等放射性元素在衰变过程中产生的热能。测得的热通量与太阳能相比极其渺小。

地球内能产生的作用力主要表现为地壳运动、岩浆活动与地震。地球内能量占地表能量总收入的很小部分，却决定了地表形态的基本格局。构造运动造成地球表面的巨大起伏，因而成为地表宏观地貌特征的决定性因素。大陆与大洋两个不同的景观型就是构造运动的差异造成的。陆地上的大山系、大高原、大盆地和大平原以及海洋中的大洋中脊、洋盆、海沟、大陆架与大陆坡的形成，都具有构造运动的背景。仅以陆地而论，巨大的高原、盆地与平原多与地块的整体升降运动有关。巨大的山脉与山系则与地壳褶皱带相联系。在中观尺度，呈上升运动的水平构造是形成桌状山、方山与丹霞地貌的前提；单斜构造是形成单面山、猪背山必不可少的基础，褶曲构造可形成背斜山与向斜谷、穹状山与凹陷盆地；断层构造可形成断层崖、断层三角面、断层谷、错断山脊、地垒山与地堑谷、断块山与断陷盆地等众多地貌类型；火山活动则可形成火山锥、火山口、熔岩高原等地貌。地壳升降运动可在短距离、小范围内形成巨大的地表高度差异，不同高度的地貌特征因而表现出垂直分异。当地壳处于活动期时，地貌营力以内力为主，地表高低起伏变化明显；当地壳处于平静期时，地貌营力以外力为主，地表趋于准平原化。地壳处于不同营力期，对景观的形成与发展有着决定性的影响。地质时期的构造作用形成了地表的巨大起伏，在不同高度上其有不同的重力位能。当剥蚀作用发生时，重力位能转化为机械运动的动能，支配固体物质的移动。气团和水体（包括冰川）的运动则是凭借太阳辐射引起的大气上升来提高其位能。在大气下沉、降水、径流过程和冰川移动时，位能转化为动能。重力在自然地理环境中的作用十分广泛，地形的改变、物质的搬运和堆积、气团的运动、水分循环、生物生长，乃至于地球物质的调整等，都离不开重力作用。可见，对于景观而言，重力（能）也是一个基础能量，且发挥着相当重要的作用。

（四）潮汐能

引潮力是月球或太阳对地球的万有引力和因地球绕地月或地日公共质心运动所产生的惯性离心力的合力。在引潮力的作用下，景观表面发生了潮汐变形。这种周期性的变形出现在海洋叫海洋潮汐，出现在陆地叫固体潮汐。

海洋潮汐对地球自转具有阻碍作用，其实质是潮汐的摩擦效应。由于潮汐波移动方向与地球自转方向相反，海水与海底之间便产生摩擦作用阻碍着地球的自转运动。另外，这种摩擦作用加上海水内部由于其黏滞性引起的摩擦，使得潮汐高峰并不正对月球的周期，而是滞后一定时间。月球对地球向月一面的潮汐隆起部分的引力就可以产生一个与地球自转方向相反的力矩，其结果也对地球自转有阻碍作用。由于潮汐摩擦效应的存在，地球极其缓慢地降低自转速率，导致一天的时间增长。如13亿年前地球每年有500多天，每年有13~14月，每月为42天一天为14.9~16.05小时。距今2.5亿年的二叠纪每年为390天，每天22小时。最近2000年，每百年一昼夜大约增加0.0016~0.0024秒，这个数值尽管极其微小，但它的累积效不可忽视。

地球自转速度的变化导致了一系列过程的变化：当地球自转加快时，海水从两极涌向赤道，大陆面积扩大，使全球气候由温暖潮湿转向干燥

寒冷；当地球自转减速时，海水从赤道向两极运动，则出现与上述相反的情况。地球自转速度变化引起海陆沧桑巨变，从而促使生物界从低级向高级跃进。古生代以来，地球的自转速度有三个时期变化较大。第一次在早、晚古生代之间，运动后引起植物界一次重大进化，出现了鱼类和两栖类；第二次在古、中生代之间，中生代出现了巨大的爬行动物和裸子植物；第三次在中、新生代之间，新生代时，被子植物代替了裸子植物，哺乳动物开始繁衍并且出现了人类。每一次变化都恰巧对应一次剧烈的地壳运动、大规模的海陆变迁及景观的进化。若地球自转速度的变化一年超过 5 秒，地球上就会出现强烈地震、特大海啸和严重的天气异常现象。

海洋潮汐对生物的演化有促进作用。由于海洋具有周期性升降的潮汐运动，从而使海岸地区出现高潮时被浸没，低潮时露出潮间带。这一潮间带，在生物的演化过程中，可成为海洋生物挣脱水域束缚的跳板。原始海生生物首先在作为过渡环境的潮间带受到历练，后加快了海生生物向陆生生物的进化。如果没有海洋潮汐，没有因海洋潮汐出现的潮间带，海洋生物的登陆过程就可能要迟缓很多世纪。海洋潮汐具有巨大的能量，它是海岸及河口地貌发育的外营力之一。

二、物质迁移过程

景观中物质的迁移分垂直和水平两个方向，按迁移尺度分为全球、区域和局地三个层次。

（一）垂直方向上的物质迁移

1. 物质迁移的过程

（1）岩石的地质大循环过程。地表岩石的地质大循环过程主要表现为海底扩张、造山运动、大陆漂移、板块运动及三大类岩石的转化。这种大循环从其发生过程看分为幼年期、壮年期和晚年期。在地貌特征上主要表现为高原、山地、丘陵和平原的形成与转化，最后在地球内力的作用下将平原抬升为高原而进入下一轮地质大循环。

陆地表面环境不大适宜于保存在高温高压条件下形成的岩浆岩，当其暴露在低温低压条件下时，特别是大气中有丰富的自由氧、二氧化碳和水时，矿物就会随变化的环境而发生化学变化。岩石表面受物理崩解力的作用，破碎成细小的碎屑，碎屑物在化学性质活泼的溶液中表面积增大，从而加速了岩浆岩的化学蚀变。岩浆岩的化学蚀变是产生沉积岩无机矿物的最主要来源，在矿物蚀变的过程中，固体岩石变软、破碎，产生大小不同的颗粒。这些颗粒被流体介质——空气、水或冰搬运到较低的位置和可能沉积的地方。通常沉积物堆积的最佳地点是大陆边缘的浅海，也可以是内陆海或大湖泊。堆积巨厚的沉积物可能被深深地埋藏在比较新的沉积物下面，随着压力的增大，沉积物发生物理和化学变化，变得紧实、坚硬，形成沉积岩。沉积岩有碎屑沉积岩、化学沉积岩和有机沉积岩三大类。碎屑沉积岩主要有砾岩（砾岩代表岩化的海滩或河床沉积物）、砂岩（砂粒一般是石英）、粉砂岩和页岩（页岩是沉积岩中最多的一种，大部分由黏土矿物高岭石、伊利石和蒙脱石组成）；化学沉积岩是矿质化合物从海洋和荒漠气候区的内陆咸水湖里的盐溶液中沉淀出来的，最常见的岩类是石灰岩（其主要组成矿物为方解石），与石灰岩密切相关的是白云岩，它是由钙、镁碳酸盐矿物所组成，二者统称为碳酸盐岩；有机沉积岩中最重要的是碳氢化合物，如煤、泥炭、呈液态的石油和天然气等。地球内部的碳氢化合物总称为化石燃料。从能源的观点看来，这些燃料是不可再生的资源。它们一旦被消耗完，就不可能复得，因为地质过程 1000 年之内产生的量与整个地质时期所形成的量相比是微乎其微的。

（2）水循环过程。垂直方向上的水循环是水及其中的元素宏观尺度上的循环。其迁移、转化路径为地表的水在太阳能和重力能的作用下，不断地从一种聚积状态（气态、液态、固态）转变为另一种状态，从一种赋存形式（自由水、结晶水、薄膜水和吸附水）转变为另外一种形式，从一个圈层（水圈、气圈、岩石圈和生物圈）转移到另一个圈层，最终形成复杂的迁移过程。

景观中的水受到太阳热力的作用发生形态变化，蒸发作用使液态水变为水蒸气，从水圈、岩石圈、生物圈进入大气圈。水蒸气在大气圈中随大气环流而运动，赋予每一单位体积水分以与它上升高度相应的势能和太阳能将水抬升到一定高度而做的功，均表现为能量的转化。首先要供给水分蒸发时的潜能，然后产生大气的运动，当冷凝时散热归还给大

气，与用于蒸发时的能量相互抵消，再以降水、雪、冰雹的形式从高空重返水圈、岩石圈、生物圈。从能量的角度看是势能转化为动能，同时大部分消耗于克服大气摩擦阻力，并且以长波辐射的形式离开这一系统。到达地表的降水把势能转变为以地表水、地下水和冰川形式等流动的动能，加之重力作用产生的径流，参与岩石圈的侵蚀、改造，最后流入海洋。落在高纬地区或高山、高原地区的降雪，形成冰川或冰盖，成为水圈的组成部分。当冰川融化，水又参与生物的生长、岩石的风化，或者再次被蒸发、蒸腾进入大气圈，参与天气过程，形成雨、雪、霜、露、雹、雾等各种各样的天气现象，进入下一轮圈层间水的大循环。

（3）生物小循环过程。垂直方向上的生物小循环主要发生在生物圈、岩石圈、水圈和土壤圈中。但也有部分微生物的循环仅在大气圈中。各圈层间的生物小循环过程主要完成的是碳（C）、氮（N）、磷（P）、硫（S）的生物循环和一些微量元素全球尺度的循环。这些元素的生物迁移过程与生物生命过程的形成与分解是密切相关的，无论是陆地还是海洋，只要有生命存在，就一定有元素的生物迁移过程，只是方向与强度在不同的景观中可能完全不同。垂直方向上的生物小循环主要表现为：在没有人为干预的自然条件下，植物通过根系从风化壳或土坡深处汲取各种元素至体内，待植物枯死后，再返回原地的土壤表层。这时的元索迁移只是通过植物“泵”的作用从风化壳或土壤深层转移到土壤表面。如此反复，风化壳下部的亲生性元素逐渐向风化壳表层移动，使风化壳内的化学元素在垂直方向上发生分异。从地表化学元素迁移的方向来看，生物迁移与水迁移的方向正好相反。水迁移力图使风化壳中的元素不断向下和向低处淋失，而生物迁移力图使风化壳中的元素向上和向生物体内积聚，减少淋失。土壤中的无机元素和有机化合物经植物、草食动物、肉食动物或人以及微生物的摄食、吸收、分解，从一地转移到另一地。这是一种生物（食物）链的迁移过程。水体中（包括水底沉积物）的元素经过水生生物的吸收转移之后，部分返回原来的水体，部分被人类移往他处。根据生物生长发育的需要，生物体内可以吸收、聚集化学性质明显不同的元素（N、S、Ca等），甚至有些元素的富集与化学性质毫无关系，如某些海岛上鸟粪层磷的迁移与聚集则完全由海鸟的生物学行为所决定。

（4）大气循环过程。现代大气对流层中 N_2、O_2、Ar 等含量基本上是恒定的，CO_2、水汽等的含量虽然有一定的变化，但是变化幅度并不大。这表明大气的气体成分和水汽在大气环流和生物等因素的共同作用下基本保持动态平衡。垂直方向上的大气迁移过程可细分为C、N、O等元素的迁移过程。

2. 物质迁移的意义

垂直方向上的元素通过不同介质实现的迁移过程，虽然迁移方式各不相同，但它们彼此之间相互制约，相互影响，最后组合成一个整体。一种要素变化必然对另一种要素产生影响，一个圈层内物质迁移速率和方向的变化，也必然对另一圈层乃至景观圈的整体产生影响。元素在地表水或地下水中的迁移不仅与生物迁移密切相关，且生物作用又不断地改变着景观中的介质状况与氧化还原条件；大气迁移则在更大的区域范围内把元素的水迁移与生物迁移联结在一起，使元素的迁移循环过程变得更加复杂，以至于产生“蝴蝶效应”，成为全球变化的一个根源。

（二）水平方向上的物质迁移

水平方向上的物质迁移按迁移尺度分为全球、区域和局地三种。

1. 全球尺度的物质迁移

全球尺度的物质迁移和地质大循环、水循环和大气运动直接相关，这里不再赘述。目前常用“源”“流”“汇”分析全球尺度的物质迁移。从全球尺度看，海洋是CO_2的源和汇。从大陆的尺度看，CO_2的源是土壤和植物的呼吸作用、植物和薪炭林的燃烧以及交通、工业和建筑物取暖时化石燃料的燃烧，主要的汇是植物的光合作用和大气圈。

生长植物的温暖又潮湿的土壤，如赤道和亚热带及寒带的夏季，呼吸作用很旺盛。真菌和细菌在温暖潮湿的条件下分解死有机体，产生CO_2。白天从土壤中释放的CO_2可被植物的光合作用吸收。夜晚植物不能进行光合作用时，风很小的条件下，上升的温暖气流将绝大部分土壤中的CO_2带到对流层这一传送带中，可输入另一个区域，在那里可能被吸收也可能不被吸收。所有的绿色植物都能进行光合作用，但光合作用的速率差距很大。大叶植物（叶面系数大）和具有较高生长速度的植物净生产率大，是CO_2最大的吸收者，或者说它是CO_2最大的汇。因此，大量的CO_2被正在生长的幼林或者谷田吸收，转化成生物量。裸露的、干

的、寒冷的地表或者建筑区吸收的 CO_2 量则较少。成熟林虽然吸收 CO_2，但也通过呼吸作用释放大量的 CO_2。如果对流层传送带没有遇到汇，CO_2 就只能在大气圈中单调地增加，与粒子物质一样，在倒置层下积累。CO_2 被称为“大气温室气体”。最近几十年平均气温随大气圈中 CO_2 浓度的增加而升高。这是碳氧化物的增多限制了热量向宇宙空间扩散造成的。

2. 区域尺度的物质迁移过程

（1）区域间的水迁移过程。区城间的水迁移过程是物质迁移过程中最为重要的过程，它往往与化学元素的迁移共轭，决定区域景观过程的方向和强度。

水在对流层中以雪粒、雨滴、水滴和水蒸气等方式实现迁移。前三种方式存在于云中，传送的距离短，水蒸气大部分在地面附近传输，其中一小部分在高处可传送较远的距离，如湖泊、湿地或者森林的下风向呈羽状的气流，水汽很丰富。绿洲周围的灌溉农田往往由于上风向的蒸发导致下风向气流中水汽含量增加，减少下风向蒸发造成的水分损失。

水的水平运动主要表现为地表径流或地下径流。在重力势能作用下，水从高处向低处流，最终流至大海或局部低洼地。在这一水平运动的过程中，地形地貌起了重要作用。由于地形高度的差异，导致空间上水的重力势能不同，较高处势能大，较低处势能小，两者的势能差决定了水在水平方向上的流向，也是其水平运动的动力源。植物类型和土地利用类型控制着水流的水平流速，当裸地变为林地时，因基质的异质性增大，流速就会降低。

（2）区域之间的大气迁移过程。区域间的大气迁移是指自然地理过程中的气体成分、水汽、固体和液体颗粒随气流运动而发生的位移。区域间的大气迁移主要是由于热力条件不同而产生的区域间的风流，其实质是全球尺度大气迁移的一部分。

三、物种迁移的过程

物种的空间分布与生物多样性的关系早已为生态学家所关注。景观生态学家更为关注的是景观结构和空间格局的变化对物种分布、迁移的影响。物种在景观中的运动和迁移直接影响到物种的生存，但不同的物种对具有同一结构的景观反应也不同，有时会产生截然相反的生态效应。

景观格局对物种的影响一方面与景观的要素组成有关，另一方面也与物种的生态行为有关。

动植物在景观中的运动大体可分为连续运动和间歇运动两种模式。前者包括加速、减速和匀速运动，后者包括一次或者是几次的停歇。物种在景观中的运动更多地表现为间歇运动，如动物在运动过程中的停歇、寻觅食物等，植物种子在风或水流作用下的跳跃式传播等。间歇运动的重要作用在于所疏散的物体与在停留处的物体间经常相互影响，如动物在停留地啃食嫩草、践踏场地、四处便溺、修筑巢穴，或者被捕食。在连续运动中，这种相互影响就不明显，或者分散在运动的途中，而不是集中在某点。所以，连续穿越景观的动物对景观的影响一般很小。

四、景观破碎化过程

景观中的过程有多种，对景观格局有重要意义的是干扰与景观的破碎化过程。景观在形成过程中必然受到自然或人为干扰的影响，Farina 等把干扰作为景观的形成因素，认为干扰本身就是景观的一种形成过程，该过程首先引起景观破碎化，也可以看成破碎化过程，如林业生产中的间伐可形成新的林窗，这种破碎化过程改变了林地的景观格局，增加了景观的异质性；城市景观中，道路的不断增加是景观破碎化的主要因素之一。

景观处于永恒的变化过程中，生态因子的正常变化一般极少引起景观质的变化，可将生态因子的变化称为生态扰动。生态扰动对生物及生态系统有非常积极的意义，是景观生物多样性高的必要条件之一。当生态因子的变化超出一定范围，或其周期发生变化或异常时，往往会引起生态系统的破坏。一般将对生态系统造成破坏的、相对离散的突发事件定义为干扰。

非生物因素如太阳能、水、风、滑坡，生物因素如细菌、病毒、植物和动物竞争等均可引发干扰。干扰不仅改变景观、生态系统、群落和种群构成、系统基质、自然环境及资源的有效性，也诱发许多其他过程，如破碎化过程、动物的迁移过程、局地和区域物种的灭绝过程等。景观的形成、发展和变化也源自干扰，如采伐和火灾等干扰对景观的结构和功能都有强烈的影响。

干扰对生态系统或物种进化既可以起到积极的正效应，也可以起到

消极的负效应。若从人类发展的角度来看，干扰永远是消极因素。无论是正向还是负向的干扰效应，都是人类不期望的，也是和人类的主观愿望不一致的。在本质上，干扰等同于自然灾害。灾害是从人类社会的角度来看的，是不利于人类社会和经济发展的自然现象；但发生在渺无人烟地区的火灾、洪水、火山爆发、地震等，其实是一种自然的演替过程，由于没有对人类社会造成危害，而不被认为是灾害。但因它对自然生态系统的正常演替产生了影响，所以也常常是生态学家关注的热点。

第三节　景观生态规划与设计

一、景观生态规划的概念

景观生态规划是以生态学原理为指导，以谋求区域生态系统功能的整体优化为目标，以各种模型、规划方法为手段，在进行景观生态分析和综合评价的基础上，提出构建区域景观优化利用的空间结构和功能方案、对策及建议的一种生态规划方法。

景观生态规划的中心任务就是创造一个可持续发展的整体区域生态系统，它是生态规划的一种，属于一个综合性的方法论体系。

景观生态规划的目的，主要是保证景观生态系统的环境服务、生物生产及文化支持等三大基本功能的实现，关键是构建合理的景观生态系统结构。一般来说，景观生态规划的主要内容可分为四部分：区域景观生态系统的基础研究、景观生态评价、景观生态规划及生态系统管理建议。但是，因规划目的和设计重点不同，景观生态规划的内容也有不同侧重。

二、景观生态规划设计内容

景观生态规划与设计是对自然—人文复合有机整体的系统设计，是一种以自然生态系统自我更新为基础的再生设计，是促使现有物质流与能量流的输入和输出形成良性循环的流程。景观生态规划与设计的实质就是在空间上创造合理的景观格局以实现整体景观的持续利用。其中心任务就是创造一个可持续发展的整体区域生态系统。在进行的生态旅游为目的地的景观生态规划与设计时，一定要做到统一规划、统一布局，充分考虑到各个景观之间的关系，各要素要协调一致，突出目的地特色。

（一）景观格局优化

景观的结构通常用斑块、廊道和基质来描述。斑块原意指物种聚集地，是从生态旅游景观角度来讲的，指自然景观或以自然景观为主的地域。廊道是不同于两侧相邻土地的一种线状要素类型。从旅游角度来讲，主要表现为旅游功能区之间的林带、交通线及其两侧带状的树木、草地、河流等自然要素。基质是斑块镶嵌内的背景生态系统，其大小、孔隙率、边界形状和类型等特征是策划旅游地整体形象和划分各种功能区的基础。

景观格局优化的目标是调整优化景观组分、斑块的数量和空间分布格局，使各组分之间达到和谐、有序，以改善受损的生态功能，提高景观总体生产力和稳定性，实现区域可持续发展。生态旅游区景观格局的基本面貌是点、线、面的分布状态，旅游景点或景区以空间斑块的形式镶嵌于具有不同地理背景的称为旅游区的基质上，旅游线路则是用以连接景点或景区之间，以及对外交通的廊道和廊道之间，常常相互交叉形成网络。生态旅游区的开发就在这三元网络结构中。

功能的实现是以景观生态系统协调有序的空间结构为基础的。在进行旅游景观生态规划时，必须充分考虑景观的固有结构及其功能。在此基础上，选择或调控个体地段的利用方式方向，形成景观生态系统的不同个体单元。斑块设计的景点、宿营地、旅馆、服务网点等，应既要方便游人，又要分散布点和适当隐蔽，使斑块面积尽量减小而易于融入基质中，不影响景观的美学功能。进行廊道设计时，应注意合理组合。景区廊道互相交叉形成网络，网眼越大，生态效益越好；网眼越小，异质性大，景观美学质量越高。连接各景区的廊道长短要适宜，过长会淡化景观的精彩程度，过短则影响景观生态系统的正常运行。要强化廊道输送功能之外的旅游功能设计，以增加游玩时间。作为旅游区自然背景的基质，则是生态旅游目的地的基调。以基质为背景，利用 RS 和 GIS 进行景观空间格局分析，构建异质性生态旅游景观格局。分景区进行主题设计，并策划旅游地整体形象，以体现多样性决定稳定性的生态原理和主体与环境相互作用的原理。

在生态景观系统中，基质、斑块、廊道三者之间的机构关系具有非常重要的意义。斑块之间要通过廊道连接，以防止斑块的异化、特化、孤立化，保证生态系统的能量流、物质流、信息流畅通，有利于生态系统的稳定性、多样性和生态机能的发挥。不注意斑块的规模和科学配置，忽视生态廊道的建设，会使鸟类、昆虫的数量减少、绿化植物的退化以及环境高温燥热等一系列生态问题。因此，基质、斑块、廊道的设计与规划应遵循一定的原则，同时强调人工建筑的“斑块”“廊道”和天然景观的斑块、廊道、基质相互协调。

（二）景观生态设计

除了进行生态旅游区的景观生态宏观规划外，还可以进一步与具体的生态因素相结合进行微观层次上的设计。在规划与设计时要充分研究区域的自然背景，掌握生态系统的特征与功能机理，努力做到开发设计以水脉（水系统）、绿脉（植被系统）和文脉（当地文化习俗）为先导的空间布局，形成结构合理、物尽其用、高效和谐的生态旅游区。

在景观设计时，注意保护旅游区的地形骨架，保护特殊的地形地貌，规划中的廊道建设尽量依山就势，避免对景观的破坏。研究地带植被的分布特点，保护自然植被，创建符合地域特征的人工植物群落景观，提高区域的美学观赏价值。保护好珍稀植物资源，为野生动物的栖息地提供良好的生态环境，保持多样性环境，提高旅游吸引力。结合水文因素规划，保护水体和湿地，尽可能维护天然河道、溪流，促进水循环与防洪，注意瀑、潭、泉或具漂流条件的河段开发的环境容量，利用植物—土壤系统保持好透水的下垫面，减少径流，避免水土流失。在生态退化的区域，应扩大被保护物种的适宜生境，恢复和维持具有地段性特点的生态区和生物群落，同时进行乡土物种的恢复，建立多样化生境。

（三）视觉景观控制

生态旅游区往往具有独特的自然和人文特点。由于生态旅游目的地对视觉景观的特殊要求，视觉景观的规划设计及原有视觉景观多样性的保持等都尤为重要。把景观生态学原理引入旅游设施规划，根据目的地区域景观生态系统的层次制定不同的标准，对各区内的设施配置做出规定，严格控制其规模、数量、色彩、用料、造型和风格等。

生态旅游区内的建筑设计要求建筑与环境共生，要把建筑作为一种风景要素来考虑，使其与周围的地形地貌相适应，与山、江河湖海、岩石、草木、古迹和远景等融合为一体，构成优美的景色，同时满足各种功能的要求。建筑物的设计形式应有统一的要求和规范，让建筑物的风格、尺度、轮廓、层次、色彩等最大程度与周围的自然环境贴合。但也应允许和鼓励一定程度的变异，这些变异应足以吸引人们的注意和兴趣，而又不会造成人们视觉景观的混乱。

例如，韩国庆州普门湖旅游度假区在开发建设时，规定主要饭店限高 45 m（12~15 层），建筑物占土地面积不得超过 20%，饭店建筑用地离湖边最少收进各 10 m（实际上饭店离湖边是 12~14 m），户外广告牌被禁止，只允许挂标识牌及法律和建筑方面的标牌，户外灯光也受到限制。此外，要求建筑设计必须考虑到气候特点和传统的建筑风格，如韩式庭院布局，选择建筑点时要考虑到每个点的特殊性，并为游客欣赏户外景致设计观光走廊，建筑物的外部颜色应以淡暖色调为主，环境美化的条款也十分具体。

第四章　生态视角下植物景观规划设计

植物景观主要是由自然界的植被、植物群落、植物个体所表达的形象，通过人们的感官传到大脑皮层，产生一种实在的美的感受和联想。植物景观按形成可分为自然植物景观和栽培植物景观两大类型。

植物景观设计，即植物造景是应用乔木、灌木、藤本及草本植物来创造景观，充分发挥植物本身的形体、线条、色彩等自然美（也包括对植物进行整形修剪），打造成一幅幅美丽动人的画面，供人观赏。[①] 栽培植物景观的构建，是建立在植物配置基础上的艺术创造。植物景观设计是以植物的个体或群体美来创造各种景观，包括利用、整理和修饰原有的自然植被以及对单株或植物组合进行修剪整形。完美的植物景观设计必须是科学性与艺术性的高度统一，即向植物分类、植物生态、植物学等学科学习和借鉴，提高植物造景的科学性，满足植物与环境在生态适应性上的统一，又通过艺术构图原理，体现出植物个体及群体的形式美及人们在欣赏时所产生的意境美。

第一节　园林植物景观概述

一、植物的生态属性和审美属性

世界上的植物品种众多，随着自然条件、地形、气候、土壤等不同

① 苏雪痕 . 植物造景 [M]. 北京：中国林业出版社，1994.

的环境因素产生了独具地方特色的植物群落。景观设计中的植物，具有生命和个性两重含义：植物的配置离不开对植物本身及其发展规律的尊重，也就是植物的环境因子；植物的存在都是独立且充满特征的个体，因此要充分考虑植物的外在表现和性格因素。“园林设计归根结底是植物材料的设计，其目的是改善人类的生态环境，其他的内容只能在一个有植物材料的环境中发挥作用。”① 植物离不开环境，同时也有助于改善环境。

在人类社会发展过程中，曾在一定时期以牺牲环境为代价发展经济，后来伴随着人类对世界的征服能力增强，这种发展扩展到景观设计中，不合理的植物移植和配置破坏了物种之间的平衡和环境的稳定。进入20世纪以后，随着地球环境问题的日趋严重以及人类环境意识的提高，生态危机成为全球化的共识，越来越多的相关理论和共识引出人类发展的新思考。生态学是德国动物学家海克尔于1866年提出的，随后“城市与自然共存亡”的城市建设理念被多国倡导。随着各个领域生态学和可持续发展理论的提出，生态园林被逐渐应用于园林景观设计中，植物的应用也被引入了这两个基础性的因素，景观中的植物配置在一切审美价值的存在基础之下首要的设计是尊重自然、科学合理，达到美化空间、隔离噪声、遮阴降温的功能性，其次才是审美性需求，使园林植物与周围环境中的各要素和谐统一。

中国园林设计中生态美学观早在明清以前就已经体现出来，明朝著名造园大师计成在他的著作《园冶》中也提出了植物、环境和人三者之间的统一关系，主张合理性的审美需求。② 其实，植物的生态属性和审美属性是相辅相成、相互影响的，一方面，植物所创造的绿色空间既能提高环境质量，保持自然的生态平衡；另一方面，好的生态环境也能促进植物的健康生长，促进预期景观的实现，良好生长的植物必然给人带来美的享受，具有美学功能的植物必然引起人们的爱护，生态功能也能得到更好的保证，实现“诗意的栖居”。植物是形式美和生态美的高度统一，植物的配置必须具备科学和艺术性，且二者高度融合统一，美学研究是对植物形式美感的探讨，而生态研究则充分考虑植物的生长和生态

① 胡长龙．园林规划设计[M].3版．北京：中国农业出版社，2000：134.

② 王宇欣．园林植物景观空间设计初探[D].华中农业大学，武汉：2000.

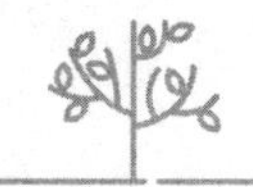

价值。这种生态植物观的产生，标志着人类对世界的总体认识由狭隘的人类中心主义向人与自然和谐统一的生命体系的转变，植物的生态学和美学的共生共灭已经得到了世界的公认。

二、植物景观设计的重要性

景观是在自然景观的基础上，通过人为的艺术加工和工程措施而形成的植物与建筑物的结合，园林中的植物受人工栽培之后，以改善和美化环境为目的进行配置，包括乔木、灌木、藤本、木本、草本花卉、草坪和地被植物。《皇帝宅经》："宅以形势为身体，以泉水为血脉，以土地为皮肉，以草木为毛发，以舍屋为衣服，以门户为冠带。若是如斯，是事俨雅，乃为上吉。"植物具有生命力，能美化风景构图，"山得草木而华，水得草木而秀，建筑得草木而媚"便阐述了植物必不可缺的地位，足见植物对景观建筑的重要性。植物与建筑、山、水共同构成了园林的基础，他们有机的组合在一起，形成一种美学享受。随着自然的人化和人的社会化越来越明显，花草树木与人类的社会互动发生了越来越密切的联系。植物的属性具有强烈的地域性，它是自然景观、气候的重要反映要素，并且具有明确的时间异质性、尺度感、风光性和文化性。通过对植物景观的设计，植物景观不仅具有环境调节功能、美学欣赏价值，更有助于环境的生态性和可持续发展。如今，植物的景观设计在传统功能性的基础上所承载的多样性和多元化的设计语言，越来越多地得到了各国设计人员的重视和应用，它对环境美化的形式、作用和途径也得到了更广泛的拓展，充分体现了人类社会的经济发展水平和人类文明的发展程度，甚至是哲学观、自然观、价值取向、艺术审美水平。

三、园林植物景观的功能

（一）园林植物的生态功能

1. 净化空气、土壤和水体环境

植物通过吸收、转化、分解或合成污染物，吸附粉尘和杀灭细菌，以达到净化空气、土壤和水体环境的作用。

（1）净化空气。

①维持自然界的碳氧平衡。植物通过光合作用吸入 CO_2，释放 O_2，同时又通过呼吸作用吸收 O_2，释放 CO_2。实验证明，植物通过光合作用所吸收的 CO_2 要比呼吸作用中排出的 CO_2 多 20 倍，因此，植物可以起到消耗空气中的 CO_2、增加 O_2 含量的作用，从而维持了自然界的碳氧平衡。

②吸收有害气体（减污效应）。绿色植物还有明显的吸收二氧化硫、氯气、氟化氢、氮氧化物、碳氢化物以及汞、铅蒸汽等有害气体的功能。园林植物在其生命活动的过程中，主要通过呼吸作用吸收许多有毒气体，并将有毒气体转变为无毒的物质，从而在一定程度上起到净化环境的作用。

二氧化硫是煤和石油在燃烧过程中产生的，因此，工厂集中、汽车密集的城市上空，二氧化硫的含量通常较高。研究表明，绿地上空空气中二氧化硫的浓度低于没有绿化地区上空的，污染区树木叶片的含硫量高出清洁区许多倍，当煤烟经过绿地后，其中 60% 的二氧化硫被阻留。不同生态习性的植物对二氧化硫的吸收能力不同，据日本在大阪市内对 40 多种树木的含硫量进行的分析表明：落叶树吸收二氧化硫的能力最强，其次是常绿的阔叶树，较弱的是针叶树。另外，不同种类植物对二氧化硫的吸收能力也有所不同，一般对二氧化硫抗性越强的植物，对二氧化硫的吸收能力也较强。因此，在二氧化硫污染较严重的区域，可以考虑种植这些植物以减少空气中二氧化硫的含量，净化空气。

③吸滞烟尘、粉尘和杀菌。绿色植物，尤其是树木，还具有吸滞烟尘、粉尘和杀菌等的作用。一方面由于植物能降低风速，使烟尘不至于随风飘扬，起到减尘作用；另一方面因为植物叶子表面凹凸不平，有茸毛，有的还能分泌黏性的油脂或汁浆，所以能使空气中的尘埃附着在上面，以此减少烟尘的污染，起到滞尘效应。随着雨水的冲洗，叶片能恢复吸尘的能力。例如，德国汉堡城测定几乎无树木的城区，烟尘年平均值高于 850 mg/m^2，而在树木茂盛的城市公园地区，烟尘年平均值低于 100 mg/m^2。植物滞尘能力的高低与树冠的高度、总的叶片面积、叶片大小、叶片着生角度、叶片表面的粗糙程度有关。陈自新等人研究并指出，滞尘能力较强的植物有元宝枫、银杏、国槐等。

绿色植物可通过减少空气中的灰尘从而减少附着于其上的细菌，还有许多植物本身能分泌某些杀菌素，从而起到杀灭和抑制细菌的作用。据相关资料显示，北京王府井地区空气中含菌数每立方米超过 3 万个，其细菌含量是中山公园的 7 倍，是郊外香山公园的 9.5 倍。但是，有关研究还表明，在某些情况下，绿地的减菌作用不甚明显，原因是温暖季节时绿地相对阴湿的小气候环境有利于细菌滋生繁殖，若绿地的卫生条件不良，则可能增加空气中细菌含量。因此，为了充分发挥绿地减少空气含菌数的正面作用，应合理安排园林植物种植结构，保持绿地一定的通风条件，避免产生有利于细菌滋生繁殖的阴湿小环境，及时加强绿地环境卫生状况的管理，改善容易滋生细菌的不良卫生状况。绿地的灭菌效应和树种及绿地结构密切相关，桦树、桉树、梧桐、冷杉、毛白杨、臭椿、核桃树、白腊等都有很好的杀菌作用。此外，混合型立体结构的绿地灭菌效应要强于单一结构的绿地。

（2）净化土壤和水体环境。植物的地下根系能吸收大量有害物质，从而具有净化土壤的能力。如有的植物根系分泌物能使进入土壤的大肠杆菌死亡。另外有植物根系分布的土壤，其中好气性细菌比没有根系分布的土壤多几百倍至几千倍，因此能促使土壤有机物迅速分解，这样不仅净化了土壤，还增加了土壤肥力。土壤中的各种微生物还能分解有机污染物。

植物可以吸收水中的溶解质，减少水中的细菌数量。有关研究显示，在通过了 30~40m 宽的林带后，一升水中所含的细菌量比不经过林带的减少了 1/2。另外，许多水生植物和沼生植物能明显净化城市的污水。例如，芦苇能吸收酚及其他 20 多种化合物，每平方米土地上生长的芦苇一年可集聚 9 kg 的污染物，还可以消除水中的大肠杆菌等，这种有芦苇的水池，其水的悬浮物要比没有芦苇的水池减少 30%、氯化物减少 90%、有机氮减少 60%、磷酸盐减少 20%、氨减少 66%、总硬度减少 33%。又如，水葫芦能从污水里吸取银、金、汞、铅等金属物质，也具有降低镉、酚等有机化合物的能力。成都府南河环城绿地中的活水公园，便是利用植物的这一特点来演示湿地植物净化污水，对市民进行科普教育的一个综合性环境教育公园。

2. 改善城市环境小气候

园林植物能有效改善城市环境小气候，主要表现在降低气温、调节空气湿度、调控气流方面。

（1）降低气温。有关资料显示，植物茂密的枝叶可以挡住并吸收50%~90%的太阳能，经辐射温度计测定，夏季树荫下与阳光直射的辐射温度可相差30~40℃。夏季7月和8月城市内草地气温比柏油路面低8~16℃，树林下气温比没有遮阴的裸土地低3~5℃。[①] 盛夏时，有垂直绿化的外墙面表面温度比没有垂直绿化的墙面低10℃；有垂直绿化墙面的室内温度比没有垂直绿化的低7℃。

（2）调节空气湿度。城市硬质地面多，雨水经过后迅速流入地下管道，导致城市中因缺少水分的蒸发而空气湿度相对较低，空气湿度低会让人感到干燥烦闷，同时易患咽喉及耳鼻疾病。绿色植物因其蒸腾作用可将大量水分蒸发至空气中，从而增加空气湿度。有关资料显示，不同生态习性的植物、不同类型的绿地及不同种植结构的绿地，其蒸腾水量及蒸腾吸热量等均有所不同。据相关研究证实，乔灌草结构的绿地空气湿度可以增加10%~20%。

（3）调控气流。城市中的建筑密集地段与其周围大面积绿地的气温差将会形成区域性的微风和气体环流。这种气流将绿地中相对凉爽的空气不断传向城市建筑密集区，以调节城市建筑密集区小气候，为人们提供一个舒适的生活环境。另外，城市绿地调控气流的作用还表现在形成城市通风道和防风屏障两方面。当城市道路及河道与城市夏季主导风向一致时，可沿道路及河道布置带状绿地，形成绿色的通风走廊。在炎热的夏季，将城市周边凉爽清洁的空气引入城市，改善城市夏季炎热的气候状况。在寒冷的冬季，大片垂直于冬季风向的防风林带，可以降低风速，减少风沙，改善城市冬季寒风凛冽的气候条件。据资料显示，林边空地向林内深入30~50 m时，风速可减至原速度的30%~40%。

3. 降低噪声

园林植物具有降低城市噪声的作用。城市噪声被称为现代公害之一，它干扰人们的正常工作和休息，甚至诱发精神疾病和高血压。植物对降低噪声有一定的作用。植物是软质材料，茂密的枝叶有如多孔材料，因而具有一定的吸声作用。此外，噪声投射到树叶上，被生长方向各异的叶片反射到各个方向，造成树叶微振，消耗声能，因此减弱噪声。园林

① 胡长龙．园林规划设计（上册）[M]．北京：中国农业出版社，2002：87.

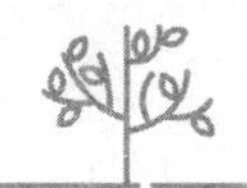

植物的减噪效应，往往受到噪声源和一定空间距离的局限，更多地表现为局部效应。北京市园林科研所的研究已得出相关结论：复层种植结构的减噪效应优于其他种植类型，发展常绿阔叶植物也有助于降低噪声。

4. 维持城市生物多样性

城市中不同群落类型配置的绿地可以为不同的野生动物提供相应的生活空间，还可以与城市道路、河流、城墙等带状绿地结合形成一条条绿色的走廊，保证了动物迁徙通道的畅通，提供了基因交换、营养交换所必要的空间条件，使各类鸟类、昆虫、鱼类和一些小型的哺乳类动物得以在城市中生存。据有关报道，位于英国伦敦中心城区的摄政公园、海德公园，其内建立了苍鹭栖息区，目前在伦敦市中心的皇家公园，有40~50种鸟类繁衍，与此相比，城市周边地区平均只有12~15种。他们的成功，靠的是大范围的多类型混合生境，配置了从低矮灌木到高大树木的良好群落，池塘和湖泊也起到了重要的作用。

城市生物多样性（Urban Biodiversity），是指城市范围内除人以外的各种活的生物体，在有规律地结合在一起的前提下，所体现出来的基因、物种、群落和生态系统的分异程度。在城市系统中，生物基因是物种的组成部分，物种是群落的组成部分，群落是生态系统的组成部分。因此，城市生物多样性（基因、物种、群落及生态系统）与城市自然生态环境系统的结构与功能（能量转化、物质循环、食物链、净化环境等）有直接联系，它与大气环境、水环境、岩土环境一起构成了城市居民赖以生存的生态环境基础。由此可见，城市生物多样性是城市生物间、生物与生境间、生态环境与人类间的复杂关系的体现，是城市中自然生态环境系统的生态平衡状况的一个简明的科学概括。可以说，城市的生物多样性水平是一个城市生态环境建设的重要标志。在城市园林景观营造时，可从以下两方面保护和维持城市生物多样性。一方面，可以利用城市中的植物园、动物园、苗圃、水族馆等条件及技术优势，对濒危、珍稀动植物进行异地保护及优势物种的驯化。另一方面，在城市绿地中引入自然群落结构，丰富植物群落的物种数量，可以丰富生活在其中的动物物种数量，也可达到保护本地区物种多样的目的。

5. 城市绿地成为防灾避灾的场所

城市是一个不完整的生态系统，其不完整性之一表现在对自然及人为灾害防御能力和恢复能力的下降。多年实践证明，在城市中合理布置绿地可以增强城市防灾减灾的能力，维持城市生态系统的平衡。绿地防火防震的作用是在1923年1月日本关东发生大地震，同时引发大火灾，城市公园意外成为避难所时，才引起人们的重视。在后来的研究中，人们发现有些植物是很好的防火树种，如银杏、厚皮香、山茶、槐树、白杨等。因此，可以合理布置各类大型绿地及带状绿地，使其同时成为避灾场所及防火阻隔。

6. 涵养水源、保持水土以及防御放射性污染

除上述外，植物还具有涵养水源、防止水土流失以及防御放射性污染等作用。植物树叶可以防止暴雨直接冲击土壤；草皮及树木枝叶覆盖地表可以阻挡流水冲刷；植物根系可以固定土壤，因此植物能起到防止水土流失，减少山洪暴发的作用。绿色植物可以过滤、吸收和阻隔放射性物质，降低光辐射的传播以及冲击波的杀伤力，还可以阻挡弹片的飞散，同时对重要建筑、军事设备、保密设施等也有隐蔽作用。

（二）园林植物的美学功能

罗宾奈特在其著作《植物、人和环境品质》中将植被功能总结为四大方面：空间功能、工程功能、生态功能和美学功能。随着景观设计在实际应用中的深化，植物在景观设计中的应用不再只是简单的绿化功能，更应走向审美高度，如此才能与城市整体景观相结合。其功能主要有以五点。

1. 完善作用

植物在景观设计中与水体、山石、建筑小品共成一体，成为景观中的软质景观，它补充了硬质景观的不足，增添了四季的颜色变化，丰富了景观中的内容。植物的构筑、围合和半围合的作用可以创造出虚空间，补充空间的不足，起到过渡作用。利用植物的围合功能包括开放性空间、半开放空间、封闭性空间、竖向空间几种形式。例如，城市的广场公园等公共景观常设置封闭性空间将外界的嘈杂隔离开，营造出安静、适宜游玩的环境。不同铺装的植物之间，也能起到分隔和限定的作用，对空间范围起到心理暗示作用。

2. 统一作用

植物通过本身具有的面积、形态、色彩和尺度优势，统一装饰周围

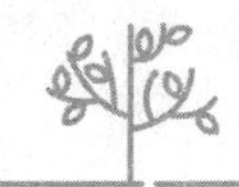

的环境。园林植物不仅可以将孤植作为单独的主体，也可以将其与周围的建筑、山水等组景，起到一定的过渡作用，将建筑融入环境之中，使环境更具有人情味，增强整体景观的统一协调性。

3. 识别作用

植物的大小、形态、色彩、机理、疏密、布局、质地等都能发挥识别的作用，可以突出建筑物、划分不同功能区域、引导路线。例如，街道两旁的旁道树能有效地引导行驶路线，明确道路和街旁的不同区域。

4. 软化作用

植物的色彩、质感、疏密等特质柔化了钢筋水泥的僵硬，使环境充满生机和生活味。

5. 强调作用

植物的密集和色彩是其基本属性，能达到着意点题、明确主题的作用。例如，在一些景观入口和楼体的前广场配置一些面积大或体量大或可观赏的植物，起到注目和明确的作用。

6. 丰富作用

植物在景观中的运用，是人类和大自然的沟通，它丰富了城市的景色，改善了城市环境，为人们提供了更多放松游憩的环境。丰富的植物物种为景观设计提供了丰富的原始材料和表达语言，对景观设计的内容和表达都起到了重要的作用。

另外，园林植物还具有无法比拟的社会和经济效益。从社会角度来看，很多传统的观赏植物，如梅、兰、竹、菊四君子，都富有意蕴美，或者说联想美、内涵美、意境美，即植物自然形态美被赋予了深刻的含义，升华为一种社会精神、传统理念的象征，成为历来文人墨客喜爱的笔下之物。以物寓意、托物言情，使植物形象成为某种社会文化与价值观的载体。植物造景还满足了人们在工作之余游憩、娱乐、亲近自然的要求，使人心情放松，身心健康。植物具有生态效益，与生存质量息息相关，体现了人们生活水平的高低，也是社会进步的标志。资料显示，植物绿化产生的间接社会经济价值是它本身直接经济价值的 18~20 倍，其中包括减少流行病、缓解污染、森林综合效益等，还有形成旅游景点带来的经济效益。

四、园林植物的造景形式与法则

（一）园林植物的造景形式

在园林植物造景的过程中，植物的配置方式多种多样，形成了丰富的园林景观。按植物类型可分为乔灌木种植、草本花卉种植、草坪种植、竹类植物种植、藤本植物种植、滨水植物种植。按种植的形式分为规则式（中心植、对植、行植、环植、带状植等）、自然式（孤植、丛植、群植，散植等）、自由式、抽象式。

植物造景同样也可以分为规则式、自然式、混合式（生态型或季相型）。可以按照实用美的规律配置植物：以自然式配置植物，形成自由活泼的景观。按照形式美的规律配置植物：按规则式配置植物，形成整齐划一的效果。按照树群的群体美配置植物：通过大片种植，形成林型景观，给人以自然美的享受。这在形成地域特色上起着重要作用。按照园林植物创造意境美：利用植物的内涵和象征意义造景，形成别具韵味的景色。

另外，植物造景与其他设计元素结合更能发挥其景观效果。园林植物造景的主体是园林植物，可与建筑、山水道路以及园林小品等组合成景。植物由于具有生命，其生态效益和景观效益在造景过程中有着不可替代的作用：第一，对建筑物的柔化作用。植物的质感多柔曲灵活，可柔化生硬的建筑线条。根据建筑物的性质配置植物，还可以突出其主题。有的植物还可以对建筑物起到遮掩的作用，以弥补其美中不足之处。第二，对山水的渲染作用。山水只有与植物结合在一起，才有了山清水秀之美，才有了山水的诗情画意和色彩变化。第三，与园路和园林小品组合成景。在园路两侧通过植草、堆石、设置绿篱等，增加自然之趣，可取得不同的景观效果。植物与景门、花窗、石景和雕塑等园林小品搭配在一起，可以增加景观效果。

（二）园林植物的造景法则

人类的生产生活等一系列活动都离不开与环境和植物的关系，植物之美对环境的改变和塑造为人类提供了适宜居住的环境，植物之美也影响着人类的生理、心理活动。在传统诗歌、绘画、音乐、雕塑、建筑、

工业、电子等领域的影响下，景观设计的观念和审美标准发生着巨大的变化。随着相关理论研究的深入发展和共识性的达成，越来越多的植物配置理论在实际中得到应用并达到了良好的美学效果。在生态性和绿色、科学、安全的原则下，人们追求他们与艺术性的结合，这一方向成了植物配置的必然趋势。

艺术学科的交叉和相互影响已经形成了一定的关系。植物的艺术表现中结合了平面设计理论、色彩构成理论、立体构成理论、雕塑造型艺术、国画水墨艺术等。依据这些理论的指导，将不同植物的形、色、香进行配置的过程，亦是一种造型的过程，需要遵循一定的审美规律。通过对规律的总结形成审美原则，为实际的植物配置提供美的标准和法则，如统一与变化法则、对比与调和法则、韵律与节奏法则、比例与尺度法则、均衡与稳定法则、重点与附属法则。①

1. 统一与变化的法则

统一是从整体性来考虑的，变化是从整体下的细节来考虑的，统一是变化中的统一，变化是统一中的变化。只注重整体的植物配置，会显得简单、粗糙，且细节处缺少精彩点和移步异景的效果。反之，过分地追求植物配置的细节，可能造成细节烦琐、凌乱，缺少连贯性。总之，统一与变化是植物配置时最基本的审美要求。具体地说，统一性要求植物的形态、组合方式要形成一个和谐的整体，具有同一类型的风格感；在色彩、体量、高低等方面保持和谐连贯。例如，城市道路绿带中的行道树一般是同种同龄树种，这种近乎重复的手法表达了城市的规整感和整齐度。变化性体现的方面和表现的手法比较广泛，不同植物之间本质的差异性就是一种变化，变化的强弱不一样，引起的统一感也不同。我国的长江以南生产竹类，形成了众多以竹为主题的景观植物配置，不同的种类竹在不同的竹叶竹竿细节上呈现出一种相似统一的变化，从而不失整体性。

2. 对比与调和法则

对比与调和是一种相辅相成的艺术手法，同时满足两者的形式才能真正带来美感的体验。对比与调和的手法有空间、色调、方向、色相、体量、质感、机理、高低、疏密、虚实、明暗、冷暖、形态、软硬等方

① 余树勋．园林美与园林艺术 [M]. 北京：科学出版社，1987.

面。对比与调和可以借助这些基本因素来进行配置设计，对比本身是一种强烈的视觉效果，缺乏对比的运用就会减少景观植物设计的生动性；只有对比又显得缺乏宁静之感，所以需要调和某些方面来达到统一性。

（1）空间方面的对比与调和。空间有开放、半开放和封闭式三种形式。利用植物构造空间的功能产生空间的对比与调和，是利用对比来达到调和的目的，利用人类心理感受和视错觉规律来解决实际设计中遇到的光线、空间尺度、私密性、空间过渡等种种问题。

具体来说，当人从开放空间进入封闭空间后，不足的光线导致视线受阻。反之则会由于光线突然变强而带来视觉的暂时退化，给人豁然开朗之感。利用植物构建出建筑式过渡，可以增强和缓解这种视觉刺激。正是这样，视线的开阔和受阻产生的视错觉能调节空间尺度的实际感受，正如镜子效应一样。植物的构筑功能也利用创建景观设计的私密性和空间的连接功能，从属于软质隔断范畴，隔而不断。

（2）色彩方面的对比与调和。同类色、对比色、补色、冷暖、明暗都属于色彩的对比与调和，色彩是反映变化的主要因素之一，最容易引起人类的视觉反应。色彩的对比和调和在使用时具有一定的规律性：同类色的运用能调和产生统一性而又不失细节，给人清新、干净、渐变之感；补色的运用能给人鲜明、刺激、兴奋的视觉感受，利用对比的手法起到区分的作用，常用的补色有蓝与橙、红与绿、黄与紫；对比色是指补色以外的任一色彩对比，如绿与紫、绿与橙、橙与紫，给人高雅、设计、信任之感；明暗的对比有拉开视觉的远近、景观的层次、表达宁静和活泼、划分活动和休息等不同意义；冷暖能调和植物之间和植物与环境之间的冷暖倾向，给人带来舒适的视觉享受。

（3）质感机理方面的对比与调和。质感与机理是植物表面的一种反应，质感是光滑度、细腻度的表达，而机理是表面纹理的体现。植物的配置讲求统一和变化法则，统一可以是通过满足质感机理方面的统一来调和，也可以是在质感机理方面寻找变化进行对比。

（4）方向与高低方面的对比与调和。植物不同的舒展方向与高低变化，既是强调对比效果，也是调节设计的美感性，以防止平淡无奇的弊病。例如，高低对比给人一种错落有致的韵律感，增加植物的层次；低矮的草坪和竖向生长的乔木对比，使草坪横向发展更加空旷，使竖向生

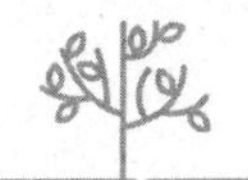

长的乔木更加挺拔，调节了草坪的单一度。

（5）疏密与虚实方面的对比与调和。植物的虚实疏密在于本身的对比以及植物之间的对比。常绿树种与落叶树种在季相变化上产生的疏密虚实对比，树冠为密与实，树下为疏与虚，林木葱郁栽植密集为密与实，枝疏叶碎栽植稀疏为疏与虚；虚实相生，疏密搭配，对比与调和并存。

（6）软硬方面的对比与调和。软硬是一种相对语言，影响软硬感受的因素有形状的尖锐与圆滑、叶色的深浅、枝叶的粗细、表面质感的粗细、枝叶的生长力度感等。利用软硬的变化可以丰富植物配置的层次，也可以调节单一性，软性能调节硬质景观的生硬，硬性能表达景观的张力和充实。例如，杨柳垂垂给人柔弱之美，龙爪槐给人刚硬之感。

（7）体量形态方面的对比与调和。植物在体量和形态方面存在着很大的差别，同一树种不同生长阶段的体量和形态也存在着差异。运用体量和形态的手法，可以选取形态特征相似而体量和粗细相差较大的植物进行对比调和。

3. 韵律与节奏法则

在植物配置中，产生的变化本身就是一种韵律和节奏感。韵律有疾缓和软硬尺度感，节奏有快慢和强弱之分。在植物景观设计时，要充分考虑韵律感和节奏感的表达，同时，要充分揉入多种韵律形式和节奏变化，防止景观整体单调乏味，增加环境的跳跃性和流动感。

4. 比例与尺度法则

比例从词义上是指事物之间的相对关系，不是绝对之意；尺度含义是指尺寸规则，是人类经过实践总结出来的相对合适、科学的标准。比例与尺度法则要求植物的审美应充分考虑比例关系和尺寸标准，使配置的景观合理科学，具有适当优美的特点，满足人们视觉和经验上的审美感受。此外，科学恰当的比例关系本身就是美的基础。比例法则主要指以下几种相对关系：

（1）植物个体本身的比例关系，即植物的长、宽、高之比。长、宽、高之间的比例关系决定了植物的形态美感和体量美感。不同长宽决定了植物横向空间的范围和美感，高决定了植物在竖向空间上的视觉感受。

（2）植物个体与植物群体之间的比例关系。不同个体与植物群体之间的比例关系，即层次的产生。比例关系的大小影响着景观植物的层次丰富度和韵律感。

（3）某个体或群体植物与整个景观或整体环境之间的比例关系。景观环境的大小决定了植物的配置和尺寸，不合比例的搭配既影响植物本身生命的发展又不符合视觉上的美感。环境与景观面积大小、功能的不同、风格的遵循都会影响配置时的比例关系。

（4）植物个体和群体植物与人类主体之间的比例关系。植物个体和群体与人类主体之间的比例关系决定了观赏者与景观的互动形式、游园的路线和感受。尺度是尺寸标准，强调的是设计时所要遵循的科学、合理性，充分考虑植物生长发展的可能性，其次才是视觉性和艺术性，正如人体工程学标准一样，要满足功能性前提。例如，在景观道路的拐角处，配置植物时要有科学合理的尺寸要求，植物应保证人的视线通畅，防止盲区的产生。此外，充分考虑植物的生长空间要求，保证植物的成年尺寸符合周围环境安全性的要求，也是尺度需要重点遵循的法则。景观设计中非常讲究比例与尺度的法则，两者的合理性是功能与艺术的双重保证。在实际配置时，要以发展的眼光进行有预见性的设计，充分利用植物的可塑性，以保持植物长期性的比例与尺度关系。

5. 均衡与稳定法则

均衡与稳定法则符合的是人类视觉心理学范畴研究的规律，虽然属于人类主观性的范畴，但是这种视觉心理感受普遍存在于人类的感受之中，具有统一性和普适性。

均衡是指左右关系，属于横向平面方面的，包括对称式均衡和自由式均衡。对称式均衡是指植物以中心和轴为对称点形成的对称关系，同时在物种、色彩、体量、树龄上要符合对称性。对称式均衡常用于行道树、规则式园林、入口楼口处，给人视觉上的平衡感和对称美。自由式均衡也称为非对称式均衡，是指没有对称中心和对称轴的排列形式。在形态、数目、色彩、质地、线条等要素上进行调节，通过视错觉规律寻求一定的美感，满足植物景观整体的均衡感，是一种替代和交换的过程。视错觉规律是利用不同要素之间微妙的调和规律产生丰富的景观内容，如颜色浅体量大等同于体量小颜色重。

稳定是指上下关系，从属于竖向立体方面，包括上大下小、上重下轻、上小下大、上轻下重、上深下浅、上浅下深、上密下疏、上疏下密。

总结植物的上下轻重关系，配置时采用协调中和的手法，恰当利用植物的稳定感受，使景观植物给人带来放松、舒服的感受，以求得均衡与稳定。

6. 重点与附属法则

植物景观的配置，受许多综合因素的影响，包括经济预算、环境条件、地域物种、纬度光照、景观大小、功能作用、绿量与绿化率、受众范围、欣赏水平、使用率等。充分考虑这些设计因素后，景观的配置也会产生不同的侧重点。同时，在艺术造型手法上，要求重点突出主题，有重要部分和附属部分。在配置时，一般附属部分起到陪衬、连带、基础作用，而重点部分则起到装饰、点缀、丰富作用，二者相辅相成，缺一不可。一般情况下，草本多为陪衬附属，乔木多用于主体和重点，而灌木皆可。

植物配置需要充裕的经济支持，花费大量的财力、物力、人力，而保证预算的前提下取得优化的效果才是植物景观设计的最终目的，因此，常常设置某一处或几处为重点，其他起到陪衬作用。有时在大面积的景观中，会设置大面积的从属部分，以提高景观的饱满度和大气度。

五、不同植物类型的配置

（一）观赏果树在园林景观中的配置

观赏果树配置，其实就是观赏果树组合形成的种植方式。让它们具有艺术的美感，又具有特殊的生理特性。其种植方式多样，既可以成为独立的单元，也可以形成独立的环境。

常规果树是单一种植，观赏果树则拥有多种栽植方式。许多果树栽植在一起，可以形成一定规模的风景果园或风景果木林，具有丰富的季相变化，其色彩与质感也非常明晰。[①] 在园林景观应用中，观赏果树的配置形式多样，从其植株生长发育过程来看，观赏果树最能够体现时序变化。因此，观赏果树既能独立成景，也能与其他植物搭配组景，以构建成稳定持久的人工生态景观群落，丰富园林景观的层次，充实园林景观的观赏内容。

① 李嘉乐 . 园林美的发现与发展 [J]. 中国园林，1992（2）：23-33.

1. 孤植

孤植是指单株观赏果树独立种植，一般是为了体现其高大的独立姿态。孤植树一般植于园林中心位置的空旷地带，作为整个园林空间的主景及中心标志，以突出果树的个体美。孤植树一般种植于空旷的坪上、林缘、桥头、湖畔、门前等。

孤植树选择的条件一般有树姿优美高大、冠幅大、寿命长、枝叶繁茂、色彩鲜明、花果香奇、季相变化丰富等。观赏果树比较常见的有柿树、银杏等。孤植树作为园林景观的组成部分，其姿态、形体、色彩等都应与相关景观协调对比，从而更加突出、丰富其观赏性。例如，江苏苏州留园的一处框景，芭蕉种植于漏窗后，使景观更加优美，色彩与风格相得益彰。但要注意孤植树的高度及枝条的修剪，以扩大景观深度，形成柳暗花明又一村的美感。再如，杭州西湖的早春景色，以桃花为框，以西湖、远山为画，近、中、远分明，整个景观独具匠心，分外美丽。

许多生动美妙的传说或历史的见证者，都是古老的孤植树，如嵩山少林寺的千年古银杏树等。但凡树龄达到了100年就可被称为古树。[①] 在园林景观中，古树、名木以它们苍劲古朴、优美奇特的姿态，自成一景，以历史沧桑感为园林景观增添独特的文化艺术色彩。

在园林景观中，可以作为孤植树的还有小乔木或花灌木。主要是因为观赏果树具有奇特的姿态或观赏价值较高的花。在观赏果树的园林应用中，孤植的观赏果树以其奇特的形态，如花色美艳、枝条苍劲古朴、果实奇形异状、花朵满天飘香，可成为园林景观中的主景，增强园林景观效果，给人以视觉冲击。

2. 丛植

丛植是指由同种或异种的几株至七八株植物以不等距离、不同规则种植在一起融为一个整体景观的种植方式，即用多种乔木或乔灌木多层次结合组成的丛状种植，能表现出观赏果树群体美的配置方法。丛植对树木株数没有限制，对组合方法也无要求，只求能够表现自然，给人以美的享受。符合园林景观的配置规律，既能表现出观赏果树植物的组合美，也能表现出观赏果树植物的个性美，只是其株数与群落设计一定要

① 邹馥蔓．景观设计人性化——城市景观设计[J]．美术界，2010（12）：103．

遵循其设计意图及构图法则。[①] 在长沙橘子洲的景观中，绿色的草地上配置几株开红色花的石榴树，使整个景观色彩丰富，让人流连忘返。这种丛植可以作为观赏主景，体现出石榴树可赏花、可观果的观赏特性。从园林景观来看，这种丛植可以在上层应用常绿的大乔木等，中层应用不高的花灌木，而下层则以草地铺垫，供游客们驻地嬉戏。

丛植景观一般要求在高度、姿态、体型与色彩上形成对比或衬托，以表现出观赏果树树体的丰满、飘逸，色彩上的翠绿，线条上的柔和。例如，上海植物园中的丛植，其配置多样，上层、中层、下层为不规则式布局，表现出了春赏花、夏观叶、秋品果、冬鉴姿等园林美景特色，其四季变化明显。色彩丰富，能给游客身在自然的感觉。

丛植，也可以作为一些硬质景观的应用背景，使硬质景物的线条变得柔和优美，也能使其景观更加丰富柔美。例如，浙江杭州郭庄的一角，用一丛芭蕉陪衬粉墙，芭蕉翠绿的大叶高高低低、富有变化，有如神仙画卷。这在粉墙黛瓦的江南园林景观中，更是分外醒目，同时也增加了果树在园林中应用的深度和层次。

在丛植中，要合理搭配观赏果树的种类，特别需要注意搭配观赏果树习性的一致性及病虫害的预防性。其观赏果树的株、行距要错落得当，疏密相间。也可利用株、行距的疏密程度来调节观赏果树的高度，使其平展而稀、升高则密，这样能使起伏变化的轮廓线变得生动柔美。

3. 群植

以一两种乔木为主体，再搭配其他几种乔木或多种灌木，组成几十株或更多的较大面积的植物群体，这种观赏果树的配置方式称为群植，群植是混合成群的栽植乔灌木（一般在 30~40 株以上）而成的类型。群植所体现的是群体美，所以群植与孤植或丛植一样，非常适合作为园林景观中的主景应用。此种应用形式已在园林景观中被普遍应用，其与丛植所不同的是所用的观赏果树的株数多、面积大，也可以说是几个丛植在数量上的融合，是人工组合而成的景观。

群植时，必须多从园林景观上来探讨观赏果树的生物学与美观、适用等问题，是观赏果树群落学知识在园林景观应用中的反映，也是风景园林景观应用中提倡的种植方式。群植最有利于发挥其效益，第一层配

---

① 鲁苗．中国当代城市景观设计中的艺术元素研究[D].青岛：青岛科技大学，2011

置乔木，应该为阳性树种，第二层的亚乔木可以选择半阴性的，而种植在乔木下或北面的灌木则应该为半阴性或阴性的，喜欢温暖湿润的观赏果树应配植在树群的南方和东南方。

但需要注意的是，在一定范围内其群植、丛植的应用不能选择过多的品种，也不能应用过多丛植与群植，否则就会产生杂乱、烦琐的效果，让人分不清主次，审美疲劳，所以在观赏果树的园林景观应用中，要尤为注意。

4. 林植

林植是一种规模较大，成片成带的树林状的景观应用方式，是在园林景观中再现自然森林生态景观的一种应用形式。这种配植形式一般多出现于城市公园、自然景观中的风景林带、工矿厂区的防护林带及城市外围的绿化及防护林带中，如由龙眼、杨梅等应用的片林景观，多植于草坪边、池畔旁，它们都能形成不同的景色，分隔出不同的园林空间。一般常用的乔木观赏果树有枇杷、樱桃、银杏、李树、梨树、杨梅、柑橘、栾树等。

林植根据其种植形式可分为自然式、规则式。自然式是指模仿大自然，种植的株、行距随心所欲，前后距离也不用对称，只需粗略的掌握株、行距，使其能自由的生长，再控制一定面积内的株数即可。同一种观赏果树林植成的纯种林整齐自然，更容易体现出观赏果树的群体特性，而多种观赏果树组合而成的混植搭配，会使景观更加丰富，可防止病虫害，有益于生态平衡。原始森林就是多种树木混植生长。规则式的应用效果是体现园林景观的恢宏与气势。所以，规则式要求树木排列前后左右皆相对齐，人为干预较多。

观赏果树在林植应用时，要首要选用土生土长的、稳定的乡土树种，这样既不会过早更新，还具有地方特色；而种植的密度则应根据当地的地形、气候、土壤和其本身的情况等环境条件而定，不能只考虑近期效果而给以后的养护带来很多问题。

5. 列植

在居住区或工厂等构筑物前、广场边缘、规则式道路或围墙边缘，观赏果树配植形式呈单行或多行的行列，且以一定的相等距离进行的栽植形式，称列植。列植有时也称带植，是呈带状或呈条状进行的栽植的

观赏果树，一般多应用于规则式广场、陵园的周围及街道旁。如果作为隔离空间或其他园林景物的背景应用，可以应用成树屏。在水池、道路或其他构筑物周围配植时则用不等距离或等距离成条状种植。列植的目的主要是为了划分空间，勾勒园林景观的轮廓或是起导向的作用，如福建福州的五四路，以芒果树作为行道树分隔空间，其树冠膨大、形体优美，春观叶、夏品果，还能起到防噪减尘的效果，既美化了空间，又改善了环境，还体现了地方特色，同时其果实还具有经济价值。再如，椰子树作为行道树，能营造出独特的南国风情。所以，观赏果树在园林景观中的应用，还能营造出独特的地域风情。

6. 对植

在广场、公园的入口、建筑物前，左右各种植一株或多株观赏果树，使之对称呼应的，称对植。对植一般是用数量、体量及品种大致相等的观赏果树。长沙橘子洲地铁站口，开阔的广场上，栽植对称的银杏树，与地铁的建筑物相关联，让人有一种特有的心理安全感。上海植物园门口，相对栽植的桑树，桑枝柔美，树体高大，与远方的池杉对应。中层应用了灌木，下层再点缀花草，使得整个景观层次分明，季相变化也十分明显。

在进行观赏果树配置时，应遵循观赏果树生态适应及美学艺术等原则，选择具有艺术美感（观花、赏叶、闻香、品果等功能）的乡土树种。在观赏果树空间排布上，主要有自然式配置和规则式配置两种，自然式配置包括孤植、丛植、群植、林植等，规则式配置则有列植、对植等。不论何种配置形式，在不同的园林景观中都会表现出不同的景观效果。例如，孤植应用于广场上以展现优美的树姿；丛植应用于湖畔、亭旁以衬托湖畔、亭阁的自然美与建筑美；群植应用于公园起到点缀公园的作用；林植应用于公园一角或主题果园，能起到分隔空间的作用，也能发挥生态生产功能；列植应用于陵园两侧，其挺拔、高大的树姿给人以保卫、静默之美，让人肃然起敬；对植应用于公园门口等，能给人平衡、规则的感觉，使人感到中规中矩，心情平静。观赏果树配置，只要适地适树，配置合理，就会形成优美的园林景观。

（二）水生植物在园林景观中的配置

1. 水生植物造景的主题立意

水生植物造景首先要根据景观水体的定位，明确水生植物造景的立意。立意根据景观水体定位，考虑到景观水体的环境特点以及景观水体的功能，对景观水体水生植物造景进行准确定位，最终确定水生植物造景的主题。

（1）水生植物造景突出植物景观效果。以突出植物景观效果为主题的水生植物造景，主要考虑植物配置的景观效果，突出表现植物的个体美和群体美。植物造景考虑植物本身的观赏特性，重点表现水生植物的株型、花、叶、姿态等植物特性，或是通过应用植物的种植形式，如点植、片植、丛植、群植等，表现植物的美。以景观功能为主的植物造景，其景观功能较为突出，植物景观的观赏性极强，而植物景观的生态性和文化性作为辅助功能，较景观功能弱。因此，以观赏性为主题的水生植物造景适用于规则式水池或自然式池塘。

（2）水生植物造景注重植物文化。以突出植物文化为主题的水生植物造景，要考虑景观水体的文化功能，一些景观水体具有一定的历史文化和地域文化，在对其具有的文化内涵进行解读后，要应用具有文化意境的水生植物造景，同时景观的营造要参考古诗词中的意境。以文化功能为主的水生植物造景，其植物景观的文化内涵突出，而植物景观的观赏性和生态性作为辅助功能，与文化功能相比较弱。因此，以文化性为主题的水生植物造景适用于具有一定历史文化内涵的自然池塘或自然式景观湖，如风景区中的景观水体、文化公园中的自然式景观湖或是校园中的自然式池塘。

（3）水生植物造景注重生态效益。以突出植物生态效益为主题的水生植物造景的目的有两方面：一方面是应用水生植物造景对景观水体有一定的生态净化作用，突显景观水体的生态功能；另一方面结合生态设计的思想，水生植物造景自然、生态的特点。因此，在选择水生植物时要注重水生植物本身的净水性、生态适应性，并且可以运用较为野生的植物，突显生态性，水生植物配置的自然景观群落也丰富了景观水体的生态环境。以生态功能为主的植物造景，其植物景观的生态效益突出，而植物景观的观赏性和文化性作为辅助功能，较生态功能弱。因此，以

生态性为主题的水生植物造景适用于自然式河道、溪流或自然式池塘。

（4）水生植物造景考虑水生植物的综合效益。以突出水生植物综合效益为主题的水生植物造景的目的不仅要突出植物景观，还要考虑植物的文化内涵和水生植物的生态效益。水生植物造景注重综合效益时，既保证了植物的观赏性，也应用植物景观的文化内涵丰富景观，同时植物群落的生态效益也对景观水体起到积极的影响作用。因此，以综合性为主题的水生植物造景适用于自然式景观湖。

2. 结合造景主题选择合适的水生植物

结合造景主题选择水生植物时，首先要根据水生植物造景设计的主旨选择需要的植物。植物的色彩、株高、质感、株形、季相等植物特性主要体现了植物的观赏效果；植物的文化性能更好地服务于植物景观的文化内涵，塑造景观文化；植物的净水性和生态适应性对景观水体的生态效益也有着极大地影响。其次，根据不同主题选择基调植物和骨干植物。基调植物是在景观水体中分布广、数量大的少数几种水生植物，其品种数视景观水体的规模而定，一般小型景观的水体基调水生植物为3~5种，常见的可作为基调植物的有香蒲、芦苇、芦竹等。骨干植物是景观水体水生植物造景中常用的、种类多、数量少的一些主要树种，常见的作为骨干植物的有千屈菜、荷花、睡莲等。不同植物造景主题下，其基调植物与骨干植物的选择也不同。最后，考虑到植物群落的空间层次，要选择适宜作为群落上层中层和下层的水生植物。

（1）选择突显景观效果的水生植物。以景观性为主的水生植物造景，其植物的选择需要考虑植物的观赏特性，要考虑到植物的株形、色彩、高矮、质感以及季相变化。一方面要选择花色艳丽、花期较长的水生植物，挺水植物和浮水植物的色、香、姿、韵都俱佳，如荷花、黄花鸢尾、睡莲、再力花、千屈菜等。另一方面要考虑植物群落的观赏性，一些植物其本身观赏性并不强，但其群组与其他观赏性较强的植物组合配置后，所构成的植物群落的观赏性就突出了，如小香蒲群组、梭鱼草群组、水葱群组、菖蒲群组、菱群组等植物群组，它们本身观赏性不强，但具有一定的线条、高度和质感，与水生鸢尾群组、千屈菜群组、睡莲群组等观赏性强的植物群组组合配置成植物群落，其构成的植物群落景观便可以层次丰富，具有空间感、形式感，群体观赏性极强。

以景观为主题的植物造景，其基调植物的选择要考虑景观水体常用的植物，其在植物群落景观中常作为背景植物或是配景植物。骨干植物是植物景观群落里观赏性最佳的植物，种类较多。可作为基调植物的有小香蒲、香蒲、芦竹、花叶芦竹、芦苇、水葱、黑三棱、荻、菖蒲、穗状狐尾藻、菱、萍逢草。适宜作为骨干植物的有睡莲、荷花、慈姑、荇菜、水生鸢尾、梭鱼草、黄花鸢尾、水生美人蕉、再力花、千屈菜。

群落空间层次的水生植物选择，通常需要考虑植物的高度。上层植物要有一定的高度，植株挺拔，形状较好。中层植物的高度要适中，可以高出水面，也可以浮于水面，主要选观赏价值高的植物，可以是挺水植物，也可以是浮水植物。下层植物常为浮水植物、漂浮植物或沉水植物。适合作为上层的水生植物有小香蒲、香蒲、芦竹、花叶芦竹、芦苇、水葱、再力花、荻。适合作为中层的水生植物有黑三棱、菖蒲、荷花、慈姑、水生鸢尾、梭鱼草、黄花鸢尾、水生美人蕉、千屈菜、红蓼。适合作为下层的水生植物有菱、萍逢草、荇菜、睡莲、穗。

（2）选择突显文化意境的水生植物。侧重凸显景观文化效益的景观水体，要选择那些形态美观，在色彩、风韵、季相变化上有特色的挺水、浮水和漂浮植物，结合历史和地理文脉，融入诗歌的意境造景。水生植物本身也具有一定的文化意境，如北京世界园艺博览会园区里种植了大量的在《诗经》中出现的植物，尤其湖畔处处都种植着茂密的芦苇。《诗经·秦风·蒹葭》中写道："蒹葭苍苍，白露为霜。"蒹葭便是芦苇。水生植物配置注重体现文化，不仅在于选择具有特定文化的植物，还要在空间营造上塑造一定的氛围感，给人以身临其境之感，如此才能让人充分领略植物文化的内涵。"浅水之中潮湿地，婀娜芦苇一丛丛。迎风摇曳多姿态，质朴无华野趣浓。"也是芦苇文化意境的体现。适合作为突显文化意境的水生植物有香蒲、慈姑、芦竹、蒲苇、芦苇、茭白、荻、菖蒲、水生鸢尾、荷花、芡实、千屈菜、睡莲、荇菜、菱、苦草。

以文化意境为主题的植物造景，其基调植物的选择参照景观水体常用的植物，并考虑植物营造的意境，可作为基调植物的有香蒲、芦竹、蒲苇、芦苇、茭白、菱、苦草、荻。可作为骨干植物的有慈姑、水生鸢尾、荷花、菖蒲、芡实、千屈菜、睡莲、荇菜。

群落空间层次的水生植物选择，需要考虑植物本身的文化，再根据

诗词中出现的水生植物进行搭配，如“芙蓉影破归兰桨，菱藕香深写竹桥”，正是曲江池遗址公园藕香榭的真实写照，其下层植物应用菱群组搭配中层植物荷花和睡莲群组。可作为上层植物的有香蒲、芦竹、蒲苇、芦苇、茭白、荻。可作为中层植物的有慈姑、水生鸢尾、荷花、菖蒲、千屈菜、睡莲、芡实、荇菜。可作为下层植物的有苦草和菱。

（3）选择突显生态效益的水生植物。侧重凸显生态效益的景观水体，应选用净化、吸收和抗污染能力强的水生植物。以突出生态效益为主的水生植物有苦草、穗状狐尾藻、金鱼藻、光叶眼子菜、菹草、黑藻、蔗草、香蒲、菖蒲、荻、莎草、异型莎草、茭白、千屈菜、黄菖蒲、水葱、再力花、梭鱼草、花叶芦竹、泽泻、风车草、睡莲、水生美人蕉、芦苇、荷花、浮萍、菱。

可作为生态效益为主的基调植物的有香蒲、荻、茭白、光叶眼子菜、金鱼藻、苦草、穗状狐尾藻、菹草、黑藻、浮萍、菱、芦苇、花叶芦竹。可作为生态效益为主的骨干植物的有睡莲、荷花、水生美人蕉、再力花、梭鱼草、黄菖蒲、水葱、千屈菜。

群落空间层次的水生植物的选择，根据生态效益，可作为上层的植物有香蒲、莎草、异型莎草、茭白、再力花、花叶芦竹、风车草、荻、芦苇。可作为中层的植物有菖蒲、千屈菜、黄菖蒲、水葱、泽泻、水生美人蕉、荷花。可作为底层的植物有睡莲、浮萍、菱、苦草、穗状狐尾藻、金鱼藻、光叶眼子菜。

（4）选择以综合效益为主题的水生植物。水生植物造景以综合效益为主旨，其植物的选择不仅要满足观赏性，也需要凸显植物景观的文化意境和生态效益。其水生植物选择有荷花、荇菜、萍逢草、王莲、芡实、睡莲、花叶芦竹、小香蒲、香蒲、菖蒲、芦苇、茭白、泽泻、千屈菜、黄菖蒲、水葱、风车草、再力花、梭鱼草、水生美人蕉、浮萍、菱、苦草、穗状狐尾藻、金鱼藻、光叶眼子菜、荻、莎草。

可作为综合效益为主的基调植物的有小香蒲、香蒲、茭白、花叶芦竹、芦苇、荻、浮萍、菱、苦草、穗状狐尾藻、金鱼藻、光叶眼子菜。可作为综合效益为主的骨干植物的有千屈菜、黄菖蒲、水葱、再力花、梭鱼草、水生美人蕉、荷花、睡莲、荇菜、萍逢草、王莲、芡实。

群落空间层次的水生植物应根据综合效益选择，作为上层的植物有

小香蒲、香蒲、茭白、花叶芦竹、芦苇、荻、再力花、风车草。作为中层的植物有千屈菜、黄菖蒲、水葱、梭鱼草、泽泻、水生美人蕉、荷花。作为下层的植物有睡莲、荇菜、萍逢草、王莲、芡实、浮萍、菱、苦草、穗状狐尾藻、光叶眼子菜、金鱼藻。

3. 水生植物的配置原则

应用水生植物空间布局后，需要进行详细的水生植物配置。水生植物配置时应考虑不同植物间的合理搭配，以及水生植物与园林其他要素间的搭配，因此需要遵循以下原则。

（1）符合造景主旨，体现植物的功能性。水生植物配置时要遵循景观水体植物造景的主旨。以景观为主旨的植物造景，配置时要体现水生植物的景观功能。以文化为主旨的植物造景，配置时要体现植物景观的文化内涵。以生态性为主旨的植物造景，配置时要体现水生植物景观的生态效益。需注意的是，综合性的水生植物造景，不仅要考虑植物景观的观赏功能，还要注重植物的文化性和生态效益。因此，观赏性搭配要考虑植物群落和花色、不同花期的搭配以及阔叶、窄叶的搭配，从而提升水生植物群落的观赏性。垂直空间要考虑低矮的漂浮植物和沉水植物，虽然其本身观赏效益较低，但可搭配浮水植物、挺水植物营造出丰富的植物群落景观。在满足观赏性的同时，结合植物文化造景，突显水生植物景观的文化内涵，或者结合植物净化功能，净化水体，创造和谐的水生植物景观群落。

（2）根据植物的空间布局，丰富景观层次，完善景观结构。水生植物配置时应根据植物的空间布局，丰富植物景观的层次，完善景观的结构，丰富平面空间植物的搭配，灵活应用植物的种植方式。点植适合观赏性较高的浮水植物，如睡莲、王莲、芡实等；带状式种植适合株型挺拔的线型植物，如小香蒲、千屈菜、木贼、黑三棱等；片植的植物具有较强的观赏性，如挺水植物中的荷花、浮水中的萍逢草；团状混交的植物群落适合挺水植物 + 浮水植物，或是挺水植物、浮水植物和漂浮植物。植物群组间要衔接紧密、相互交错、疏密得当，植物群落中植物配置要主次有别。垂直空间上，灵活运用上层植物、中层植物和下层植物；下层空间大多为漂浮植物或沉水植物，如菱、金鱼藻等，具有一定的空间组织能力。

（3）兼具水生植物的个体美和群体美。水生植物具有极强的观赏性，其个体美体现在可以观花、观叶，如王莲、睡莲、荷花等，具有较高的观赏价值。水生植物群体美体现在植物群落间的组合搭配，彰显自然生态之美，如荷花群组、睡莲群组、菱群组等。水生植物配置展现个体美时，常采用点植或丛植的形式，点植或丛植的水生植物要具有较强的观赏性，如睡莲具有红、粉、黄等较多的花色，并且花期较长。配置展现组合美时，可选择的植物种类较为宽泛，重在组合搭配，如“浮水植物 + 挺水植物”“萍逢草 + 水生鸢尾 + 千屈菜 + 梭鱼草 + 再力花”，这样搭配出来层次分明，高低错落有致。配置展现组合美的景观，通常靠近水缘或位于大水面。水生植物应该根据造景的主题选择，突显景观性的造景主题，其中层植物的观赏性一定要强；突显文化性的造景主题其植物要选择具有文化内涵的荇菜、菖蒲、荷花等；突显生态性的造景主题，其植物选择要有生态野趣。植物体量不能过小，也不能太大，如小水面栽植小香蒲，群体量太少则无法成景；大水面群植荷花，也要注意留白，不要全部种满水面。

单一水生植物群落的配置，常选择具有线型的挺水植物带状式种植或观赏性强的浮叶植物片植，营造的植物景观极简、舒朗，具有一定的整体性。多种植物成丛组合配置，会选择多种水生植物，采用花境式的配置手法，并与岸边湿生植物或背景林合理配置。组合配置的水生植物整体观赏期长，景观也更为丰富。多群落组合式搭配应选择不同的植物群组，自然式布置相互配置，体现群组间的层次与空间组合，统一中有变化，增强视觉效果。

（4）配置考虑植物的季相变化及色彩搭配。水生植物配置时，考虑植物的季相变化。在季相变化上，生长期（一般为 3—6 月）内，水生植物会迅速生长，给人一种新生向上的感觉。这一阶段早期挺水植物的叶型还未生长完全，相互之间很难辨别。这一阶段后期如芦竹开始展叶，各植物间特征开始明显。长成期（6—10 月）的水生植物，大多数挺水植物和浮水植物开始开花，如黄菖蒲、千屈菜、睡莲、荷花等，开始争奇斗艳。这个时间内，水生植物景观的观赏效果极高。枯萎期（11—12 月）的水生植物，除去部分冬季常绿的水生植物，如水生鸢尾、睡莲（寒带睡莲）、水芹等，其他水生植物包括禾本科植物地上部分会全部枯死。相同时期开花的植物搭配，使得观赏季节水生植物景观的观赏性达到最佳，而不同时期开花的植物灵活搭配，则可以保证水生植物景观三季有花，每个季节都能欣赏到水生植物的花色美，如“千屈菜群组 + 荻群组”，夏季千屈菜紫红色的花，映衬着荻和芦苇，吸引游人驻足观赏；秋季荻花如雪，连成一片的荻群组，仿佛一片荻海。

色彩搭配是指在配置时，考虑到水生植物的花色及叶色。水生植物营造景观时，色彩搭配不要一成不变，但也不能过于花哨，在色彩搭配上尽量选择同色系的水生植物相互配置，或是确定植物景观主色调，然后选择主干植物表现植物主色调，基调植物常选用绿色作为背景衬托主色调植物，再搭配互补色植物点缀。有的植物叶片色彩比较突出，如花叶芦竹，叶片色彩比较艳丽，容易聚焦目光，也可以考虑与常绿植物搭配。一些观花类水生植物还具有一定的香味，在植物配置时，可以选择具有香味的水生植物配置于靠近园路的水缘处，如荷花、睡莲群落配置于水缘处的景观亭一侧，“荷风送香气，竹露滴清响”的景观意境油然而生。但搭配时切记不可选择香味水生植物组团式群植，因为香味混杂会产生相反的效果。

4. 不同场景水生植物的配置

（1）自然式景观湖。自然式景观湖水生植物具体配置应考虑植物的空间布局，水生植物配置应遵循其配置原则。

①驳岸与水缘的水生植物配置。自然式景观湖驳岸与水缘呈自然的线条，种植方式主要采用自然群落式的块状混交。植物配置要体现极强的观赏性。考虑到驳岸与水缘是陆地与水体的过渡空间，配置时应考虑到陆地的环境。陆地环境为背景林时，应用高低差距明显的植物，如“花叶芦竹 + 萍逢草 + 小香蒲 + 再力花 + 梭鱼草 + 菱”。以围绕护坡或水岸线呈自然式团状混交的种植，一方面可以修饰水岸线，与背景林相互映衬，相得益彰；另一方面，植物群落之间植物高低错落有致，颇有节奏和韵律感，不会显得单调单一，使水岸线变得更加灵动。植物群组间的搭配应主次分明，高低错落，并通过艺术构图的方法体现植物的自然线条，顺应自然式水体。陆地环境相对开阔时，应用多种水生植物组合群植配置。

自然式景观湖的驳岸与水缘处，会有置石景观。植物结合置石组合配置时、水生植物与置石组合配置时，常作为配景凸显置石。配置挺水植物或浮水植物，如小香蒲、风车草、睡莲等植物，三株一丛或五株一丛结合置石配置，或遮或挡，隐约显露；或配置浮水植物、漂浮植物，如荇菜、萍逢草、菱等，片植于置石周围，作为配景软化置石的生硬线条，起到凸显置石主景的效果。

水生植物与景观湖驳岸和水缘处的园林建筑组合配置时，水生植物在垂直空间上的配置不宜过高，可选用中层植物和下层植物进行合理配置。可配置浮水植物，如睡莲、芡实等单株效果较好的植物，点植于园林建筑前；也可配置挺水植物、浮水植物或漂浮植物，如荷花、睡莲、萍逢草、荇菜、菱等群组效果好的植物，片植于园林建筑一侧；还可以配置“挺水植物 + 浮水植物 + 漂浮植物”，如“荷花 + 再力花 + 芡实 + 萍逢草”等植物群落，群植于园林建筑两侧，留出从园林建筑能看到对岸的景观视线。

水生植物与驳岸和水缘处的景观小品组合配置时，水生植物与景观桥组合配置，配置浮水植物或漂浮植物，如睡莲、萍逢草、菱等，片植于景观桥的两侧，修饰景观桥的线条。

②水面的水生植物配置。大水面配置水生植物，常采用植物群组块状混交的方式，根据近景、中景和远景配置水生植物。远景植物距离陆地较远，通常选择再力花、香蒲等植物，中景植物选用观赏效果极强的植物，如荷花群落、水生鸢尾、梭鱼草等，近景植物主要选择荇菜、芡实等植物。配置注重季相变化与色彩搭配。“芡实 + 荇菜 + 梭鱼草 + 水生鸢尾 + 荷花 + 再力花 + 香蒲”，层次丰富，观赏效果极佳。在配置时，大水面中心可以适当留白，水面周围采用自然式群落种植。

（2）自然式河道及溪流。自然式河道及溪流的水生植物配置，主要体现植物景观的生态性，水缘与驳岸处的水生植物配合主要选择较为野趣自然的水生植物，如荻、芦苇、芦竹、香蒲、莎草等，应用块状混交的群植方式配置，团块混交搭配要模仿自然，平面构图要舒适、饱满，形成具有生态自然野趣的水生植物景观群落。滩涂的水生植物选用芦苇、芦竹，自然式团状混交。

（3）规则式水池。规则式水池水生植物具体配置根据植物的空间布局，遵循配置原则配置。规则式水池，其水生植物景观注重景观功能。所

选用的植物具有一定的观赏效果，如荷花、睡莲、梭鱼草、千屈菜、芡实、荇逢草、菱等。

规则式水池较小时，水生植物配置要突出植物的观赏性，要选择株型优美、色彩明艳的水生植物。水生植物布置时不能影响规则式水池的镜面效果，其种植形式通常为点植挺水植物或浮水植物，可沿水面片植浮水植物、漂浮植物或沉水植物群组，但片植面积不宜大于规则式水池面积的三分之一。点植的水生植物一定要具有极强的观赏性，能够观花或是观叶，如睡莲、王莲、芡实等。片植的植物则要求植物低矮，不能影响小水面的空间，如荇逢草群组、菱群组、金鱼藻群组、穗花狐尾藻群组等。

规则式水池较大时，常应用自然式组团群植，沿水缘与驳岸围绕水体留出景观视线。配置时注意季相和色彩，上层植物常为背景，选用较高的挺水植物，如香蒲、芦竹等。中景植物主要布置观花的挺水和浮水植物，花色要统一或为互补色，前景植物主要以低矮的漂浮植物或沉水植物为主，如菱、穗花狐尾藻等。

（4）自然式池塘。自然式池塘水生植物的具体配置，要考虑水生植物造景的主题以及植物的空间布局，植物搭配时要遵循配置原则。

自然式池塘常位于校园绿地、文化公园。水生植物的配置应突出文化性。驳岸与水缘处，常以自然群落团状种植，水生植物常选用荇菜、香蒲、菖蒲等具有一定文化内涵的植物，配置水生植物搭配驳岸与水缘处的园林建筑可以起到点景的作用。园林建筑前片植荷花可以产生“风蒲猎猎小池塘，过雨荷花满院香”的文化意境。水生植物与置石景观配置时，可采用小香蒲丛植布局，不遮挡置石，营造自然、朴实的景观意境。

第二节　园林植物的生态构成

种群（Population）是生物种在自然界存在的形式和基本单位，植物种群是植物群落结构和功能的基本单元，是具体群落地段上生态位的实际占有者，同时又在不同的群落生态背景中适应分化。

种群研究始于对植物种群的研究，Kari Nageli 在 1874 年就发表了关于植物种群数量动态的论文。但是，由于植物个体边界的不确定性、繁殖方式复杂、世代重叠等生物学特性，这一研究中断了。以后，种群研

究一直以动物种群为主导。直到 Harper 等人提出构件理论以后，植物种群与动物种群的研究才融会贯通起来。

一般来说，种群具有以下三个基本特征：其一，空间特征，种群具有一定的分布区域、分布形式和空间等级结构；其二，数量特征，种群在单位面积上（空间内）有一定的个体数量，并将随时间的变化而变化；其三，遗传特征，种群有特定的基因构成，种群内的所有个体具有一个共同的基因库，基因频率具有空间分布型特点，并随时间的变化而变化（进化）。对植物种群的研究，最终是要说明植物种群的动态分化与其适应的过程。

一、种群概念和植物种群的特点

种群是一个特定区域中由一个或多个物种构成的具有独特性质的生物群体。自然种群的数量统计往往是群落分析的基础。因此，首先应明确种群的概念以及植物种群的特点。

（一）种群的概念

种群的一般概念是“同物种个体的集合”，指某一特定时间内某一特定区域中由同一物种构成的生物群体，它们具有共享同一基因库或存在潜在随机交配能力的独特性质。植物种群的概念与此相符。不同的学科领域往往用不同的名词来表示种群这个概念，如在分类及系统生物学中用“居群”，在遗传学中用“群体”（群体遗传学领域），还有用“人口”“虫口”等。

种群一方面可以从抽象的意义上来理解，仅指个体组合成的集合群，如 Odum 划分的生命系统等级层次中所指的概念。另一方面，种群也应用于具体的对象，在这种情况下，种群在时间和空间上的界限多少是以研究是否方便来划分，具有很大的人为随意性，这便常使种群的边界变得模糊不清，也在一定程度上扩大了种群的概念，造成一定的混乱。而且，这种人为的划分可能忽略了种群分布的连续性，不能真实地反映种群的结构。但在确定种群时，人为主观因素的介入是不可避免的。现代种群的含义，实际上是“自然种群”“实验种群”和“理论种群”三位一体相互补充构成的。

（二）种群的特征

种群的基本特征包含遗传和生态两个方面，遗传方面指的是保持种群内个体间遗传内聚力的随机交配，是种群保持物种独立界限和共享同一基因库的基础；生态方面指的是种群的生态特性，是描述具体种群生态特质的基础，具体包括以下几个方面：

（1）空间性质：区域的和生长的空间范围和边界，以及相应的生态耐受性和个体间亲缘关系的远近；

（2）数量特征：丰度密度、个体或集合的大小、生物量等；

（3）分布性质：一个区域内均匀的（同质的）或异质的分布；

（4）物候学特征和节律性：种群在完成其生长和生命周期中的生命力大小和成功的程度，以及种群在年代和季节方面的特性；

（5）“群居”性质或社会性质：种群密度下降到某一临界值时，其繁殖力随之下降；

（6）相互关联的性质：种内和种间关系，如传粉、捕食、竞争等；

（7）动力学性质：表现为繁殖、死亡和迁入迁出等，即种群的时间动态和空间扩张与收缩。

需要指出的是，种群虽然由个体组成，但个体存在的时间与种群的历史根本无法相提并论，种群并不等于个体的简单相加，种群具有自己的突现特性（Emergent Property），诸如数量统计特征、空间格局、种群行为、遗传变异和生活史对策等性质。

（三）植物种群的特性

与动物不同的是，植物的生态生物学特点是固着生长，个体不能移动；自养性营养；具有无限的分生生长和多样的繁殖系统；具有构件结构和可塑性。因此，植物种群在数量特征、空间分布等方面具有一定的特殊性。

1. 植物是固着生长的自养性生物

众所周知，植物是固着生活的生物，绝大多数植物还是自养性生物，植物生活所需的资源（光照、水分、各种营养物质等）只能从定居地周围获得。因此，植物与环境及植物间的相互作用也具有空间局限性。植

物以其地下部分固定自身，一旦定居下来，一般就不能移动，只能以传播体进行迁移。漂浮植物可随水流漂移，具种翅、冠毛的种子可随风飞舞，某些植物的枝叶在外界刺激下会产生“行为”，但植物都不具有像动物个体那样逃避不利环境的自主移动性。植物只能以分化适应来应对环境变迁，主要靠控制组织器官生长的方向和数量来调整对空间的利用和回避不利影响。植物地上部分和地下部分的空间排列决定了对光、水和营养物质的利用效率，这对个体的适应和生存具有重要意义。因此，植物种群的数量和动态与空间密切相关，空间异质性对植物种群的影响较为深刻。

2. 植物体具有无限分生的能力

在发育过程中，植物体内的细胞在结构和功能上发生变化，在这个过程中，具有分生能力的细胞构成分生组织，包括茎、根和侧枝的顶端，如使茎增粗的形成层和木栓形成层，以及单子叶植物茎和叶中的居间分生组织。从分生组织的来源来看，植物的分生组织有原生、初生和次生之分。原生分生组织是胚细胞保留下来的，初生分生组织是原生分生组织刚刚衍生形成的，而次生分生组织则是由成熟组织的细胞（薄壁细胞）去分化而形成的。由此可见，多种分生组织使植株具有不断生长的能力，叶片脱落、枝根折断或者根系受损都能自我修复，能重复发育中所经历的过程。更重要的是，植物的无限分生能力使植物可通过植株的某个部件复制出一个完整的个体，即无性系生长（Clonal Growth）。

3. 植物是构件生物

20 世纪 70 年代，Harper 等人在进行浮萍的培养实验中提出了构件生物（Modular Organism）和单体生物（Unitary Organism）的概念，这是对生物个体特性再认识的结果。单体生物指的是一个合子经胚胎发育后成熟后的生物体，其器官组织各个部分的数量在整个生命阶段中保持不变，它们只存在大小不可逆转的增长，在形态结构上保持高度的稳定。构件生物的合子在发育成幼体后，在其生长发育的各个阶段，可以通过其基本结构单位的反复形成而得到进一步的发育，如高等植物和某些低等动物。

构件理论强调同时从基株（Genet）和构件（Module）两个方面来认识植物种群的数量动态。基株是 Keys 和 Harper 首先采用的术语，用来描

述一个合子发育的全部产物，即遗传个体（Genetic Individual）。不管合子产物的大小如何，或者通过无性增殖形成了怎样的无性系，都只是一个基株。基株是与构件相对的术语，用于描述由构件结构形成的整个植物体。从广义上讲，植物体上凡是具有潜在重复能力的亚单位均可视作构件，包括脱离母体可独立生长的无性系小株（Ramet）或分蘖（Tiller），甚至是不同龄的小枝、叶和芽等，具体可依据植物的特性和研究目的，自由选择合适的构件单位。构件之间具有个体间相互竞争资源的现象。

4. 植物的生殖方式复杂多样

植物的不可移动性使研究者更容易跟踪植物的生存或死亡，但是，在外界（非生物或生物）的刺激下，植物可以通过无性方式自我繁殖，或是增长自身的部件（花、叶、根茎、枝条等）。

通常，植物的生殖方式有有性和无性之分。首先，植物个体的性别不如动物明显，性别的表现也更为多样和复杂，且具有高度的易变性。显花植物的单朵花具有两性花、单性雄花和单性雌花之分，单株植物的性别表现可分为七种类型，种群的性别表现有单型和多型之分。自然条件下植物的有性生殖过程，有专性自交（Selfed）的种（异交率小于0.10）、专性异交（Outcrossed）的种（自交率小于0.05）以及自交和异交混合型的种。植物种群的交配系统是由自交到异交连续的过渡谱带构成的。不同植株或同一植株的不同花之间的交配都可称为异交。异交的个体间存在亲缘关系的远近，可进一步区分出远交（Oubreeding）和近交（Inbreeding）。从植物花粉传播的途径来看，有风媒和动物传粉之分；从生殖次数来看，有一年生一次结实（Annual Semelparous）、多年生一次结实（Perennial Semelparous）和多年生多次结实（Perennial Iteroparous）之分。

许多植物都具有无性生殖的能力，即营养增殖（Vegetative Propagation），也称无性系生长，通过营养生殖体如珠芽、匍匐茎、根茎、枝条、分蘖株等形成新的植株，并与原来的植株保持一致的基因型。营养生殖体具有的休眠芽常隐藏在地下，保护植物度过环境条件不利的阶段，因此植物的生活史特征成为植物种群进化策略的最重要方面。由于植物中无性生殖的普遍存在，长寿命植物的种群多由年龄复合、世代重叠的个体组成。

5. 植物具有高度的可塑性和生态耐受性

植物的生长具有高度的可塑性（Plasticity）。若环境条件不同，同一种群不同植株间的生物量相差很大，如个体大小、产籽数量等可相差若干数量级，生殖的年龄和次数也会随环境条件发生较大的波动。在不同的环境条件下，植物体在形态上的分化程度也不同，也就是说，植物的形态变异中有较多的环境饰变成分。在环境胁迫下植物不能通过趋避行为逃避不良影响，只能在进化过程中形成较高的生态耐受性，以生理调节提高生活力，甚至以构件死亡为代价，保存基株的世代延续。

二、植物群落的概念及组织原则

（一）植物群落的概念

植物群落是指某一地段上全部植物的总和。它具有一定的结构和外貌、一定的种类组成和种间的数量比例、一定的生境条件，并执行着一定的功能。环境影响植物与植物、植物与环境之间的关系。在空间上，群落有着一定的分布面积；在时间上，是一个发展演进的过程。群落作为绿地基本构成单位，只有经过科学、合理的构建才能形成稳定、高效的绿地环境，才能更为有效地改善气候环境。

植物群落的多层结构可分为三个基本层：乔木层、灌木层、草本及地被层。复层群落结构相较其他植物配置类型能发挥更好的降温效果，以达到微气候调节设计的目的。在城市中恢复、再造近自然植物群落，在生态学、社会学和经济学上都有着重要意义。第一，群落化种植可以提高叶面积指数，更好地增加绿量，起到改善城市环境的作用；第二，植物群落物种丰富，在生物多样保护和维护城市生态平衡等方面意义重大；第三，模拟自然植物群落，建植城市生态景观相协调的近自然植物群落，能够创造清新、自然的城市园林环境，给人以优美、舒适的心理暗示，缓解压力，创造良好的人居环境；第四，植物群落可减低绿地养护成本，且节水、节能，能更好地实现绿地经济效益，这对提高城市绿地质量具有重要的现实意义。

园林植物群落，由多种植物组成，是植物的集合结构。而不同植物对外界的适应力各不相同，一旦形成统一体，则增加了这种适应能力。

植物群落是生态系统的一个构成体，除了本身植物种类的类别差，还可以形成水平与垂直结构，随着四季变化，形成一种动态的结构特征，花开花落无限循环往复，不断演替和发展。植物生长需要一定的空间环境，而群落需要特定的气候条件、分布范围才能形成稳定的结构，一旦稳定便可在改善气候上发挥巨大的作用。植物群落的边界可以限定一个群落的大小，有些群落有明显的边界，可以明显区分，但有的无明显边界，通常是几个群落混合在一起，甚至形成更大的群落结构，这类群落的生态效益更加显著。一旦形成植物群落，群落内的植物物种则会和谐共生，扬长避短，如高大乔木为小乔木及灌木遮风挡雨，而灌木与地被则保护着乔木的根系部分，使其不易被破坏。

由此可见，单单把植物种植在一起并不能形成所谓的植物群落，只有经过种群的选择，让合适的植物互惠共生，才能形成稳定的系统。在微气候调节设计植物群落时，一定要确定种群与种群之间的关系，不能形成一种植物独大的情况，也不能让某种植物危害其他物种的生存发展空间。

（二）植物群落的组织原则

1. 挖掘植物特色和丰富植物种类

植物多样性是生物多样性的基础。目前在进行植物景观设计的过程中，存在许多不当的行为，为了追求立竿见影的效果，放弃了许多品质优良但生长稍慢的树种，导致植物群落的结构单一。其实，每种植物都有其他植物无法取代的特点，植物没有好坏之分，关键是合理地运用这些植物，将之设置在适当的位置，发挥它们的功效。所以在植物群落物种配置时，我们要在可以选择的物种中多量选择，同时挖掘与了解所选植物的特性与生长条件，争取与其他植物合理搭配，让其发挥更好的效果。例如，落叶乔木可以和常绿乔木结合，落叶乔木本身色彩较为丰富，可以装点空间，但冬季会变得光秃秃，这时常绿植物就成为主导，使得整个植物群落仍具有生命力，这两类植物一般安排在复合群落的上层结构。另外，乡土植物对于本地区域环境具有极强的适应力，大力倡导运用乡土树种可以丰富植物多样性，也可以使得植物群落更具地方特色，形成具有文化底蕴的自然景观。

2. 构建丰富的复层植物群落结构

由于空间与气候的限定，城市中的绿地只能配置单一结构的植物群落。单一植物群落由于种类的缺失，无法丰富和稳定生态群落系统。这种配置的植物群落起不到调节气候和环境的作用，反而会引起相反效果，如病虫害的增多、漂浮的植物絮状物引起过敏反应等。在此情况下，人们为了营造更好的生活环境，必然会加强病虫害的治理，加大农药的投放，进一步恶化大气环境，或是进行树木的养护，极为耗能。在此背景下，构建丰富的复层植物群落结构尤为重要。根据生态学所描述的原理，种类多样性将稳定群落。所以，在园林景观微气候调节设计中，为了寻求园林绿地的稳定发展，就必须丰富群落物种，以提高植物群落内的生物多样性。生物多样性能够增强群落的抗逆性和韧性，避免强势物种的侵入导致不良反应，从而形成更稳定的生态系统。

构建丰富的复层植物群落结构除了能够提高环境质量外，还可以保护一些珍稀植物。良好的复层结构可以让植物充分利用光照、热量、水势、土肥等自然资源，构建极具生态效益的微气候环境。复层结构群落所形成的环境，不仅给人类的生活带来益处，也为微生物、动植物提供良好的居所。

3. 适地适树的原则

植物在广袤的生长发展中形成了独特的适应能力，这种特性属于植物属性，一旦形成则很难更改，并以一种客观规律延续下去。所以配置植物的时候要多加注意植物的特有属性条件。运用乡土植物相当便捷，能够节省适应的时间，可以直接投入使用。而其他植物种类，则需要进行实地的研究和考察，在确定其具有相当的适应性后方能纳入景观设计方案中。根据适地适树的原则，避免种植不适应本地土壤与气候条件的植物。任何植物生长都依附于环境而进行。同样，环境中各种因素对于植物的生存发展都有着直接或间接的影响。园林植物生长情况虽然与后期管理相关，但栽植前生态环境的预测、树种之间的搭配却直接关系到植物的成活与否，所以在园林建设中，必须掌握好各种植物的生态习性，使其生长在适合它们生长的环境中。例如，喜阳植物种植在阳光下，耐阴植物种植在阴暗处，喜湿植物靠近水源，耐旱植物则不能多浇水，等等。在配置时，不能盲目引进和推广外来植物，要多注重使用乡土植物。

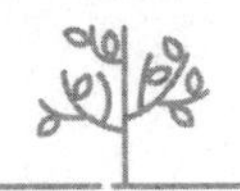

4. 符合植被区域自然规律

植物景观微气候调节设计时，应该参照城市中自然生长的植被所形成的规律，并观察郊区无人管理的植物演替趋势，尽量模拟自然群落，给植物创造出在大自然中生长的条件。

5. 遵从“互惠共生”原理协调植物之间的关系

不同的植物生长在一起，要经过一阶段的磨合期，以达到未来长期的互惠共生状态。所以对于植物的配置，需要考虑植物之间的相互关系，尽量选择可以相生，或相安无事的植物，避免相克的植物生长在同一片区域，以构建和谐的绿地植物群落。植物的生长习性，除了与环境息息相关外，还要重视自身的生长特点以及种内和种间的关系。尤其是生长慢、寿命长的乔木，种植入地后不能轻易更改，所以要事先研究分析后方能确定使用。了解其生长习性，如生长的速度、根系生命力、树冠的大小、喜光还是耐阴、耐湿或是耐干等，处理好种内与种间的关系，将有利于植物的生长，也会让该植物千百年地稳定延续下去。

第三节　生态园林植物的选择

一、园林植物的生态适应性

（一）生态型和生活型

同种生物的不同个体，长期生长在不同的生态环境中，发生趋异适应，经自然和人工选择，分化形成生态、形态和生理特征不同的基因型类群，称为生态型。生物分布区域和分布季节越广，生态型就越多，适应性就越广。

生态型的种类有以下三种：

（1）气候生态型，即长期适应不同光周期、气温和降水等气候因子而形成的各种生态型，如早稻与晚稻；

（2）土壤生态型，即在不同的土壤水分、温度和肥力等自然和栽培条件下所形成的生态型，如陆稻和水稻；

（3）生物生态型，即在不同的生物条件下分化形成的生态型，如在

病虫发生区培育出来的动植物品种，一般有较强的抗病、虫能力，而在无病、虫区培育出来的品种抗病、虫能力就差。

生活型是指不同种的生物，由于长期生活在相同的自然生态条件和人为培育条件下，发生了趋同适应，并经自然和人工选择形成具有类似形态、生理和生态特性的物种类群。生活型是种分类单位，如具有缠绕茎的藤本植物，虽然包括许多植物种，但都是同一个生活型。分类学上亲缘关系很近的植物，可能属于不同的生活型，如豆科植物中的槐树、合欢为乔木，湖枝子为灌木，大豆为草本，它们不是同一个生活型。动物按栖息活动环境也可分为水生动物、两栖动物、陆生动物、飞行动物等生活型。微生物按通气环境可以分为好气微生物和嫌气微生物等生活型。

（二）生态位

生态位是指物种在生物群落中的地位和作用，是生物栖息环境再划分的单位——生境的一个亚单位。 生态位作为生物单位（个体、种群），其生存条件的总集合体分为基础生态位和现实生态位。基础生态位指生物群落中能够为某一物种所栖息的理论最大空间。实际上，很少有物种能占据全部的基础生态位，当有竞争者存在时，物种只占据一部分基础生态位，其实际占有的生态空间即为该物种的现实生态位。生境中参与竞争的种群越多，物种占有的现实生态位就越小。

（三）园林植物适应环境的方式和机制

园林植物对环境的适应，一方面表观为植物的生存、繁殖、活动方式和数量；另一方面，植物还具有积极适应、利用和改造环境的能力，这种能力帮助它们获得在现实环境中发展的能力。主要体现在以下几个方面。

1. 园林植物的耐性补偿作用

耐性补偿作用是指园林植物群体经一定时期的驯化后，可以调整、改变其生存和生命活动的耐性限度和最适范围，以克服和减轻外界因子的限制作用。这种作用方式可能存在于植物群落水平上，也可能出现于植物种群水平上。

（1）植物群落层次的耐性补偿作用。由于群落中不同种群对环境的最适范围和耐性限度不同。通过相互的补偿调节，可以扩大群落活动的耐性范围，从而保持整个群落有较稳定的代谢水平和多样性。所以，群落比单一种群具有更广的活动范围和耐性限度。

（2）植物种群层次的耐性补偿作用。在一个种内部，耐性的补偿作用常表现在该种具有多个生态型上。一个种可以通过驯化产生适应于不同地区条件的生态型，克服某些环境因子的限制作用。园林植物品种大多是经长期驯化的结果，对当地的自然环境条件具有较强的适应能力。病菌中某些生理小种的产生，就是通过耐性补偿作用对农药药性发生适应的结果，这在植物保护中是必须考虑的因素。

还有些植物可以通过生理过程调节和行为适应等方式达到耐性补偿。当环境不适应时，可进入不活跃状态，如休眠、落叶、产生孢子、产卵等，即通过生理调节来克服不利因子的限制。

2. 利用生存条件作为调节因子

园林植物可以改变自身的活动规律，以适应自然环境的节律性变化，从而缓和环境的有害作用，获得生存和发展，如植物通常表现出的光周期现象就是利用日照长度来调节自身活动的明显例证。许多植物的花芽分化、开花、休眠等都受日照长度的调节。在雨量少而不稳定的沙漠上，只有达到一定降雨量时，一些一年生的植物才能发芽，并迅速完成其生活史，这也是一种高度的适应。

3. 形成小生境以适应生长环境

在大的不利环境中，生物能创造一个有利的小生境，以保证自身的生存需要。在一个种群内部，成年树能遮光蔽荫，为种子的萌发、幼苗的生长发育提供条件。当小苗长到一定程度后，种群密度过大，此时，种群内部一些个体发育不良的植株死亡，表现出自疏现象。生物从以上诸方面对环境条件进行积极适应，为自身创造了发展和生存的可能和条件，但是，这种作用的范围是有限的，同时也需要一个适应的过程。

（四）园林植物对各生态因子的适应

1. 园林植物对光的适应

（1）园林植物对光照强度的适应。在自然界，一些园林植物在强光照条件下才能良好的生长发育，而另一些则在较弱的光照条件下才能良

好生长。依据植物对光照强度的要求不同，可以把园林植物分为阳性植物、阴性植物和耐阴植物三大类。

①阳性植物：这类植物的光补偿点较高，光合速率和呼吸速率也较高，在强光条件下生长发育良好，而在树荫和弱光下发育不良。这类植物多为生长在旷野、路边、森林中的优势乔木，草原及荒漠中的旱生、超旱生植物，高山植物等均属此类型，如黑松、落叶松、金钱松、水松、水杉、侧柏、银杏树、核桃树及柳属、杨属树木等。

②阴性植物：这类植物具有较低的光补偿点，光合速率与呼吸速率也较低，具有较强的耐阴能力，在树荫下亦可正常更新。这类植物多生长在密林或沼泽群落的下部，生长季的生境较湿润，因此往往具有某些湿生植物的形态特征，如蕨类植物、天南星科植物、冷杉属、椴属、黄杨属、杜鹃花属、八仙花属、罗汉松属及紫楠、香榧、蚊母树、海桐、枸骨等。

③耐阴植物：这类植物在光照充足时生长最好，稍受荫蔽时不受损害，其耐阴的程度因树种而异，如五角枫、元宝枫、桧柏樟、刺槐、春榆、赤杨、水曲柳等。树种的耐阴性受到个体的年龄、气候、土壤等因子的影响，会出一定的幅度变化。

（2）园林植物对光照时间的适应。园林植物个体各部分的生长发育，如茎部的伸长、根系的发育、休眠、发芽、开花、结实等，受到每天光照时间长短的控制。依据一年生植物花芽分化与开花对光照时间的反应，可以分为长日照植物、中日照植物、短日照植物三大类。

①长日照植物：这类植物在生长发育过程中，每天需要的日照时间长于某一定点，才能正常完成花芽分化，开花结实。在一定的日照时间范围内，日照越长，开花结实越早。反之，若光照时间不足，植物就会停留在营养生长阶段，不能开花结实。春夏开花的植物大多是长日照植物，如令箭荷花、唐菖蒲、大岩桐、凤仙花、紫苑、金鱼草等。

②中日照植物：这类植物的花芽分化与开花结果对光照长短反应不敏感，其花芽分化与开花结实与否主要取决于体内养分的积累，如原产于温带的植物月季、扶桑、天竺葵、美人蕉、香石竹、百日草等，均属于中日照植物。

③短日照植物：这类植物在其生长发育过程中，需要短于某一定点

的光照才能正常完成花芽分化，开花结实。在一定范围内，暗期越长，开花越早，光照时间过长，反而不能开花结实。这类植物多原产于低纬度地区，如秋菊、苍耳、一品红、麻类等。

植物完成花芽分化和开花要求一定的日照长度，这种特性主要与其原产地在生长季的自然日照长度有密切关系，一般长日照植物起源于高纬度地区，而短日照植物起源于低纬度地区。如果原产于低纬度地区的园林植物向北迁移，其营养生长期相应延长，树形长得比较高大。反之，原产高纬度地区的植物向南迁移，则营养生长期缩短，树形较矮小。

2. 园林植物对温度的适应性

（1）园林植物对极端温度的适应。

①园林植物对低温的适应：长期生长在低温环境中的植物通过自然选择，在生理与形态方面表现出适应特征。在生理表现方面，通过减少细胞水分，增加细胞中的糖类、脂肪和色素类物质，降低冰点，增强抗寒能力；在形态表现方面，耐寒类植物的芽和叶片常受到油脂类物质的保护，或芽具有鳞片，或植物体表生有蜡粉和密毛，或植株矮小呈匍匐状、垫状或莲座状，以增强抗寒能力。

②园林植物对高温的适应：植物对高温的适应也表现在生理和形态两方面。在生理表现方面，植物通过降低细胞含水量增加糖和盐的浓度，以减缓代谢速率、增加原生质的抗凝结力，或通过较强的蒸腾作用消耗大量的热以避免高温伤害；在形态表现方面，植物叶表有密茸毛和鳞片，或呈白色、银灰色，或叶革质发亮以反射阳光，有些植物在高温条件下通过叶片角度偏移或叶片折叠来减少受光面积。

（2）昼夜温差与温周期现象。温周期现象是指植物对温度昼夜变化节律的反应。植物白天在高温强日照条件下充分地进行光合作用，积累光合产物，晚上在较低的温度条件下呼吸作用微弱，呼吸消耗少，所以在一定范围内，昼夜温差越大，越有利于植物的生长。

（3）季节变温与物候现象。在各气候带，温度都随季节变化而呈现规律性变化，尤以中纬度的低海拔地区最为明显。植物的发育节律随气候（尤其是温度）季节性变化而变化的现象叫作温周期现象，如许多园林植物在春季随温度稳定上升到一定量点时开始萌芽、现蕾，进入夏季高温时开花、结实，随之果实成熟，于秋末低温时落叶，当温度稳定低

于一定量点时进入休眠。所以，植物的物候现象是与周边的环境条件，尤其是温度条件紧密联系的。

3. 园林植物对水分的适应性

不同地区水资源供应不同，植物长期适应不同的水分条件，形态与生理特性两方面发生变异，形成不同的植物类型。根据植物对水分要求的不同，可把园林植物分为水生植物和陆生植物两大类。

（1）水生植物。水生植物指所有生活在水中的植物。由于水体光照极弱，氧气稀少，温度较恒定，且大多含有各种无机盐类，所以水生植物的通气组织发达，对氧的利用率高；但机械组织不发达，具有较强的弹性和抗扭曲能力；叶片对水中的无机盐及光照辐射、二氧化碳的利用率高。水生植物有三种类型，即沉水植物、浮水植物和挺水植物。

①沉水植物：如海藻、黑藻等，植物沉没水下，根系退化，表皮细胞直接从水体中吸收氧气、二氧化碳及各种营养物质和水分，叶绿体大而多，无性繁殖发达。

②浮水植物：植物叶片漂浮于水面，气孔多位于叶上面，维管束和机械组织不发达，茎疏松多孔，根或漂浮于水中或沉入水底，无性繁殖速度快，如完全漂浮类的浮萍、凤眼莲，扎根漂浮类的睡莲、王莲等。

③挺水植物：植物叶片挺立出水面，根系较浅，茎多中空，如荷花、芦苇等。

（2）陆生植物。陆生植物指生长在陆地上的植物。它也分为三种类型，即湿生植物、中生植物与旱生植物。

①湿生植物：指适于在潮湿环境中生长，不能忍受长时间缺水，抗干旱能力最弱的一类陆生植物。其根系不发达，但具有发达的通气组织，如气生根、膝状根或板根等，如垂柳、落羽杉、马蹄莲、秋海棠等。

②中生植物：指适于生长在水分条件适中的生境中的植物。绝大多数园林植物都属于此类。它们具有一套完整的保持水分平衡的结构和功能。具有发达的根系和输导组织，如月季、扶桑、茉莉、棕榈及大多数宿根类花卉。

③旱生植物：指能长期耐受干旱的环境，且能维持水分平衡和正常生长发育的植物类型。在形态结构上，其发达的根系能增加土壤水分的摄入量，叶表面积小，呈鳞片状，或具有厚角质层或茸毛，或蜡粉，可

减少水分散失。而多肉多浆类植物具有发达的贮水组织，能贮备大量水分以适应干旱条件。在生理方面表现为原生质具有高渗透压，能从干旱的土壤中吸收水分，且不易发生反渗透，能适应干旱环境。

4. 园林植物对空气污染的适应性

很多园林植物在正常生长时，能吸收一定量的大气污染物，吸附尘埃、净化空气。园林植物对大气污染物的吸收与分解作用就是植物对大气污染的抗性。不同种类的植物对空气污染的抗性不同，一般来说，常绿阔叶植物的抗性比落叶阔叶植物强，落叶阔叶植物比针叶植物强。植物抗性的强弱可分为以下三级。

（1）抗性弱（敏感）。抗性弱类植物在含有一定浓度的某种有害气体的污染环境中经过一定时间后会出现一系列中毒症状，且通常表现在叶片上。长时间受害使全株叶片严重破坏，长势衰弱，严重时导致死亡。这类植物可以作为大气中某类有毒气体的指示性植物，用于进行大气污染监测。银杏、皂荚、加拿大杨等植物便可作为大气污染的指示植物。

（2）抗性中等。抗性中等类植物能较长时间生活在含有一定浓度的有害气体的环境中，受污染后生长恢复较慢，植株表现出慢性伤害症状，如节间缩短、小枝丛生、叶片瘦小、生长量少等。例如，沙松、臭椿、合欢、梧桐、银杏、核桃树、桑树、白皮松、云杉等。

（3）抗性强。抗性强类植物能较正常地长期生活在含有一定浓度的某种有害气体的环境中而不受伤害或轻微受害。在短时间含有高浓度有害气体的条件下，这类植物叶片受害较轻且容易恢复生长。这类植物具有较好的净化空气的能力，可用于一些污染严重的厂矿区绿化，如大叶相思、五角枫、假槟榔、鱼尾葵、板栗树、樟树、杜果树、山楂树及榕树等。

二、园林植物的生态选择

植物生长在一个地方，其自然地理所形成的特征也将展现在植物上。各区域中的植物都有其地带特性，某些地方适合生长，也能够更好地生长。当然，也会有不适合其生长的地域条件，一旦植物种植在不当的区域内，不是加速其灭亡就是抢夺其他植物的生存条件。所以，在植物景观微气候调节中必须选择与周围的生态环境互利互惠的植物物种。园林内植物配置的种类越多，构成的园林空间越丰富多彩。园林植物的作用

主要是增加生物的多样性，建立稳定的群落结构，形成具有地方特色的景致。在植物投放实践中，应该根据不同城市的气候特点，选择不同的植物种类，也可以根据其适应性扩大可以栽植的物种。

由于受到地域性气候、水土情况等自然因素和一些人为因素的限制，植物的选择也受限，为了更好地为微气候调节设计服务，在植物种类选择时要注意以下几方面。

（一）要根据当地的生态环境条件选择植物

植物种类的选择主要是为了能够更好地生存与发展，以此为主要的选择依据，首先要充分认识城市本身的生态环境，适合这种环境的植物才是首选。植物在调节城市气候的同时也应展示出城市的特点，选择当地的植物可以明显地体现当地特色，这也是体现景观微气候调节的植物地域性的前提。因地制宜，适地适树，让植物存活下来，并能够很好地发展，才能进一步发挥其生态作用，改善、调节园林的气候环境。植物对自然环境的适应性可分成以下三个档次：

（1）乡土树种，即自然分布或乔木引种 100 年以上、灌木引种 40 年以上，表现良好适应性的树种，以南京为例，如银杏、桂花、女贞等；

（2）适生树种，即乔木引种 40 年以上、灌木引种 20 年以上，表现良好适应性的树种，如法国梧桐；

（3）驯化树种，指一些边缘树种，在灾难性天气如寒流侵袭时，时有冻害发生，或引种年限较短，但均有驯化成功和应用前途的树种，如鹅掌楸、广玉兰。

（二）适地适树与引入外来树种相结合

园林植物虽然有许多选择，植物的物种成千上万，但适合的才是最好的。乡土树种是种植的主线，但只选择乡土植物不免有些单调，所以在可选的情况下，加入一些外来树种，丰富本地植物种类的同时，给植物的生长带来新的伙伴、新的活力，良性竞争更有益于植物的演进。也可以通过人工选育的方式，精心培育选择的外来物种，使其很快融入乡土植物中，或与乡土植物进行杂交，产生变种，这会产生更强适应力的新植物物种，给微气候调节的新的方向、新的选择。

（三）基调植物、骨干植物和一般植物相结合

城市植物往往有基调植物、骨干植物和一般植物之分。构成城市绿化基调的植物是基调植物，也可理解为是城市的主题植物，环境适应能力强、少病虫害、种植及养护简单便捷、具有良好的实际应用效果的常见植物都属于骨干植物。一般植物是指适应性一般、条件一般的植物类别。把握城市基调植物，大面积推广的同时优先种植骨干植物，形成强而有力的生态植物种群，其发挥的微气候调节效果也会明显许多，再结合一般植物，让植物的应用更为多种多样，不能因为其效果一般就直接放弃，因为存在的植物就会有其特有的优点和用处，这样才能形成和谐稳定的植物调节系统。

（四）植物的功能性和观赏性相结合

虽然植物景观进行微气候调节注重的是其功能，但也应加强其观赏效果。不能只种植一些抗逆性强的植物，即使其适应性强或抗病虫害或耐瘠薄，但其姿态、生长走势不理想，观赏性而会大打折扣，且也不能满足人们的需求，更会使得微气候调节的效果下降。微气候调节就是为了营造更好的人居环境，其中植物占较大比重，赏心悦目的植物形象在人们眼中还是极其重要的。所以，在选择植物发挥其微气候调节功能的时候，要多选择一些枝繁叶茂、姿态优美的植物种类。在达到调节气候功能要求时还能丰富城市色彩，愉悦居民身心，一举数得。

（五）乔木和灌木、草本植物相结合

实行乔灌草结合，是植物配置的基本要求。这样搭配的植物群落满足复合结构的要求。一般底部是地表植物，如草坪、宿根花卉等；中部是灌木或灌木与中型乔木的搭配；上层则是大中型乔木。一片一片的叠积，丰富植物景观层次。常绿植物和落叶植物合理搭配，不仅可以创造多彩的植物景观，还可以实时发挥植物的功效，特别是在冬天，许多植物枯萎的情况下，常绿植物能担起调节气候的大梁，但其比例也不能过大，避免适得其反。

（六）速生树种和长寿树种相结合

植物有速生和长寿的种类区别，速生植物可以在短期内就形成景观，但其大多在二三十年后就急速衰老和消隐；长寿植物的生存时间很长，这类植物长势较慢，需要很长一段时间才能显出绿化效果，但贵在持久。所以选择植物时要处理好速生和长寿植物的关系，两者合理搭配，才能使得该区域的植被长期的延续下去，不会因时间的变迁导致荒凉，同时也能够合理地延长植物景观微气候调节的时效性。

三、园林植物的配置

（一）植物配置原则

1. 生态优先的原则

植物在园林中所起到的作用不仅仅是美观，同时还兼具了改善环境、调整小气候等，因此在植物配置时候，要充分考虑植物的生态学特征，将其生态功能发挥出来。在植物运用中，要做到适地适树、因地制宜，尊重植物本身的生态特征，在进行植物群落培育时，选择的植物要符合当地的自然环境特征，减少大树移植的情况，提高植物群落的稳定性和生态性。

2. 遵循艺术美的原则

园林设计是一门综合性非常强的学科，中国古典园林中的植物意境美和形式美的需求在这里体现得更加强烈。

意境美的最佳体现当然要属明清园林了。明清园林中植物不仅是供欣赏及改善环境的，而且还有更深一层的含义，即对人类某种美好愿望的寄托。很多植物都被赋予一些特定的寓意或一些人格化的特征，如植物中的四君子“梅、兰、竹、菊”，它们代表着气质高洁、傲立风霜、孤芳自赏、淡泊名利等形象。此外，石榴寓意多子多福，木兰寓意金金榜题名。很多诗词歌赋里对植物的描述也形成了流传至今的典故，如王维的“红豆生南国，春来……”此后，人们就会以红豆来表达相思之情。说不尽的故事，道不完的情怀，不管是古人还是今人，我们总能从植物中找到某种情感的寄托，一花一木皆有景，文因景传，景因文显，而正因为有了文学作品的渗透，有了这些典故带来的意境美，园林景观才更加生动。

3. 季相植物搭配原则

《园冶·园说》提出："纳千顷之汪洋，收四时之烂漫。"虽未直接提到植物，但可以举一反三，植物设计也应遵从这个原则，布置园林中春景时应考虑夏天的景色会如何，以此类推，四季景色都应该考虑进去，全盘计划，不能顾此失彼。保证春可赏花、秋可观叶，通过合理搭配，做到四季有景。

4. 功能性原则

根据园林景观功能特征的区别，采用相应的、不同风格的植物配置。例如，具有纪念性质的城市公园，植物的选取和种植形式需烘托庄严肃穆的氛围；而儿童公园的植物设计则需烘托出热闹欢乐的氛围。

（二）植物配置模式

1. 植物整体配置模式

从立体景观角度分析植物配置模式，植物群落景观可分为水平向和垂直向。从水平向来看，植物群落可按植物多样性分为纯林、混交林、疏林草地、植物组团和草坪等；从垂方向来看，植物群落可按分层配置模式分为乔灌、乔草、乔灌草等。

为体现植物景观配置的科学性、合理性和生态性，以观赏性植物群落为主景，以复层混交模式构建植物群落，以观叶、观果类树姿优美的高大乔木作为上层植物，形成整个植物群落骨架；以花灌木、小乔木和色叶植物等作为中层植物，并融入常绿灌木，提升植物群落的观赏性；下层植物可选用地被植物、草坪植物和藤本植物，覆盖地被土壤，营造富于季相变化的植物景观。

2. 植物配置组合

（1）滨水空间植物配置。可采用"垂柳＋木芙蓉＋草坪、垂柳＋云南黄馨""枫杨＋垂柳＋水杉＋八角金盘＋草坪""垂柳＋水杉＋香樟＋草坪""垂柳＋樱花＋草坪＋菖蒲""香樟＋桂花＋八仙花＋黄馨＋草坪"等。通过在园林滨水空间构建植物群落，并采用多种植物品种，不仅可以丰富植物多样性，增加园林滨水空间的绿量，还可形成层次分明、错落有致的立体

植物空间。

（2）入口空间。结合园林入口空间的特点，可采用“法国梧桐＋书带草＋香樟”“银杏＋香樟＋阔叶麦冬＋草坪”“香樟＋银杏、香樟＋红枫＋大叶黄杨＋红叶石楠”“香樟＋桂花＋紫薇＋丁香”等模式。结合园林入口空间构造的特点，采用规则式布置方式，沿园林入口围墙以桂花、丁香等间植形成行列树，以紫薇、毛鹃形成花坛树阵，可有效吸引居民、行人进入园林。

（3）园路。园路可选择的植物配置模式较多，如“香樟＋银杏＋雪松＋红叶李＋夹竹桃＋书带草＋五叶地锦”“香樟＋榉树＋无患子＋红枫＋雪松＋书带草＋鸢尾”“无患子＋乌桕＋樱花＋石榴＋含笑＋书带草”“银杏＋桂花＋草坪”“紫竹＋海棠＋红叶石楠球＋阔叶麦冬＋草坪”“紫竹＋书带草、水杉＋含笑＋草坪”等。通过乔、灌、草结合，形成自然、生态的园路植物群落。

（4）疏林草地。疏林草地主要以草本、草花植物为主，间植部分乔木，如“法国梧桐＋龙柏球＋草坪”“香樟＋枫香＋草坪”“香樟＋枫香＋雪松＋悬铃木＋杜英＋毛鹃＋桂花＋草坪”“香樟＋榉树＋桂花＋红叶石楠＋草坪”等。疏林草地应突出乔木观赏性，以高大乔木作为景观中心，辅以草花、藤本、草坪植物，形成相对开阔的园林观赏空间。

（5）建筑周边。建筑物周边的 范围十分广泛，如园林建筑、小区住宅等，应结合建筑物高度合理搭配园林植物，起到软化建筑线条的作用。可选择的植物配置模式包括“榉树＋桂花＋红枫＋桃花＋广玉兰”“香樟＋广玉兰＋雪松＋榉树＋红枫＋八角金盘＋金叶女侦＋书带草＋草坪”“榉树＋桂花＋红枫＋红叶石楠球＋金森女贞＋黄馨＋草坪”等。

（6）自然式植物组团。自然式植物组团是以自然形态为主的植物群落配置方法，主要突出植物群落配置的自然性、生态性。自然式植物组团可选择的植物配置模式包括“朴树＋广玉兰＋桂花＋草坪”“香樟＋榉树＋红枫＋樱花＋朴树＋无患子＋五叶地锦＋书带草”“日本红柳＋银杏＋书带草＋鸢尾＋草坪”“水杉＋银杏＋日本红柳＋榉树＋小叶女贞球＋毛鹃＋书带草”“香樟＋银杏＋蚕丝海棠＋桂花＋红枫＋毛鹃＋草坪”等。自然式植物组团应充分结合不同植物的生长特性，合理搭配植物组团空间。形成与自然生态相符的植物群落。

3. 不同园林景观造景与植物配置

在不同园林空间中，应结合园林游客群体的特点，合理搭配植物景观，确保植物景观体现人文性、观赏性，满足不同群体观赏的需求。

（1）综合性公园景观造景与植物配置。综合性公园是城市园林建设的重点，体现了城市的人文历史底蕴，也是城市居民日常活动的重要场所，因此，在营造综合性公园景观时，应应用植物景观，营造生态、自然植物多样的园林空间。

从植物空间应用角度，综合性公园可分为儿童活动区、观赏游览区、文体活动区、安静休息区等不同区块，根据空间划分可分为开敞空间、半开敞空间和封闭空间。景观造景与植物配置应与园林空间定位相符，建议在不同的功能分区分别采用不同的植物配置模式。例如，在文化娱乐区可采用孤植列植、对植或树阵形式栽植乔木，中层植物以花灌木为主，下层植物可选用花坛、花镜形式，营造视线通透、无阻挡的观赏空间。而且要注意选择无毒、无刺的观赏性植物，植物配置以缓坡林地或乔灌木复合组团为主，与其他空间相互隔离。安静舒适区应以植物群落围护形成封闭空间，确保观赏区与休憩区相互隔离，为观赏者提供舒适、安静的空间。此外，综合性园林草坪配置应尽量避免大面积草坪或大范围纯草坪。在疏林空间中，可适当引入地被植物，既可丰富疏林空间植物的多样性，还能够体现植物季相变化，增强植物绿地生态效益。

（2）郊野公园景观造景与植物配置。郊野公园是城市居民亲近自然的重要场所，因此，郊野公园在植物配置和景观造景时应突出自然、生态野趣的特点，营造适合于户外运动的植物空间。在植物配置时，应从景观生态学的角度出发，充分发挥廊、桥、通道等硬质景观空间的分割作用，营造“一步一景”的效果，打造富于变化的郊野园林景观。

（3）带状园林。在城市带状园林植物配置中，如护城河滨河绿道等，应依据城市发展规划，配合园林景观小品，合理搭配植物。体现植物配置的多样性、连续性、本土性，通过在狭长、连续的植物空间构建分段、分季相的植物空间，体现植物景观季的相变化。因此，在带状园林植物配置时，应结合季相变化合理配置植物种类，优先选择乡土植物，体现地域文化特点。

第五章　生态视角下不同区域景观设计

第一节　城市景观生态规划设计

一、生态园林城市建设的含义

生态园林城市建设是“三个文明”的统一。生态园林城市文明程度的体现应包括物质文明（生产和生活方式的现代化程度、基础设施和社会福利的完善程度）、精神文明（价值观念、精神信仰、伦理道德、社会风尚及责任感）和生态文明（环境伦理、生态意识、行为导向、奉献参与）。也就是说，生态园林城市的可持续发展应包括三方面的含义：一是城市物质文明的发展，表现为人均国民生产总值和国民收入的增长；二是城市精神文明的发展，表现为城市人口的教育、文化、卫生等人均占有水平的提高；三是城市生态文明的发展，表现为城市生态环境的优化和人与环境关系的协调。这是一个多维的、综合的发展过程。综合众多理论研究和生态园林城市建设相关的社会实践经验，本研究认为生态园林城市建设的含义为：生态园林城市建设是在一定的地域空间范围实施的以城市化与生态化为导向，并将二者科学结合的区域或城市建设活动。生态园林城市建设对于处在不同社会经济发展水平和生态环境条件背景下的区域发展和城市建设都具有积极意义。对于城市化而言，生态园林

城市建设意味着更加注重生态环境、自然、资源等方面的非生产性建设，更加注重城市化过程中的“自然生态化、社会人文化、居住环境宜人化、环境的清洁友好”等非物质性方面，在消费性方面，强调城市发展中的“以人为本”原则，重视提高和丰富城市发展的内涵。对于生态建设而言，生态园林城市建设需要与区域城市化进程相融合。生态园林城市建设，并非仅仅是城市生态建设，其注重在城市发展、建设等过程中融入生态意识、生态因素，是环境与发展的科学结合。

二、城市生态系统的特征

从生态学的角度看，城市是一种生态系统，它具有一般生态系统的最基本特征。例如，城市的物质基础是自然生态系统；城市的整体是一种自然—人文复合生态系统，人类活动与其物质环境之间是一个不可分割的有机体；城市与周围腹地、城市与城市之间存在着一种生态系统关系。城市生态系统也是一种特殊的生态系统，具有一些不同于其他生态系统的特征。

（一）城市生态系统是以人为核心的生态系统

与其他生态系统一样，城市生态系统也是生物与环境相互作用而形成的统一体，只不过这里的生物主要是人，这里的环境也成了包括自然环境和人工环境的城市环境。“城市人”和城市环境相互依赖、相互适应而形成一个共生体。在这一整体中，人是城市的主体，城市的各项建设都要以满足人的生理、心理需要为宗旨。城市环境是服务于人的，而不是相反。当然，人并不是被动地接受环境的服务，而是主动地利用环境，改善环境、避免对城市环境的掠夺、损坏和污染，保持城市自然、社会、经济生态的平衡。

（二）城市生态系统是一个自然—经济—社会复合生态系统

城市生态系统从总体上看属于人文生态系统，以人的社会经济活动为主要内容，但它仍然是以自然生态系统为基础的，是人类活动在自然基础上的叠加。“城市是人类社会、经济和自然三个子系统构成的复合生态系统”“是在原来自然生态系统基础上，增加了社会和经济两个系统所构成的复合生态系统”。[①] 因此，城市生态系统的运行既遵守社会经济规律，也遵守自然演化规律。城市生态系统的内涵是极其丰富的，城市中的大气、土地、水、动植物、各种产业、文化、建筑物、邻里关系、民俗风情等都属于城市生态系统的构成要素。

（三）城市生态系统具有高度的开放性

每一个城市都在不断地与周边地区和其他城市进行着大量的物质、能量和信息交换，输入原材料、能源，输出产品和废弃物。因此，城市生态系统的状况，不仅仅是自身原有基础的演化，而且深受周边地区和其他城市的影响。城市的自然环境与周边地区的自然环境本来就是一个无法分割的统一体。城市生态系统的这种开放性，既是其显著的特征之一，也是保证其社会经济活动持续进行的必不可少的条件。

（四）城市生态系统的脆弱性

城市生态系统是高度人工化的生态系统，受到人类活动的强烈影响，其自然调节能力较差，主要靠人工活动进行调节，而人类活动具有太多的不确定因素，不仅使得人类自身的社会经济活动难以控制，还因此导致自然生态的非正常变化。影响城市生态系统的因素众多，各因素间具有很强的联动性，一个因素的变动会引起其他因素的连锁反应，因此城市生态系统的结构和功能表现出相当的脆弱性。城市生态系统的脆弱性主要表现为城市的生态问题种类繁多而且日益严重。

三、生态城市建设规划设计

（一）建立人居环境的生态平衡机制

自古以来，人居环境建设对周围区域的自然生态环境就有很大的影响，体现了人类对自然环境不断占领与改造的过程。而区域也对城市的生态安全发挥着重要作用。因此，要了解区域自然生态条件演化过程，

① 宋永昌，由文辉，王祥荣 . 城市生态学 [M]. 上海：华东师范大学出版社，2000：102.

尊重自然格局，保护对维持生态安全至关重要的因素与部分，进而认识生态平衡的内在机制，使城市建设纳入这一生态体系。一方面，人居环境的生存依赖于区域自然生态系统提供的物质与能量；另一方面，健全的生态系统是人居环境景观的重要构成要素，生态环境倒退形成的荒山秃岭、水土流失、局部气候恶化都会对人居环境的建设与人类生存产生不利影响，从而构成人居环境的生态不安全因素，也形成低劣的环境景观。因此，生态环境安全不仅是自然生态系统生存与发展的需要，也是人居环境建设的必要条件。生态园林城市规划与建设应力图维持规划区域及城市的生态安全机制。

（二）区域景观规划设计途径

1. 明确区域景观规划范围

根据当地的自然环境地理特征和生态建设重点，在自然生态格局的基础上确立区域层面生态系统的范围，并与行政和经济方面的区划进行协调。

2. 建构区域景观生态格局

区域景观生态格局的建构可以为城市提供符合生态机制的景观框架。区域景观生态格局的建构包括区域生态廊道系统的建构，如河流、山脉等自然廊道与道路、水渠等人工廊道，保持其各自的完整性，确保生态流的合理运转；进行廊道结点建设，保护生态种源及联结，保护不同生态系统组成的斑块与基质的自然格局关系；对景观生态格局进行分析，寻找其中的问题和与城市的关系，并进行格局重构。

3. 进行宏观生态过程分析

进行宏观生态过程分析，保持其连续性，并与生态格局相协调。生态过程指发生在景观元素之间的各种“生态流”，景观元素通过广泛的各种“流”对另外的景观元素施加影响。

4. 进行区域专项生态建设规划研究

进行区域专项生态建设规划研究，包括生态林业建设、生态农业建设、生态工业规划、生态旅游发展规划等，需要综合考虑生态建设与生产生活的进行。

5. 运用景观设计理论，发展区域大地景观艺术

考虑将大尺度地形、地貌、植被及水体景观与城市整体形态进行有

机结合，并寻找其中特有的自然适应形式和美学特征，形成区域景观特色。

（三）城市景观规划设计的生态途径

城市景观规划设计的生态途径在于尽量增加城市中的自然组分，增强城市景观异质性，以平衡城市生态收支，提高环境质量，消除过多人工硬质环境的不利影响，形成城市景观生态综合建设模式。城市景观规划设计的生态途径主要包括以下内容：

1. 进行土地生态规划，保护城市生态敏感区与生态战略点

确定城市建设的适宜用地与适宜利用方式，建立生态保护区，如饮用水源地、野生动物栖息地等。

2. 以“开敞优先”原则进行生态绿地与开敞空间系统规划

城市景观规划设计要使城市内部绿地与外界林地系统保持连续，保持大环境的生态格局在城市地区的连续与完整，同时增加城市环境的自然组分和异质性斑块。

3. 建设城市生态廊道系统

城市生态廊道系统包括以河流为主的蓝道和以绿化为主的绿道，要保持城市内部的各种自然与人工生态流的连续。

4. 进行景观美感评价与总体层面的城市设计，建立城市景观体系

进行景观美感评价与总体层面的城市设计，建立城市景观体系包括景观分区与景观轴、城市空间节点、界面与高度视线设计、夜景、游憩及步行系统等。

（四）地段景观规划设计生态途径

针对具体的城市地段，在景观规划设计中也应尽量提高“自然”组分在城市用地构成中的比重，从生态适宜技术层面考虑以下内容：

其一，进行环境影响评价，根据地段的自然环境特点预测规划对周围环境的影响，制定对策。其二，进行城市绿地、公园及滨水区具体环境景观设计，结合区域与城市生态绿地系统、廊道系统，提高各种绿地的生态功能，用廊道相互连通，构成绿地网络。其三，进行河流水质治理和污染治理。发展生态适宜技术，如进行乡土植物绿化种类、种植方

法及环境清洁工程、生物保护等的研究。其四，“以人为本”，进行城市公共空间具体设计，如广场、道路设计等。

（五）城市生态廊道设计

城市生态廊道是城市绿地系统中的一个重要组成部分，因此，要研究城市生态廊道就必须与城市绿地系统紧密联系。景观生态学中的廊道是指具有线性或带形的景观生态系统空间类型，“斑块—廊道—基质”是最基本的景观模式。王浩等将这一景观模式应用到了城市绿地系统规划中，并提出了城市绿地景观体系规划的设想，他们认为城市绿地景观体系是由城市绿地斑块、城市绿地廊道和城市景观基质及城市景观边界构成的。城市绿地斑块是指城市景观中一切非线性的城市绿地；城市绿地廊道是指城市景观中线状或带状的城市绿地，其根据景观类型的不同可分为绿道和蓝道两大类；城市绿地景观基质是指城市景观中城市绿地以外的广大区域。城市景观边界即城市景观的外围，是城市景观与自然景观的过渡区域。①

本研究所研究的城市生态廊道就是指在城市生态环境中呈线状或带状空间形式的城市绿地，其是基于自然走廊或人工走廊所形成的，具有生态功能的城市绿色景观空间类型。城市生态廊道不仅能够对城市的环境质量起到改善作用，树立城市的美好形象，而且对城市的交通、人口分布等都有着重要的影响。

1. 城市生态廊道的功能

（1）城市生态廊道有助于缓解城市的热岛效应，降低噪声，改善空气质量。城市生态廊道具有多种生态服务功能，如空气和水的净化、极端自然物理条件（气温、风、噪声等）的缓和、废弃物的降解和脱毒、污染物的警示等。不仅如此，由于城市生态廊道有着曲折且长的边界，生态效益发散面加大，因此能使沿线更多的居民受益，创造舒适的居住环境。

（2）城市生态廊道有利于保护多样化的乡土环境和生物。城市生态廊道是依循场所的不同属性，契合场所特质所建构的景观单元，具有明显的乡土特色。同时，城市生态廊道是供野生动物移动、生物信息传递

① 王浩，汪辉，李崇富等 . 城市绿地景观体系规划初探 [J]. 南京林业大学学报：人文社会科学版，2003（2）：69-73.

的通道。肖笃宁等认为，生态廊道是一种线状或带状斑块，它在很大程度上影响着斑块之间的连通性，从而影响着斑块间的物种、营养物质和能量的交流，并能够加强物种之间的基因交换。因此，城市生态廊道对城市的生物多样性保护有着重要的作用。

（3）城市生态廊道为城市居民提供了更好的生活、休憩环境。城市生态廊道的建设为城市营造了良好的人居环境，而其中的一些公园路、小径、沿河流的一些景观带等都为城市居民提供了较好的游憩环境，还有一些以历史文化为主题的生态廊道不仅是游憩场所，更具有宣传、教育的功能。

（4）城市生态廊道的建设构建了城市绿色网络，是城市绿地系统的重要组成部分。完善的城市生态廊道网络有效地分隔了城市的空间格局，既在一定程度上控制了城市的无节制扩展，也强化了城乡景观格局的连续性，保证了自然背景和乡村腹地对城市的持续支持能力。因此，城市生态廊道规划是城市绿地系统规划中的一项重要内容，是构建城市绿色网络的基础。

2. 城市生态廊道的分类

关于城市生态廊道的分类，许多学者从不同的角度提出了自己的分类方法。宗跃光将城市景观廊道分为人工廊道（Artificial corridor）和自然廊道（Natural corridor）两大类，人工廊道以交通干线为主，自然廊道以河流、植被带（包括人造自然景观）为主。① 车生泉将城市绿色廊道分为绿带廊道（GreenBelt）、绿色道路廊道（GreenRoad-side Coridor）和绿色河流廊道（Green River Corridor）三种②；按照不同绿色廊道的功能和侧重点不同又将其分为生态环保廊道和游憩观光廊道。周凤霞在对长沙市雨花区的绿地规划研究中将城市绿色廊道分为河流廊道和道路廊道，并且根据宽度的不同将道路廊道分为三个等级。③

本研究综合以上的各种观点认为，城市生态廊道的分类应当从不同的角度进行分析。因此，本文提出城市生态廊道的“形式—功能”双系

① 宗跃光．城市景观生态规划中的廊道效应研究——以北京市区为例 [J]. 生态学报，1999（2）：145-150.

② 车生泉．城市绿色廊道研究 [J]. 城市生态研究，2001（11）：44-48.

③ 周凤霞．城市绿化规划研究初探——以长沙市雨花区为例 [J]. 四川环境，2004（6）：20-22.

分类体系，即城市生态廊道从不同的形式上可以分为绿色带状廊道、绿色道路廊道和绿色河流廊道；从不同的功能出发，可以分为自然型生态廊道、娱乐型生态廊道、文化型生态廊道和综合型生态廊道。

（1）从不同的形式分类。

①绿色带状廊道。绿色带状廊道，即在城市中以带状形式表现出来的生态廊道，其又可分为带状公园廊道，如合肥的环城公园；风景林带廊道，如马鞍山西部的翠螺山、九华西山、马鞍山、人头矶等组成的连绵不绝的风景林带；防护林带廊道，如沿铁路两侧建立的防护林。绿色带状廊道不仅能够防灾、减灾，而且对改善城市生态环境也具有重要作用。

②绿色道路廊道。根据道路在城市中不同的表现形式，可以将绿色道路廊道分为道路绿化廊道和林荫休闲廊道。其中道路绿化廊道是指以机动车道为主的城市道路两旁的道路绿化，这是城市生态廊道重要的组成部分；而根据道路的不同等级和特性又可分为主干道绿化廊道、次干道绿化廊道和铁路绿化廊道。林荫休闲廊道则是指与机动车相分离的，以步行、自行车等为主要交通形式的生态廊道，这种廊道在许多城市中被用来构成连接公园与公园的绿色通道。绿色道路廊道是城市居民使用频率最高的生态廊道，与居民的出行息息相关，在规划设计中不仅要考虑道路交通的污染问题，更要从人的需求角度出发，构建出结构合理、景观丰富的生态廊道。

③绿色河流廊道。几乎所有的城市都或多或少的有水系穿过，而根据水系在城市中所表现出的特性不同又可将绿色河流廊道分为滨河公园廊道、滨河绿带廊道、滨江绿带廊道。其中滨河公园廊道就是以游憩、休闲功能为主的沿河生态廊道，如上海市的苏州河，经过环境整治现已成为景观型、亲水型的滨河公园廊道。滨河绿带廊道和滨江绿带廊道则是依据水系等级的不同而划分的两类河流廊道，滨河绿带廊道在规划设计中主要考虑的是河道绿化生态效益的发挥，而滨江绿带廊道由于面积较大，在规划设计中不仅要考虑其对城市生态环境的改善，对城市的防灾减灾作用，还要考虑到其整体的景观效益，这对城市形象的建立至关重要，是展示城市形象的重要窗口。

（2）从不同的功能分类。

①自然型生态廊道。自然型生态廊道是以改善城市生态环境、保护

城市生物多样性为主要目的的生态廊道，如在自然保护区中的林带、沟渠等。对于自然型生态廊道在规划设计中要特别注重植物群落的构建，要考虑不同动物对生态廊道宽度的要求等。

②娱乐型生态廊道。娱乐型生态廊道就是以满足城市居民休闲、游憩等需求为主要目的的生态廊道，如北京大学景观设计学研究院所做的台州市洪家场浦游憩廊道规划，其将廊道划分为九个功能与景观区段，向人们展示了农田、村落、旱地、滩涂等不同的景观特色，并设置农业观光、骑马、垂钓、观鸟等各种极具特色的游憩活动。

③文化型生态廊道。文化型生态廊道就是结合城市的名胜古迹等具有文化价值的场所而建立的生态廊道，这类廊道主要以向人们展示城市特有的历史文脉为主要目的，并起到了一定的文化教育作用，如西江遗产廊道规划，就是以西江—南中泾—鉴洋湖水系为基础，结合其主要的三个文化遗产点而建立的乡土文化遗产廊道。

④综合型生态廊道。有些城市生态廊道并不是单一的，而是同时具有上述三种功能中的几种，这类廊道不仅能够对城市生态环境起到很好的改善作用，也能为城市居民提供更好的游憩场所。在现今的城市生态廊道规划设计中，要在建立单一功能廊道的基础上，努力建立多功能的复合型生态廊道。

3. 城市生态廊道规划的目标、原则与内容

（1）城市生态廊道的规划目标。生态廊道被誉为打破孤岛效应的人为藩篱，事关濒危物种的存续以及生物多样性保护。自从城市绿地系统规划从岛屿式逐步过渡到网络式，城市生态廊道规划设计的目标就发展为构建合理的城市绿色网络；保障生物多样性，保护物种及其栖息地；改善城市生态环境，缓解城市的热岛效应；以人为本，注重人的生存空间的优化、美化，为市民提供观光旅游、娱乐聚会的场所；提供更多宣传城市文化、展示城市形象的平台。

（2）城市生态廊道的规划原则。城市生态廊道是城市绿地系统的重要组成部分，它的规划设置，必须从各个城市的具体情况出发，按照不同的地理环境、历史背景、经济水平等因素区别对待，但总的来说，城市生态廊道设置所遵循的原则是基本一致的。

①生态最适原则。城市生态廊道的建设必须建立在对城市自然环境

充分认识的基础上，恢复和重建在过去城市开发建设过程中破坏的自然景观，以提高城市生物多样性、提高城市的自然属性。

②因地制宜原则。从城市的实际情况出发，重视利用城市的自然山水地貌特征，充分发挥自然环境条件的优势，同时，对于有特殊要求的区域，如环境污染严重的地区，要合理建设城市生态廊道，发挥廊道的抗污、减噪、防护等功能。

③文脉传承原则。城市文脉是城市在长期发展过程中，自然要素和历史文化要素相互融合的结果。城市生态廊道应该成为构筑城市历史文化氛围的桥梁和展示城市文脉的风景线，起到保护城市历史景观地带、构造城市景观特色、营建纪念性场所和体现城市文化氛围、文明程度的作用，如源起美国的遗产廊道，就是一种对历史文化遗迹进行保护、宣传的廊道。

④以人为本原则。城市生态廊道的建设要充分考虑人的因素，既要满足居民的游憩、休闲的需求，也要注重城市景观的可达性，方便居民的出行，提高城市生态廊道的服务功能。

⑤系统整合原则。城市生态廊道是城市绿地系统中的重要组成部分，因此要以系统观念和网络化思维为基础，通过城市生态廊道的规划将建成区、郊区和农村有机地联系在一起，将城乡自然景观融为一体。

（3）城市生态廊道的规划内容。城市生态廊道的规划内容主要包括城市绿地系统规划实施概况与城市生态廊道现状分析；确定城市生态廊道规划的依据、期限、范围、目标及原则，拟定城市生态廊道规划的各项指标；提出城市生态廊道总体布局规划，使其与城市绿地系统规划相结合，形成合理的城市绿色网络；对各类城市生态廊道进行分类规划，并提出分期建设及实施措施规划；对城市生态廊道重点区域进行单项规划；相关的文字说明材料，等等。

4. 城市生态廊道的规划程序

参考城市总体规划、城市绿地系统规划等编制程序的相关内容，结合城市生态廊道规划的目标和定位，本研究认为，城市生态廊道规划应包括以下四个方面：城市生态廊道相关资料收集、城市绿地遥感解译和分析、城市生态廊道现状分析、城市生态廊道规划文件的编制。

（1）城市生态廊道相关资料收集。城市生态廊道规划要在大量收集

资料的基础上，经过分析、研究，最终确定城市生态廊道的总体规划、分类规划及重点区域的单项规划。相关资料的收集主要包括自然条件资料、社会条件资料、技术经济资料、城市规划资料、绿地系统资料、植物物种资料和遥感影像资料的收集。自然条件资料主要包括地理位置、气象资料、土壤资料等。社会条件资料主要包括城市历史，名胜古迹，各种纪念地的位置、面积，城市特色资料等，以及城市建设现状与规划资料、用地与人口规模。技术经济资料主要包括城市规划区内现有城市绿地率与绿化覆盖率现状；现有各类城市公共绿地平时及节假日游人量，人均公共绿地面积指标；城市的环境质量情况，主要污染源的分布及影响范围；生态功能分区及其他环保资料。城市规划资料主要包括城市总体规划、城市绿地系统规划、城市用地评价、城市土地利用总体规划、风景名胜区规划、旅游规划、道路交通系统现状与规划及其他相关规划。绿地系统资料主要包括城市中现有绿地的位置、范围、面积、性质、质量、植被状况及绿地利用的程度；城市中现有河湖水系的位置、流向、面积、深度、水质、岸线情况及可利用程度；原有绿地系统规划及其实施情况。植物物种资料主要包括当地自然植被物种调查资料；现有园林绿化植物的应用种类及其对生长环境的适应程度；主要植物病虫害情况；当地有关园林绿化植物的引种驯化及科研进展情况等。遥感影像资料主要包括地形图、航空照片、遥感影像图、电子地图等。

（2）城市绿地遥感解译和分析确定城市绿地的景观类型，对遥感数据进行几何校正、地理配准，并建立解译标志，对各类绿地景观类型进行判读，建立城市绿地地理信息系统，生成各类绿地景观类型的图层，分析城市绿地空间分布特征和相关属性数据、指标。

（3）城市生态廊道现状分析。城市生态廊道地理信息系统的建立。在城市绿地信息遥感数据解译的基础上，判读城市生态廊道，建立不同类型生态廊道的图层、空间和属性数据库，为城市生态廊道的空间分析和相关指标分析提供基础数据。

城市生态廊道总体布局分析。提取城市生态廊道空间图层和属性库，在此基础上分析其整体空间格局模式和特征；通过计算相关指标分析城市生态廊道总体属性特征。

城市生态廊道分类现状分析。城市生态廊道规划除了要对城市生态

廊道从总体上进行统计、分析之外，还要根据其分类对不同类型的生态廊道进行空间格局分析，统计分析相关指标数据，以便对城市生态廊道的现状、主要问题有更全面的认识。在此基础上结合城市发展、土地利用现状等，以规划目标和原则为导向，分析城市生态廊道的发展潜力和重点。

（4）城市生态廊道规划文件的编制。城市生态廊道规划文件的编制工作包括绘制规划方案图、编写规划文本和说明书，经专家论证修改后定案，汇编成册，报到政府有关部门审批。

首先，绘制规划图主要用于表述城市生态廊道总体布局等空间要素，规划图的内容主要包括：城市区位关系图；城市生态廊道现状分析图；城市生态廊道总体布局规划图；城市生态廊道分类规划图；城市生态廊道重点区域单项规划图；城市生态廊道分期建设规划图。

其次，规划文本的编写主要包括以下内容：城市概况，绿地系统建设现状，城市生态廊道规划的意义、指导思想、原则及规划目标，城市绿地系统概况以及城市生态廊道分类规划。

最后，规划说明书主要是对上述各种规划图所表述的内容进行说明。

5. 城市生态廊道建设保障措施

为了更好地建设城市生态廊道，在实践过程中，要采取全方位的保障措施，从理论研究、规划定位、责任体制、法律法规保障和资金筹措机制等方面对城市生态廊道规划建设予以支持与保障。

（1）加强城市生态廊道的理论研究。加强城市生态廊道的效益分析，突显城市生态廊道的重要性。城市生态廊道建设对城市的发展有着十分重要的作用，不仅能改善城市生态环境，缓解城市热岛效应，保护生物多样性，而且可以为城市居民提供更多的游憩空间。因此，深入研究城市生态廊道的生态效益、社会效益和经济效益，充分发挥城市生态廊道在城市中的重要作用，将有利于城市生态廊道的建设。

建立规范化的城市生态廊道概念和分类体系。我国目前还没有建立规范的城市生态廊道概念体系，各城市在进行城市绿地系统规划时，对廊道的分类也是说法不一的。因此，建立规范化的城市生态廊道概念和分类体系势在必行。这一工作将解决现阶段由于缺乏完善的标准造成的城市生态廊道概念上的混乱，对于推动城市生态廊道规划、建设合理绿

色网络具有十分重要的实际意义。

制定切实可行的城市生态廊道评价指标体系。正确评价城市生态廊道的生态效益、经济效益和社会效益，建立城市生态廊道评价指标体系，对城市生态廊道的建设具有十分重要的指导意义。在本研究中，作者从结构和功能两个角度提出了城市生态廊道的评价指标。从结构角度依据不同的空间尺度对生态廊道进行分析评价，从功能角度对生态廊道的生态、景观和游憩三方面进行评价，是建立城市生态廊道评价指标体系的一次探索。

（2）明确城市生态廊道规划的基本定位。将城市生态廊道规划作为一项重点专项规划纳入城市绿地系统规划中。城市生态廊道在城市绿地系统中起到重要的连接作用，完善的城市生态廊道网络才能构建出完善的城市绿地系统。2002 年中华人民共和国住房和城乡建设部发布了《城市绿地系统规划编制纲要（试行）》，其中提出了城市绿地系统的树种规划、生物多样性保护与建设规划、古树名木保护等内容，却没有涉及城市生态廊道的内容。将在城市绿地系统中起重要作用的生态廊道纳入城市绿地系统规划中，作为一项重要的专项规划是十分必要的，不仅有利于城市绿地系统的建设，而且对创建生态园林城市具有重要的推动作用。

建立"城市生态廊道规划编制纲要"，明确城市生态廊道的规划程序。城市生态廊道规划涉及城市的方方面面，并且在规划过程中会受到许多社会、经济等因素的影响，因此，要明确城市生态廊道的规划程序，包括相关基础资料的收集、现状分析、编制规划文本等，建立"城市生态廊道规划编制纲要"，将城市生态廊道规划明确化、合理化。

（3）城市生态廊道建设的保障体制。明确政府的主导地位。政府在城市生态廊道建设中既是投资者、立法者，又是组织者、监管者。这种多角色的扮演充分体现了政府在城市生态廊道建设中的主导地位。政府不仅要通过直接或间接的形式对城市生态廊道建设给予资金支持，为城市生态廊道建设提供相关的规划依据，还要通过制定相应的行政法规等规范性文件对廊道建设进行保障，同时给予一定的监管，充分行使政府的协调、支持和管制职能。

引入市场运作。政府在城市生态廊道的建设中尽管扮演着多种角色，起着主导作用，但在实际操作中也存在着许多问题，如资金不足、效率

低下、资源浪费等，这就需要在城市生态廊道建设中引入市场运作机制，通过市场的介入来克服和解决各类问题。例如，可以通过招标等形式将城市生态廊道的建设、管理等工程交给相关企业，将政府行为转变为市场行为。

加强公众参与。城市生态廊道是为城市居民服务的，如何构建合理的城市生态廊道网络，不仅要听取专家学者的意见，更要向城市居民征求意见，了解居民对城市生态廊道的潜在需求。因此，需要加大城市生态廊道的宣传力度，让城市居民对城市生态廊道的相关概念有所认识，同时开阔决策者的视野，鼓励公众参与生态廊道的规划与管理，使公众对生态廊道有更加直观的认识。例如，在专家对城市生态廊道提出规划方案后，可将此方案提供给各地区的一些市民，在进行充分说明的基础上，向他们征求意见，或者通过召开听证会、说明会，发送小报、小册子、问卷调查等大量收集公众的意见，之后再归纳整理，制定出合理化意见方案，再对原方案进行进一步的完善。

（4）城市生态廊道建设的保障机制。建立相关法律法规的保障机制。目前城市绿化所依据的法律文件最主要的有《中华人民共和国森林法》《中华人民共和国环境保护法》《中华人民共和国城市规划法》《城市绿化条例》。另外与绿化建设与管理有关的法律文件有《城市用地分类与规划建设用地标准》《城市古树名木保护管理办法》《城市绿线管理办法》《城市紫线管理办法》等。还没有城市生态廊道规划的相关法规文件。随着城市生态廊道在城市绿地系统中作用的日益突出，建立相关的法律法规势在必行，这是对城市生态廊道规划建设的重要保障。

建立资金筹措机制。城市生态廊道建设是一项公益事业，除从城市维护费中列支和有关部门筹集资金外，还要调动社会力量，以充足的资金来支持城市生态廊道建设。一方面，可以规定城市基本建设项目投资用于城市生态廊道建设的比例；另一方面，可以多元化、多渠道地筹措资金，如建立城市生态廊道建设基金、鼓励私人资本投资建设和养护等。

第二节　乡村景观生态规划设计

景观生态学是一门重点研究空间异质性的学科，从某种角度来说，我们也可称其为空间生态学。乡村规划的研究对象从本质上来说规就是乡村的社会—经济—自然复合系统，也就是乡村的景观生态系统。乡村景观生态规划的目的和作用，是通过对一定区域内经济生态系统、社会生态系统和自然生态系统功能的合理引导，作出未来资源、空间的发展部署。经济、社会、自然大系统的功能会相互影响、制约，并最终投摄到物质空间，即区域中由人工景观格局和自然景观格局构成的综合景观格局当中。空间格局不仅反映，更会推动和影响三大系统的运行和相互作用，并成为乡村发展的最终物质载体，因此，用景观生态学的手段解决乡村景观规划问题，重点是在对乡村现状进行综合分析后，在保护现有景观格局的基础上，建立新村人工景观格局和自然景观格局的和谐统一关系，维持乡村景观生态格局的稳定性和连续性。因此，景观生态学是以维护新村景观格局的安全和稳定为途径的，是解决新村规划中的发展与自然环境如何协调这一问题的一种有效手段。所以，景观格局的保护和优化，也是景观生态学方法在乡村景观生态规划中运用的重要内容。

一、乡村景观生态规划设计的内容

乡村生态景观规划设计在实施时主要由生物与绿色基础设施实现服务功能，配以乡土植物材料与建造材料美化，为发挥生态景观价值创造条件。

（一）生物多样性保护设计

树林、大面积水面为基底的生境斑块形成了生态核心保护区，这些区域为哺乳动物和鸟类、昆虫等提供了集中栖息地和避难场所。核心区域周围有防护林、绿篱、草坡等建设，形成生态缓冲区。例如，南京市江宁区石塘竹海景区竹林周围用废旧竹料拼接组合成隔离带，降低了人类活动对生境斑块的干扰。景区中还可见生态跳岛的建设，利用小池塘提供青蛙、蜻蜓等动物的繁衍栖息地。村内水网遍布，天然河流与人工沟渠相配合，形成生态廊道，扩大了生物迁徙空间，进一步保证了生物多样性。

（二）水土涵养设计

水土流失、水土污染等水土安全问题是乡村可持续发展面临的重大

阻碍，关系到农田生态可持续和水系生态可持续的发展。水资源丰富的区域，面临着洪水管理问题，因此对水网建构设计要尤为重视。村内可设置沟渠若干，在高差较大处进行较为系统的排水设计。例如，设计村内河道紧接排水沟渠，利用跌水设计使泄洪功能与景观效果融为一体。水流经过拱桥潺潺淌过，由下一级排水管道进行收集储蓄。下雨时，沟渠河流旁的植被坡和挡土矮墙共同承担着水土保持的作用，与以樟、鸡爪槭、金叶女贞为主的乔灌草植物结合，使雨水经过滤汇入水网，有效减少水土流失。

（三）灵活运用乡土材料的设计

乡土材料具有就地取材的便利性、经济性，它们长期处于当地气候条件下而具有生态适应性，也因此与当地的风俗文化相契合。例如，石塘村建筑剩余的少量瓦片，以切面组合造型对碎石小径进行组合铺装。另外，由于此地有悠久的米酒文化，废旧酒罐和盛酒瓷器成了地面铺装、菜园挡墙的点缀材料，既丰富了色彩，又独具韵味。竹不仅是此地生态景观的主要视觉元素，也代表着村民们多年来依赖的生活方式。竹材因其物理性能优良，可替代木材作为建筑材料。从建筑外立面到围墙、护栏、廊亭，再到景观灯和小型装饰陈设都可见各种工艺的灵活运用。

（四）乡土植物景观设计

乡村植物景观应在本土基调树种的基础上，尽量以结果实的乡土树种造景，辅以功能性树种（如抗污染的榆树、垂柳等）。城市化进程的加快让乡村陷入了盲目模仿城市景观的困境，原有的乡土植物景观被小广场、绿篱墙的景象取代。仍以南京市江宁区横溪街道石塘村为例，在“石塘竹海”（前石塘村）入口处便可见形式规整的硬质广场，植物搭配选用香樟、红花继木、鸡爪槭、女贞、石楠等城市常见的纯景观树种，缺乏对乡村环境的融入感。而“石塘人家”（原后石塘村）则较好地运用了乡土树种，以桃、梨、油菜、扁豆、蓝羊茅等为主要植物进行造景，既保留了乡土树种的经济价值，又契合了农家主题。

二、乡村景观“三生”平衡发展规划

乡村“三生”发展的研究源于乡村土地资源利用及功能分区，但不仅仅局限于功能空间的分布，更是与村民息息相关的“生态、生产、生活”功能的体现。[①]“三生”视角是强调生产、生活、生态平衡发展的可持续性发展视角。[②] 人类活动需要在一定的空间区域内进行，根据主要功能不同，空间区域可以划分为生产空间、生活空间、生态空间。因此，“三生”景观空间的科学发展，对于诸如乡村景观规划、乡村旅游、乡村经济、乡村生态等方面的研究都能起到一定的指引性作用。

落实到乡村建设，生产是根本要素，为村民的生活和生态提供基本物质保障，是乡村可持续发展的血液；生活源于生态环境，是生产的最终目的，为村民打造宜居空间；生态是基本保障，为乡村生产和生活提供基底环境。三者之间相辅相成，不可分割。正是由于具有这种紧密的联系，一旦规划不当，就会导致乡村“三生”在建设发展中产生诸多矛盾。因此，生产、生活和生态三者之间的协调平衡发展对于促进乡村可持续发展和实现乡村振兴具有十分重要的意义。

（一）实现“三生”平衡的景观“4R”原则

从严格意义上来说，乡村景观规划设计不是基于空白的区域，它不是一种创造设计，而是一种改造设计，因此它需要我们采用一种科学合理的手段将场地内已有的各项资源更好地整合起来，加以创造利用，平衡好景观“三生”发展问题，以呈现出更加和谐的状态。

1. 减量化原则

景观减量化原则（Reduce），即减少对各种资源的使用。乡村景观规划设计坚持减量化原则，就是要求设计减少对乡村生态环境和历史文化的破坏。一方面是减少对自然资源的消耗，在乡村景观中一般都存在大面积的生态自然区域，村民的生产和生活活动的资源大部分取自生态资

① 庞文东，李长东，魏晓芳．乡村振兴战略背景下的乡村“三生”空间发展研究——以重庆市南岸区为例 [J]. 建筑与文化，2019（1）：194-195.

② 高海峰，于立，梁林等．“三生”融合视角下广东传统乡村聚落水体景观的解析与启示 [J]. 中国农村水利水电，2016（12）：63-66.

源，但生态资源有限，因此，我们应该尽可能保护生态区域，避免对乡村生态敏感区域资源进行大规模的开发利用，在维持生态系统稳定的前提之下最大限度地提高水域、土地、森林、生物等资源的使用效率。另一方面是减少对乡村历史文化的破坏，乡村景观不是一蹴而就的，它是时间积累下来的“生存的艺术”，体现了一个乡村区域所特有的生产、生活方式，我们在进行景观设计时，要保护好乡村历史建筑、文化街巷、古树名木等有形的文化符号，并通过对景观场所的构建传承风俗民情、生活方式等无形的文化特征。

2. 再利用原则

景观再利用原则（Reuse），即对基地中原有的景观材料进行重复使用。乡村景观规划设计坚持再利用原则就是要求我们在设计时做到延续景观文脉，节约资源，进行二次开发，并对废弃的土地、材料、构筑物等进行改造，以适用于新的景观造景需求。其一，对废弃空间的再利用。近年来随着乡村人口的增长以及村庄开发建设的不断进行，日益紧张的乡村建设用地逐渐难以满足乡村景观的开发建设，但不少村庄内部仍然存在破旧老屋、废弃工厂等荒废空间，我们可以通过景观改造的手法，在原有场地的基础上打造书写本地故事的特色景观场所，这样既能减少村庄的用地压力，也为村民及外来人员提供了具备场所感的景观区域。其二，乡土材料的再利用。乡村景观的建设需要我们最大限度还原乡土特色，景观建设材料的选择也应尽可能地选用本土材料、节约资源和能源的耗费，因此可以通过对本地的土壤、水域、植被、砖石、特色生产用具等材料进行景观再开发利用，使其服务于新的功能。

3. 循环利用原则

循环利用原则（Recycle），即通过建立材料等资源回收系统，进行再次利用。在自然系统中，物质和能量的流动是一个闭合循环的过程，每一环节的结束都是下一环节开始的原始因素，因此，大自然原本是没有废物的。乡村景观规划设计遵循循环使用原则，要求设计根据生态系统中物质不断循环使用的原理，使乡村景观中的消费行为尽量少产生垃圾和废物，避免造成对水、土地等的污染，同时挖掘同一物质的不同属性，思索景观设计素材的多种可能性。可以设置废弃物回收与循环使用的再生系统，将倡导能源与物质的循环利用贯穿于景观的始终，如在乡村产业的开发利用时可以借助科学的手段打造循环农业。

4. 再生修复原则

再生修复原则（Renewable），即使用可再生资源与可回收材料，保护不可再生资源。乡村景观规划设计坚持再生修复原则就是要求我们对已经破坏的水域、绿地等生态区域进行生态修复，并采取适当的设计手法避免将来的生产、生活活动对生态环境产生干扰。简而言之，就是实现自然做功。生态资源是乡村生产和生活活动的重要保障，现阶段乡村对生态的保护意识相对较为薄弱，再生修复原则是乡村景观生态规划设计中的基本原则，对整个乡村景观的设计流程具有指导作用，也是生态规划理念设计的重要表现。

（二）乡村景观实现“三生”平衡发展规划设计

1. 生态保护——最小干预、最大促进，维持原有生态格局

人类的活动都是在一定的场所区域内进行的，景观的构建也不例外。乡村景观生产和生活活动的进行或多或少都会给乡村生态造成一定的压力，对自然环境产生一定的干扰，而生态是乡村发展的根本保障，景观活动的进行也必须以生态保护为根本，采取生态的设计方法把生产和生活活动对乡村生态环境的干扰降到最低，实现生产、生活与生态环境之间的平衡发展。只有这样，才能在促进乡村发展的同时，保护好乡村原有生态环境格局，增强生物多样性。

乡村景观采用的“最小干预、最大促进”，就是针对乡村生态环境保护提出来的设计方法。“最小干预、最大促进”就是应用生态学原理，在乡村景观发展的过程中保护生态环境不受或尽量少受人类的干扰，在城市景观以及公园绿地的打造过程中应用较多。例如，杭州西溪湿地在规划设计时始终秉承着“生态优先、最小干预、修旧如旧、注重文化、以人为本和可持续发展”的原则，在保护生态环境的同时发展旅游产业。我国乡村景观的发展起步较晚，目前尚处于重视发展乡村经济的阶段，多呈现“先发展，后治理”的状态，整体生态意识较为薄弱，应用也较少。

乡村景观规划设计要始终围绕保护生态景观多样性的原则，产业、生活与生态的平衡要贯穿整个过程，要实现乡村经济目标，提高村民的

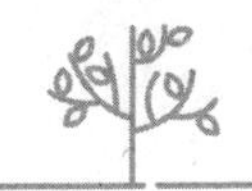

生活质量，更要坚守生态底线，提升生态环境效益。实现生态保护的基本方法有以下几个：

（1）保护不可再生资源，最大限度地提高各类生态资源的使用效率。乡村景观的打造要避免大面积草地出现，尽量采用乡土物种形成自然式的山田林地，以节约资源和减少成本消耗，使用不对生态系统产生伤害的砖、瓦、石、木等自然材料。

（2）根据生态敏感程度划分可开发区域和保护区域，并进行宏观政策上的监督，对生态敏感区域进行保护，谨慎对其进行开发利用，对于生态敏感度不高的区域也应在考虑其自然的自我修复能力基础上，开展各类生产与生活行为。

（3）对已经遭到破坏的生态区域要进行景观修复，恢复其稳定的绿地生态系统，形成易于养护、管理粗放的乡土生态景观。例如，对受到破坏的山体、裸露的土地进行植被修复。

（4）修复已经受损的河岸带生态系统，采用植物净化和工程手段相结合的方式积极净化被污染的水体，并合理调整河岸带景观结构，使用本土材料进行自然式设计，维持其生态系统的良性循环，使其与村庄原本的生态环境融为一体。

2. 变废为宝——材料资源再生设计，传承乡村历史文化

20 世纪 70 年代，设计人员开始逐渐采用一种生态设计手法，即尊重场地现状，采用“保留、再利用”的方式，对场地原有的具有利用价值的元素进行保留，并提倡对原有的材料进行再利用，变废为宝，减少资源二次浪费。乡村景观采用“保留、再利用”的方式进行材料资源再生设计，一方面可以解决乡村生活空间以及文化传承存在的问题，创造文化产业，另一方面可以从生态的角度解决生产活动遗留问题。乡村不是一块空白的区域，乡村景观的打造也必然要建立在场地原有的环境之上，充分尊重乡村的历史和现状。乡村景观设计采取“保留、再利用”的理念就是保留可以二次利用的废弃资源，以景观的手段赋予其新的功能，这样不仅可以避免资源浪费，减少对场地原有生态环境的破坏，还能赋予乡村独特的诉说历史的特色景观空间，提高乡村产业的丰富度，产生一定的经济效益。例如，浙江桐庐县荻浦村将准备拆除的废弃牛栏、猪栏进行艺术再生和再利用，改造成特色“猪栏茶吧”“牛栏咖啡”，不仅

解决了原场地废弃物的去留问题，还创造了新的价值，营造出了独具乡村田园气息的休闲景观空间。采取“保留、再利用”的手法将村庄原有资源变废为宝，我们可以通过以下几种方式实现。

（1）乡村聚落形态延续。村庄的形成不是一蹴而就的，而是人与自然经过数百年甚至数千年和谐相处的产物。不同的乡村具备不同的聚落形态。

乡村景观的打造也必须尊重村庄的历史发展规律，保留村庄原有的基本形态。我们可以在对街巷建筑、庭院景观更新的同时，保持其原有的空间格局、立面风格与功能空间。这样既不影响农民原有的生活行为与社会交往，还能传承乡村的文化特色，为村庄旅游产业提供更好的条件，进而实现生产与生活景观的互惠互利。

（2）棕地改造利用。早期，我国不少乡村存在工业产业，但随着时代的发展，乡村产业面临转型，大部分乡村工厂开始搬迁空置，形成了不少废弃空间。同时，乡村的建设发展又面临着土地资源紧缺和资金不足的压力。对于这些乡村，工业发展也是其村庄文化的重要组成部分，我们可以将原有的废弃工业厂房改造为村民和游客游憩的开放性空间。这样既能解决村庄早期工业产业的历史残留与生态环境之间的冲突，传承村庄历史文脉，还能为村民提供日常休闲空间。

（3）乡村建筑物再利用。村庄的不断更新，往往会遗留下不少具备一定年代的空置房，可以将这些空置的村民住宅加以修缮利用，注入本土特色的装饰风格，发展成民宿、特色手工作坊等空间，实现生活与生产空间的互利平衡发展。

3. 循环再生——建立循环利用机制，发展科学生态产业

循环利用就是尽可能将场地上的材料和资源实现循环使用，最大限度地发挥物质和资源的内在潜力。循环利用在乡村景观上的应用主要是针对生态与产业之间的平衡关系而展开的，避免了“先污染，后治理”这种传统的经济发展模式，实现了社会经济与环境的长期协调可持续发展。一方面，它可以用于解决乡村产业开发需求与资源保护之间的矛盾，另一方面，它也可以从可持续发展的角度减小生产、生活活动对生态环境产生的负面影响。

乡村的产业景观空间大多数以农田、林地的形式为主，随着乡村经

济的不断发展，传统的种植业已不能满足生产的需求，原因是一方面迫于基本农田与林地的保护政策，另一方面乡村产业急需转型，以创造更大的经济效益。我们需要在保护土地、水域的前提下采取更加科学高效的手段，发展地方经济。我们可以因地制宜打造生态循环农业，解决保护与开发之间的矛盾，使农业发展取得更高的经济效益、社会效益、生态效益。生态循环农业景观的建立，主要有赖于对农林、农牧、林牧等不同产业之间相互促进与协调发展能力的挖掘，通过科学的形式对乡村土地资源的高效利用使农业能够以最小的成本获得最大的经济效益和生态效益。这样既能促进村庄的产业发展，也有利于提高村庄土地生态系统的整体综合效益。例如，将农业与现代科技相结合发展种养结合的稻鱼、稻虾模式，可以通过将养殖污染物资源化，实现资源的循环利用，既解决了面源污染问题，又降低了养殖成本，并且延续了乡村应有的稻田景观风貌。

4. 环境修复——引导自然做功，打造低成本景观系统

自然界具有自组织与能动性，利用自然的力量实现生态系统的恢复和再生可以减少成本、资源的投入。乡村中的生态环境与村民的生产、生活活动息息相关，存在着彼此依存的关系，生态环境作为相对被动的一方，往往要承受人类活动所带来的压力，如村民日常生活和村庄产业行为所产生的污水、垃圾不可避免地会排放到自然中。我们要对乡村中被破坏的绿地、水体等生态环境进行修复，以构建系统性的乡村生态基底，完善乡村生态结构。在景观设计时我们可以采取设计生态的方式，创造条件，引导自然做功。设计生态，是将景观设计与生态理念相融合的一种设计手法，它要求景观设计出来的环境，不仅表象的风貌要符合周边的生态环境，而且能够充分尊重自然发展过程，增强场地的自我维持，发展可持续的处理技术，实现生态的自循环过程，应对未来未知的环境问题，还能节约生产及后期的维护成本。将设计生态应用到乡村，我们可以通过以下具体措施实现：

（1）模仿自然群落景观。绿色的不一定就是生态的，景观设计也不是简单地模仿自然的表象，而是应该使设计的景观具备某种生态功能，维持场地内的系统平衡。从生态的角度看，一般认为健康的自然群落比人工群落应对外界压力的能力更强，景观设计需要充分利用原场地的自

然植被，延续原本的生态群落，或者建立一个基本框架，为自然再生过程提供条件。

乡村景观采用乡土植物和其他自然资源的合理搭配进行群落植物景观营造，可以使景观起到稳固河岸，改善土壤条件，使水域、绿地景观系统具备动态演变以及适应外界压力的能力，持续进行自我修复和生长。采用这种建造方式，不仅能使景观融于当地的自然环境，而且成本低廉，后期维护简单。

（2）引入生态污水净化系统。乡村生活污水以及产业废水问题是乡村建设的难题之一，它影响着乡村生态系统及村民生活空间环境的健康发展。对于乡村生活污水以及产业废水的处理，一方面，我们可以采取“生态农业”的方式，以厌氧发酵池的技术手段，分户解决污水问题；另一方面，对于一般的污水，我们也可以采用自然式代替化学式的处理方式，通过打造本土植物群落景观，建立生态的过滤系统，使生境得到自我恢复，水质得到有效改善。这样，既能对乡村日常生活和部分产业生产中产生的废水进行净化和清洁，还能改善村民生活环境，为村民提供休闲、教育场所。例如，苏州市浮桥镇建元村采用 OA+ 人工生态绿地对村内污水进行集中处理，通过植物、微生物之间的相互作用，使出水水质稳定达到一级 B 标准。

三、乡村景观视觉生态设计

（一）乡村风貌的整体定位与把握

在乡村景观建设中，要打造视觉生态景观，面临的首要问题就是建设一个什么样的乡村，这是对乡村景观整体形象的定位。现代的景观设计，不再是单调的一片绿地或者单纯的绿化带，而是在整体上与周边生态环境结合、互补，以视觉生态设计的观点营造可以代表乡村品位和形象的景观环境，并具有乡村人文历史的独特性，自然和谐又轻松的乡村休闲空间。

在对乡村景观整体定位与把握上，首先要对古村落的传统文化以及当地自然生态环境进行客观详细的调研，从当地人文风貌中得到启示，运用生态学原理，做好前期的考察总结，找出不同地域乡村的特色与个

性，以这些人文地理特点对乡村进行视觉环境再塑造，把握好整体的定位与风貌的大方向，再以人和自然之间的和谐共处关系为切入点来指导规划设计工作，为乡村居民提供宜人的生活环境。

（二）人文自然景观的保护性规划

在进行乡村景观规划设计过程中，应该结合当地的人文与自然环境，只有这样才能符合当地人的生活习性。例如，大多数乡村保留着大量古建筑，这些古建筑是极具历史意义的，然而大多被废弃，由于年代久远，破损也比较严重，急需对这些古建筑进行保护、修复和利用以体现出本乡村的文化与历史的厚重。对于这些古建筑的利用来说，如果其还有功能性就继续让其发挥作用，如果已经失去功能性就可以将其当作历史文化景点来展示。对于现状地形和自然景观的结合来说，在规划设计时要结合地形特点来规划，尽可能在当地自然生态基础上进行再设计，具体操作时多运用当地特有技术与材料，这样不仅降低了建造成本，而且保护了当地自然环境的保护。

分析与结合现状的途径是能够充分利用地方性的自然元素和人文元素等，目的是体现出具有地方性的特点、特色。每一个村落都有自己独到的文化与历史，在景观规划设计中如何展现出每个村落的不同之处，就需要结合好当地的现状人文景观，在此基础上规划出宜人的景观。

（三）乡村区域景观的整体规划

乡村区域景观空间首先是一个大的整体，这个整体就是一个小型生态圈，其中每个区域之间既相互关联，又彼此影响，把这些空间之间的关系处理得当，就能发挥景观的生态作用，就能更好地服务于人，为人们提供一个好的生存环境。这是我们共同的愿望。

在规划设计中要强调各个区域景观的相互关联，更多地关注当地区域与周边地区的融合、衔接，注重乡村各向的视廊、河道、道路衔接，带动区域的景观和生态面貌的提升。

（四）景观规划设计的生态观念

在乡村的建设与发展过程中，由于缺乏相应的生态理论引发了一系列的生态危机，保护生态环境与走可持续发展之路成了美好的愿望，这从本质上是人类以自我为中心的价值观念和行为方式造成的文化危机。为了解决当前的危机，就要把生态观融入规划设计中，以生态观来主导我们的景观设计。

生态观念就是要避免或减少对生态环境的破坏与影响，提高对可再生能源的利用率，在景观设计上追求高效无污染原则，从源头上降低建筑对非可再生物质与能量的浪费，从而高效利用能源。基于此，在设计中应首先研究景观所在区域的自然气候特点，充分利用当地的阳光、风能、雨水、地热等可再生的自然能源，对景观进行合理的规划设计，尽可能利用自然的采光、通风与降湿等手段，充分利用自然资源，减少资源的浪费，实现生态平衡。

景观规划要实现生态功能，必须与当地的自然环境相辅相成，为当地居民提供一个良好的生活、生产环境。规划的景观要对已破坏的环境进行绿色缝合和生态防护，设计集水涵养、生态迁徙、门户展示、参与活动、公共设施完善、乡村个性化夜景等多元功能于一体的综合性景观规划。

（五）古村落景观的地域性规划设计

1. 景观规划设计与当地自然环境的和谐统一

从古村落的发展来看，能与自然环境共存的景观才是人们所期待的，设计的本质就是满足使用者的需求，而村居民是农村的主体，因此一切物质环境都要围绕他们的需求展开。村民的生活方式深远地影响着当地的自然环境，根据当地的自然景观特点安排景观空间功能，才能使景观区域布局合理，让村民的生活更加便捷、舒适。要让景观规划设计融于乡村自然环境中，并且相互依存、互不损害，就要尽量采用当地的可循环材料和自然材料，这样既可以做到节能环保，还可以延续一种富有生命力的、自然演替的生态型地域文化。

2. 景观规划设计适当采用当地现有的自然资源

在设计中应该最大限度地利用当地自然资源，如在日照很强的区域，就应该加入对太阳能的利用，在一些景观设施中应用热能或电能。乡村生物燃料比较多如能利用这些农作物的残渣、动物的粪便、生活垃圾等的厌氧燃烧，使其成为燃料能源，将非常有利于乡村的生态环境。

3. 景观规划设计要借鉴地域性传统处理方法

在一些古村落依旧能见到夯土墙，这是我国一种传统的建造技术，它的历史可以追溯到四五千年以前，殷商时代就出现了夯土造屋。这门古老而又传统的施工技术体现了古人的智慧，其效果展现出古村落的深厚内涵，如能在此技术基础上加以现代科技，运用在古建筑的修复以及特殊景观的设计上有特殊的效果，更能展现出一种古老的韵味。

我国南方地区雨水比较充足，在雨水的再利用上，利用地形的高差进行人工干预来贮存雨水，可以用来灌溉农业或者家里的清洁冲洗等；又如，在黄土高原上，有许多地坑窑洞用来收集雨水，这样对于缓解的西北地区的干旱缺水有很好的作用。

（六）古村落里视觉生态景观的展示

乡村景观是服务于人的、以人为主体的，所以应该基于村民的视角，分析整体景观的节奏和尺度，追求自然、现代、流畅、大气的地景风貌，多多增设具有乡村人文识别力的景观设施。例如，在有湖的乡村，最常见的例子就是在湖中设置观赏和聆听村落的水中长廊和亭子，使亭中人与村中人互成风景。乡村景观应以乡村的历史为出发点，深入挖掘历史人文事件传说等，着手对废弃古建筑的景观进行修复性改造，对当地原有景观进行修整与保护，充分展示人文景观形象，规划好景观的空间布局，完善古村落的公共设施，展现出一幅视觉环境协调的乡村生态景观，使得河水更清澈，天空更蓝，树木花草更生机勃勃，唤醒人们儿时美好的回忆，使人们领略村落古老历史与传说的魅力。

第三节　水景观生态规划设计

一、园林水景观设计要素

根据生态学的观点，一个完整的生态系统由生物因子和非生物因子构成，本文将从这个角度入手，探讨水环境治理中的园林水体景观设计。

（一）非生物要素

在美国诺曼·K. 布思所著的《风景园林设计要素》一书中，园林水体的要素被分为水体地形坡度、水体形状和尺度、容体表面质地、温度、风和光等。下面将针对这些要素逐一进行探讨。

1. 水体地形坡度

从水体断面来看，地形坡度影响了水体的形态。与水体相关的地形包括水体周边区域地形、水体边界地形（驳岸、湿地等）和水底地形，这些地形的设计和塑造都对水环境产生了深远的影响。

以水体边界地形为例，水体的边界可以是缓坡、是台地、是较陡峭的崖壁，甚至可以是光滑的挡墙，水体边界的形态不同，水体的状态、流速、水中生物的生存环境也不同。一般来说，直线的水体边界，水流较快；弯曲的水体边界，水流较慢。水底地形也对水的状态和水生态系统产生影响，一个直观的例子就是，河流的坡度直接影响了水的流速，坡度越大，水流动得越快。水底地形还能改变水的动态，如台地式的地形，将使得静水或流水变为跌水。

2. 水体形状和尺度

由于水具有不稳定性和流动性，如果没有边界的阻挡和包容，水将向四处溢流，因此容体的形状决定了水体的形状。在研究水体的形状尺度时，主要从水体形状、水体岸线的形状、水体面域组织三个方面进行。

水体形状指水的平面形状，一般可分为点状水、线状水和面状水。点状水指池、泉、人工瀑布、叠水等最大直径不超过 200 m 的水体。线状水指平均宽度不超过 20 m 的河流、水渠、溪涧等。面状水，指湖泊、

最大直径超过 200 m 的池塘以及平均宽度超过 200 m 的河流等。[①]

水体岸线的形状大致可分为直线形和曲线形，两类线形对水体的流速、水生态系统都有显著的影响。

水体面域组织指水体之间的相互联系，在中国古典园林中又被称为“理水”。在园林水体中，水并不是单独成块的，而是不同类型的水体相互联系，构成一个系统，这个系统的组织关系也对水环境产生着影响。

3. 容体表面质地

容体表面的质地影响了水的流动。研究表明，容体表面的质地越光滑，则水的流动无障碍，更容易快速流动，也更平静。在河流中，驳岸和河底质地越光滑，水流动得就越快，也越容易形成冲蚀。容体表面的质地越粗糙，水流动越慢，也更容易形成湍流。大多数自然水体的驳岸和水底都是比较粗糙的，水流相对城市中的硬化河道来说要慢一些。

4. 其他非生物因子

诺曼·K. 布思在《风景园林设计要素》一书中还提到了几个和水体相关的要素，即温度、风和光。温度可以影响水的形态，当温度低于零摄氏度时，水会结冰；风会影响水体的特征，如使平静的湖面产生波纹；光与水也能够产生互动，如水中的倒影。这些元素对水体的美学价值影响较大，由于它们是设计时不可控的元素，因此在本研究中不做过多的探讨。

（二）生物要素

除了上面中提到的水体、光、空气等非生物要素，一个完整的水环境还必须有生物要素存在。在园林水环境中生存和活动的生物包括植物、动物、微生物和人类。植物、动物和微生物长期生存于园林水环境中，与水环境共存亡。而人类与园林水环境的关系则更为复杂，人类是水环境的参与者和管理者，不会在园林水环境中生存，却会在其中进行各类活动，并对园林水环境进行管理和调控。

1. 生物群落

一个完整的水生态系统由非生物的环境和生物群落构成，生物群落包括植物群落、动物群落和微生物群落，其中植物是生产者，动物是消费者，微生物是分解者。

① 陈啊雄 . 水环境治理中的园林水体景观设计研究 [D]. 东南大学，2018.

（1）植物。在当今生态治理为主导的情况下，水生植物在水环境治理中起到了重要的作用，无论是水生植物的种类、水生植物所构成的生态群落，都对水环境的改善具有重要意义。

水生植物是一个生态学范畴的类群，是不同类群植物通过长期适应水环境而形成的趋同性生态适应类型。

水生植物根据其生活型，大致可分为五类：

第一，沉水植物，在大部分生活周期中植株沉水生活，部分根扎于水底，部分根悬浮于水中，其根茎叶对水体污染物都能发挥较好的吸收作用，是净化水体较为理想的水生植物。其种类繁多，但一般指淡水植物，常见的有金鱼藻、苦草、伊乐藻、眼子菜等。

第二，挺水植物，是一种根生底质中，茎直立，光合作用组织气生的植物生活型。它吸收水体中污染物的主要部位是根，能够通过根系吸收和吸附部分污染物质，还能在根区形成一个适宜微生物生长的共生环境，加快污染物的分解。挺水植物有很强的适应性和抗逆性，生产快，产量高，并能带来一定的经济效益。常见的挺水植物有菖蒲、水葱、芦苇等。

第三，浮叶植物，是茎叶浮水、根固着或自由漂浮的植物。其吸收污染物主要部位是根和茎，叶则发挥次要作用。浮叶植物大多数为喜温植物，夏季生长迅速，耐污性强，对水质有很好的净化作用，也有一定的经济价值，但由于其具有较强的生存能力，容易过度繁殖和泛滥。常见的种类有凤眼莲、浮萍、睡莲等。

第四，漂浮植物，根不扎入泥土，全株植物漂浮于水面生长。根系退化或呈悬锤状，叶海绵组织发达。大部分漂浮植物也可以在浅水和潮湿地扎根生长。

第五，湿生植物，范围较广，常生活在水饱和或周期性淹水土壤上，根具有抗淹性，如喜旱莲子草、灯芯草、多花黑麦草等。

水生植物对水环境治理的作用主要体现在四个方面：

第一，吸收作用。大型水生植物在其生长过程中，具有过量吸收 N、P 等营养元素的能力。水体中生活的藻类也能够大量吸收这类元素，但是水生植物生命周期更长，吸收 N、P 后，能够将其稳定地长期储存于体内。

第二，微生物作用。水生植物能在根区内提供一个有氧环境，从而有利于微生物的生长以及发挥其对污染物的降解作用，且根区外的厌氧环境有利于厌氧微生物的代谢。水生植物还能够增加水中溶解氧，并分泌一些有机物，促进根区微生物的生长和代谢。

第三，吸附、截留、沉降作用。水体中存在着许多悬浮物，包括能够造成污染的有机悬浮物。浮叶和漂浮植物发达的根系能够充分与水体接触并将这些物质吸附和截留，并通过根系的微生物进行沉降。

第四，克藻作用。水生植物会和水中的藻类竞争阳光和营养物质，而且由于多数水生植物个体大，生理机能也更加完善，因此在竞争中处于优势，对藻类具有较明显的抑制作用，有些水生植物自身也可以分泌一些克藻物质。

（2）动物。园林水环境中的动物是水生态系统中主要的消费者，其种类十分丰富，包括鱼类、鸟类、两栖类、爬行类、哺乳类和无脊椎的甲壳类等。

第一，鱼类。鱼类是园林水环境中最主要的动物类群，在大部分水温适中，光照条件好，水生生物资源丰富的水体中，鱼类都可以生存。园林水体中常见的鱼类包括锦鲤、鲤鱼、鲫鱼、草鱼等。

第二，鸟类。鸟类也是园林水环境中主要的动物类群之一，它们有一些长期生活于园林湿地中，有一些则常常迁徙。园林水环境中的鸟类包括鹤类、鹭类、雁鸭类、鸻鹬类、鸥类、鹳类等，其中有许多珍稀濒危物种。

第三，两栖类。两栖动物是脊椎动物中从水到陆的过渡类型，它们除成体结构尚不完全适应陆地生活，需要经常返回水中保持体表湿润外，繁殖时期也必须将卵产在水中，孵出的幼体还必须在水内生活。园林水环境中常见的两栖类包括青蛙、蟾蜍、大鲵、东方蝾螈等。

第四，爬行类。爬行动物是完全适应陆地生活的真正陆生动物，但其中有一部分种类生活在半水半陆的湿地区，是典型湿地种。园林水环境中常见的爬行类包括乌龟、鳖、蝮蛇等。

第五，哺乳类。一些哺乳动物也生活在水中或经常活动在河湖湿地岸边，包括；江豚、水獭、水貂等。

第六，甲壳类、昆虫。园林中的水生甲壳类按生态习性大体可分为浮游甲壳类和底栖甲壳类，包括各类虾、蟹等。园林水环境中还有类群众多的昆虫。

（3）微生物。微生物是水生态系统不可或缺的类群，对水环境中微生物的研究多集中于环境工程学和生态学领域。园林水环境中的微生物主要包括四类：菌类、藻类、原生动物、病毒。

微生物在水生态系统中主要有四个作用：维持生态平衡（是生态系统中的分解者），降解（在代谢过程中产生一些有利元素），吸附（是重金属污染物的良好吸附剂），监测（可根据其存在与否、数量多少鉴定污染）。

园林水环境中的菌类包括真菌、细菌、放线菌三类。细菌包括芽孢杆菌、大肠杆菌、变形杆菌、蓝细菌等；真菌包括酵母菌、丝状真菌等；放线菌包括链霉菌、诺卡氏菌等。藻类主要有蓝藻、绿藻、硅藻等。原生动物包括草履虫等。

2. 人类活动

人类不是园林水环境的基本构成部分（不属于水生态系统的任何一个部分），却会在其中进行各类活动，从某种意义来说，园林水环境的设计也是为人类自己服务的。园林水环境对人类的价值主要体现在三个方面：满足人的亲水性需求，科普教育价值，审美价值。

（1）亲水性需求。人类具有亲水性，这既是天性使然，又是历史与社会长期发展的结果。与动物的亲水性不同：水是动物维持生存的基本要素，动物亲水是出于实用价值的考虑，而人类亲水除了实用价值，还有美学和精神价值的考虑。

人类对园林水体表现出亲水性，最主要的原因是水具有实用价值，如可以满足人进行各类水上活动的需求，包括垂钓、划船、游泳、溜冰、漂流等，此外，水体还具有调节小气候、消除疲劳、使人保持心情平静等功能。

（2）科普教育价值。联合国环境规划署预测水污染将成为21世纪大部分地区面临的最严峻的环境问题，这唤起人们对水环境治理的关注，提高人们保护水环境的意识将变得十分重要。园林中的水环境与其他自然水环境不同，是人们经常进行亲水活动的场所，与人类的互动关系远远高于自然水环境，因此也自然而然地承担起科普教育的功能，应通过

其向人们宣传水环境保护的重要性，进一步增进人们对水环境的了解。

（3）审美价值。景观一词，源于德语，原意是风景、景物之意，和英语中的“scenery”类似，同汉语中的“风景”“景致”“景色”等词义也具有一致性。美学价值是园林的基本价值之一，园林的美学特征主要体现在其赏心悦目的景色和特有的景物上。

园林水环境具有独特的美学价值，这也正是人们愿意在其中进行活动的原因之一。园林水体之美各具特色，表现为：海洋广袤深邃，河川激越喷涌，湖泊宁静安详，溪涧欢快轻柔。在园林水环境设计时，需要把握水体生态价值和美学价值的平衡，不能因为一味追求美感而破坏水生态环境，也不能只考虑水体的生态价值，对美感不闻不问，这样就背离了园林设计追求美的初衷。

3. 园林长效管控

园林水体不同于自然水体，它处在一个人为可以管理和调控的范畴，因此在园林水环境的治理中，人为的长效管控就显得尤为重要。人可以在相当长的一段时间内对园林水环境存在的问题进行不断调整，以达到更好的效果，并积累相关经验，为其他园林水环境的治理提供实践经验。园林水环境的长效管控一般包括分期治理规划、设施维护与即时监测、生态保护与管理三个方面。

二、生态水景观规划设计

（一）城市生态水景观规划设计

1. 自然景观

（1）河道形态。在平面形态上，因为地理环境具有复杂性，所以城镇河道的断面也会相对多样而复杂，在规划设计时，需要对原始形态予以充分尊重，依照周边地貌特征，可以将水面适当扩大，这样可以对防洪防旱起到一定的作用，可以为水上娱乐活动的开发提供基础条件。为确保不会形成死水潭，需要让水系网络具有较高的通畅性与完整性，让河道具有良好的生态系统，对于河道的瓶颈处，应该进行适当的拓宽；在横断面上，要根据横断面的多种类型，即复式断面、梯形断面、矩行断面、不对称断面，如传统的梯形断面就可以将台面设置在常水位之上，上层台面会在丰水期时被水漫过，这种设计本身具有一个较好的亲水性，可以设置一些休憩设施，起到休闲效果；在纵剖面上，可以设置水坝等构筑物，对河水进行调节，水坝能够让水面产生落差，形成瀑布，进而增加动态景观。

（2）地形地貌。城镇河道生态景观的设计需要以利用为主，在营造景观空间层次时，需要紧密结合实际的地形地貌。以河滩为例，作为亲水地，河滩可以对人们起到吸引作用。因此，步行道的设置往往是必要的，它可以对河滩和堤岸进行有效连接，在设置过程中，游览设施可以利用石片汀步、木栈道等多种形式。在城镇河道周围如果有丘陵、山脉，那么可以将其作为整个河道景观的自然屏障 。

（3）生态护岸。生态护岸可以分为三种主要类型：第一，坚固材料。利用坚固材料来设计生态护岸的最大好处是具有较好的抗冲刷能力，如果河道相对狭窄，那么可以采用这种方式，将混凝土块、石块、砖块进行组合搭配，留出一定的空间，让土壤水文和河道沟通，让水生植物得到生长。第二，植物材料。利用水文效应和植被根系力学效应营造景观，并让水土流失得到有效预防。当前，常用的植物材料包含树桩、柳枝木桩、柳条木桩、柳条尼龙网、植物木箱、棕树纤维卷、沉水植物等，这些材料的适用堤岸存在差异，如在利用活体树桩时，就可以将容易生根的树桩直接种植在堤岸带与水岸交错带的土壤中；在利用活体柳条尼龙网时，就可以在坡面平缓堤岸带上平铺柳条，利用尼龙网的覆盖来使其固定，同时可以种植适当的草。第三，混合材料。混合材料的生态护岸包含了自嵌式植生挡土墙、干砌石植绿护岸和生态护岸植生袋等，如植生袋就是在生态护岸中仅有的软体护坡材料，利用遮阳网与无纺布，在进行生态护岸时具有较强的耐用性、透气性和透水性。

（4）植物种植。种植植物时，如果是湿地景观，则要依照防洪蓄水的相关要求，对河道进行人工拓宽，形成湿地、湖面，人工湿地景观区的重要植物素材为湿地植物，让净化功能与景观效果得到提升，需要考虑植物的护坡功能，可以选用深根性陆生灌木，分层次种植，如采取挺水植物 + 陆生灌木 + 湿生草本的组合方式。在滨水景观中，植物的选择上需要注重游客的感官感受，如芳香植物、花灌木以及季相变化丰富植物，可以让景观特色层次更为丰富。

2. 人文景观

人文景观主要是地域特色和人文景观特色，以我国山东济南的西营河生态景观设计为例。人文景观方面，龙湾湖的湿地景观区中存在着晾米台东三教绿地和城墙壁画，东三教绿地中有标志性的雕塑和文化景墙，景墙中书写着此地的文化典故、历史由来以及城镇特色，在城墙壁画上，对于李世民驻军此地的故事予以表现，利用河中卵石作为主要材料。在设计中，结合当地特色，融入传说、民俗风情以及历史传统等。当前，我国很多城镇都具有十分鲜明的历史文化，在人文景观设计中可以对其进行展示，其展示载体可以为坐凳、指示牌、灯具、雕塑等，这样可以对环境进行美化，让城镇文化形象得到烘托。其表现方法主要有三种，即夸张化、替换转化和提取简化。

3. 人工景观

在绿地广场节点设计中，广场的规模应该得到有效控制，同时还要结合实际情况。例如，在通常情况下，城镇的广场规模就要小于城市的广场规模，在使用中，广场可以提供给人们休息、活动等多种服务。在道路设计中，城镇河道生态水景观中的道路主要为景观步行道，在进行设计时，需要确保步行道设计具有舒适性、美观性、连续性、无障碍性和经济适用性，如在无障碍性方面，就需要重点考虑当地老人群体，可以将平滑坡设置在近水平台，让坐轮椅的老人更为方便。为让城镇生态水景观具有较好的美观性，可以在河道连通中使用景观桥设计，如果河道水量较少，且高差较大，那么就可以利用桥坝结合的方法，让过桥的趣味性得到提升。在景观小品设计中，可以利用水池长廊、亭台楼阁、雕塑景墙等小品来让景观得到增光添彩，可以将其分为节点景观和功能景观，节点景观的设计主要是对空间变化层次感进行考虑，其节点小品一般为景墙、雕塑、水池等，小品体量与造型需要与环境协调，功能小品主要为休息型、卫生型、指示型、照明型、健身型。在亲水设计中，包含了亲水护岸、亲水步道和亲水平台，其中亲水步道主要分为两种形式：一是湿地区亲水步道，二是从堤岸延伸到河道空间的步道。如果需要进行市政建设，那么需要在景观中增加环境卫生、排水处理等多种设施，由政府部门和工程设计机构进行共同设计，形成雨污分流系统，如在沿河区域，就可以设置排污暗涵，让污水处理厂收集工业废水、生

活污水和雨水，并在处理过后，将其应用于景观绿化、农田灌溉等多个方面。

以福建周宁县城区东洋溪河道景观为例，在设计中，利用了河道内现存大块岸石、绿岛与滚水坝来设计出亲水生态绿岛游憩公园，在人工景观方面，通过荷花、水葱植物在深水区的种植，形成了一种荷塘月色般的美感，且通过景观栈桥，让绿岛交通的需求得到满足，同时，通过观景平台、休憩亭、木栈道等景观的设置，让河道成为一个良好的游览休憩空间，将攀藤类植物设计在垂直防洪堤上，呈现绿色幔帐的效果，让整体效果得到有效提升。

（二）乡村水景观生态规划设计

1. 乡村景观营造与水体生态修复相结合

（1）乡村污水处理。在具体的设计手法上，可将污水处理技术与乡村水体景观相结合，做到工程与自然的组合多变，强化景观的综合职能，如浙江省建德市慈岩镇新叶村的BAI污水处理项目，通过一系列污水处理手段，每日可以处理生活污水200t，不仅改善了当地的地表水环境质量，减少了污染物的排放总量，还提升了村内的生态环境质量。

在技术手段上，可以将生物处理与生态处理相结合，采用格栅+调节池+BAI工艺曝气组合池的污水处理技术，将村内分散的生活污水集中起来，经调节池预处理后，进入污水处理终端的设备中。水体被排放到人工湿地中，进行自然的过滤后再排入河流或者农田中，可促进水体的循环更新，以增加水体的自我修复能力，恢复弹性。该景观工程技术同时具备以下优点：第一，结构紧凑，占地面积小；第二，设备运行安静，减少了噪声污染；第三，多种固定方式，无须排空池体，方便安装和运维；第四，设备可轻松扩容、扩建，满足现阶段乡村振兴背景下，各村落的旅游、住宿、餐饮发展的需求。

（2）乡村滨水步行系统连接设计。水体是乡村与自然界面的过渡带，滨水步行系统连接将打造出沿水系的绿色公共开放空间，是最亲水的乡村自然界面，同时为市民提供了新生活方式，故在规划设计时，应考虑以下三点要素：一是当地居民的生活习性，配合其生产、生活需求进行设计；二是优化景观服务半径，将各个独立的水体节点和乡村居民串连

成线，加强他们之间的沟通联系性；三是加强水网和陆地之间的关联，既满足水体作为乡村活化剂和连通剂的功能，又增加水岸空间的层次感，丰富景观体验。

对于滨水步行系统的规划设计，在工程上，多采取存量更新的手段，如借助原有的农耕路、水边缓坡等。在材质上，倾向于与乡村大环境背景的融合，继承自然性与乡土性。有组织、有目的的线性交通规划，可穿点成线、连线成面，将乡村作为一个整体的脉络联系起来，加强水陆交通网络之间的联系，增强各区域环节的可达性，最终实现以水体为核心，以规划建设乡村滨水步行系统为纽带，串联周围各级多元化板块和乡村居民，统筹推进功能区块调整和组团式开发，加强各点面载体的协同联动延伸，促进乡村新格局一体化的有机发展。

（3）乡村水岸空间营造设计。在水岸空间营造方面，可以通过岸线修复构建立体生态系统，以生态驳岸、湿地公园等为载体，保持沿线消落带与水域的连续性，形成多层次的立体景观生态过渡交错带。首先湿地公园的设计，可为动植物留一片活态的“自留地”和繁育的“栖息所”，增强乡村的生物多样性，也为旅游业的发展夯实了基础。其次是生态驳岸的设计，对于乡村水岸坡角较大的区域，水体与陆地之间缺乏相应的过渡带，故对未建成区域可选用自然缓坡入水，辅以石头、木头等建设；对已建成的驳岸可增加植物纤维垫和编织袋等，增加坡面护脚。最后可以运用海绵城市的理念，对水岸空间进行地形塑造，增加植被浅沟。通过生物滞留设施、梯田花溪、湿地、透水铺装等技术，构建乡村滨水步行系统低影响开发系统，打造乡村水体海绵带，随着常年季节性的水位变化，在水湾处亦可形成消落带，营造多姿多彩的栖息地环境。同时，增加景观的节奏感和韵律感。

（4）构建乡村水生植物复合群落。植被修复是重建生物群落的第一步，沿水体周边可重建植物群落梯度，在水体周围可进行水生植物种植，从而吸引生物的栖息和繁育，改善沿岸线的生态环境。

在植物营造方面，应以保护与重建为主，适度开展景观化营造。一是对入侵植物的清理。清除水体周边攀缘缠绕大树的杂乱无章的入侵藤蔓，以及水体内部漫无边际的水葫芦，为原生植被群落的恢复腾出空间。二是局部自然式镶补。避免人工栽植过多植物，仅仅对需要植物群落恢复的地带进行乡土树种的镶补，如在沿线湿地的公园内，可适当加种芦苇、再力花、蒲草等特色水生植物，营造丰富的湿地生境。三是梯度重建植物群落。对于沿线原来的裸露土岩进行植被群落的梯度重建，可栽种常春藤等生长快速的攀爬植物，快速覆盖创伤面，固定水土作为基底，便于自然植物群落的恢复。四是注重融入本土生态圈。注重地带性植被群落的选用，以乡土植物为主的同时，丰富鸟类食源性植物。五是塑造节约型植物景观。沿水体适度栽种长势强健不需要精细养护的本土花卉植物，如春有海棠、樱花、桃花，夏有八仙花，秋有木芙蓉、木槿花，冬有梅花、山茶花，既美观又不显突兀，打造融于自然的节约型景观。

2. 滨水地带栖息地重建

在维护水体生态安全的基础上，恢复河道生物栖息功能是乡村河流的发展目标，要构建一条生物丰富且生物能够相互和谐相处的滨水地带栖息地。通过景观的方式，实现可持续发展的基本要义，包括以下七个措施：柔化水岸边线，培育生态湿地，建设生态边沟，培育水生动物，设置局部生物繁衍区，配置生物生活区，丰富水体及其周边环境。

（1）柔化水岸边线。前边在水岸生态空间营造中，已经强调了生态驳岸的规划设计手段，以阶梯石的台阶、石笼和植物种植等方式来建设，柔化水岸边线，是滨水栖息地重建的重要基础之一。

（2）培育生态湿地。在前文柔化驳岸的基础上，科学且有目的地规划不同类型与功能的湿地，能够以生态景观的方式，起到雨、污水体净化，动植物生境培育的功能。

（3）建设生态边沟。水体的污染主要为人工污染，建设生态边沟，可以提前并有效地将污水进行分流处理，预防污染情况的发生。同时，生态边沟也起到调节雨水的功能，能够预防暴雨和突然强降雨导致的水土流失和下水道堵塞情况。

（4）培育水生动物。科学且有计划地培育适量鱼类，可有效控制藻类的大规模繁育，及时有效地通过生态手段，防止水体富营养化。同时，除了鱼类以外，底栖动物也是水生动物培育的方式之一，其与滤食性鱼类和微型浮游植物起到了生态互补的作用，也增加了水体景观的活力。

（5）设置局部生物繁衍区。局部生物衍生区主要是指规划设计片林和生态池塘为代表的两种类型。经过研究表明，$50m^2$ 至 $100m^2$ 的片林，

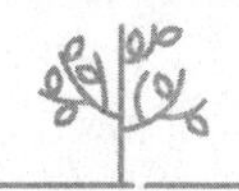

对大量生物栖息的帮助作用显而易见；而生态池塘则是大多数两栖生物生命历程的必备条件。

（6）配置生物生活区。植物种植设计也要考虑鸟类食源性植物和鸟类栖息性植物的种植，为它们塑造良好的生活和繁育环境。

（7）丰富水体及其周边环境。水体及其周边和内部环境的丰富性塑造，要以不影响防洪为前提，然后采用各种生物技术与景观相结合的手法，丰富环境。例如，增加树墩圆木、安放鱼巢箱子、改造废弃船只、设置水中浮岛等。同时，在一些可调控的河段，可在相关专家的指导下，进行河床断面改造，结合河床环境的复杂多样性建设，在可操作性的尺度下，改造水体的深度、水流速度，以便加强其生物栖息的功能，塑造更适宜的水体及其周边和内部环境。

第四节 自然保护区生态规划设计

一、自然保护区相关理论

（一）自然保护区的定义

我国的自然保护区（Nature Reserve）是指对代表性的自然生态系统、珍稀濒危野生动植物物种的天然集中分布区、有特殊意义的自然遗迹等保护对象所在的陆地、陆地水体或海域，依法划出一定面积予以特殊保护和管理的区域。在国外，亦称国家公园、自然公园、自然禁猎（伐）区等[①]。这个区域主要作用为观察研究自然界的发展规律，保护、发展稀有和珍贵的生物资源以及濒危物种，引种驯化和繁殖有价值的生物种类，进行生态系统以及工农业生产有关的科学研究和环境监测，为开展生态学和环境科学教学以及参观游览等提供良好的基础。

（二）自然保护区的类型

自然保护区分类方法各异，薛达元提出将我国的自然保护区分成自

① 甘枝茂，马耀峰．旅游资源与开发[M]. 天津：南开大学出版社，2000.

然生态系统、野生生物、自然遗迹三个类别九种类型（森林、草原和草甸、荒漠、内陆湿地和水域、海洋和海岸五个生态系统类型，野生动物、野生植物两个野生生物类自然保护区，地质遗迹、古生物遗迹两个自然遗迹类自然保护区）[①]，此后，该分类系统被广泛采纳。

（三）自然保护区的功能分区

福斯特（R.Forster）倡导同心圆式的利用模式，将国家公园分成核心保护区、游憩缓冲区和密集游憩区。这个分区模式曾被国际自然保护和自然联盟所认可。《中华人民共和国自然保护区条例》《中国自然保护纲要》以及一些主要自然保护著作均把自然保护区的结构划分为核心区（绝对保护区）、缓冲区（过渡区）和实验区三个区域。[②]

1. 核心区（绝对保护区）

核心区又称为本底或基底，是指保护区内典型的地带性森林植被和珍稀濒危动植物资源人为干扰少、自然生态系统保存比较完好的区域。核心区是原生生态系统和物种保存最好的地段，其中的生物群落和生态系统受到严格保护，应尽可能地保持其原始状态，禁止任何单位和个人进入。除特殊情况，经主管部门批准后方可进入，只允许在局部地段从事科学考察或观测研究，禁止任何形式的旅游开发活动。其主要任务是保护基因和物种多样性，可以进行生态系统基本规律的研究，但需尽最大努力为游客提供适当的远离现场的参观计划和展览来解说这一地区的特征。例如，立标志牌，说明其内部自然生态系统的特点、珍稀动植物保护的价值和意义，以消除游客的对立情绪。

2. 缓冲区（过渡区）

缓冲区一般应位于核心区周围，为核心区提供良好的缓冲条件。缓冲区可以包括一部分原生性的生态系统类型和由演替系列所占据的受过干扰的地段。缓冲区一方面可防止对核心区的影响与破坏，另一方面可用于某些实验性和生产性的科学研究，但在该区进行科学实验不应破坏

---

① 薛达元．中国自然保护区类型划分标准的研究[J]. 中国环境科学，1994（2）：246-251.

② 文军，魏美才．我国自然保护区旅游开发的生态风险及对策[J]. 中南林业调查规划，2003（4）：41-44.

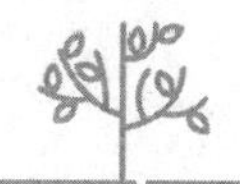

其群落生态环境，可进行植被演替和合理采伐与更新实验，以及野生经济生物的栽培或驯养，同时可开展科学实验、科学考察、珍稀动植物驯养繁殖，多种经营及生态旅游活动。缓冲区中传统的人类活动，诸如建房、种植药用植物、小规模的伐木等要受到监控，且不在其中进行有破坏性的研究。

缓冲区规划的关键在于线路的合理设计。概括起来，旅游线路的规划设计有三点：第一，要顺应地形地势，如线路应设计在沟谷、山脊线等自然分界线上，同时要充分利用自然小路、防火线等，以减少景观的破碎化；第二，线路设计不宜分岔，将旅游线路所形成的廊道对生物交流阻隔的影响降到最低；第三，在管理措施上，要严格控制游客量及避开动物繁殖的敏感期，在动物繁殖敏感期间实行临时封闭。旅游线路可采用半封闭管理，通道两侧 50~100m 范围为游人有效活动控制距离，游人在导游的带领下有组织地步行进行考察、观光。严禁在缓冲区内建设任何形式的旅游接待设施。

3. 实验区

缓冲区周围还要划出相当面积作为实验区，用作发展本地特有生物资源的场地，也可作为野生动植物的就地繁育基地，还可根据当地经济发展需要，建立各种类型的人工生态系统，为本区域的生物多样性恢复进行示范，此外还可以推广实验区的成果，为当地人民谋利益。实验区是开展生态旅游活动的主要区域，但旅游项目的开发要以不破坏资源和环境以及适应游客的需要为前提，不搞大规模的开发性建设工程，旅游设施应与自然环境协调统一，要因景就势、因地制宜、顺应自然。[①] 要“区内游，区外住”。

为便于科学管理，可将实验区进一步划分为保护、科研小区，经营利用小区，生态旅游小区。实验区的划分，应遵循以下原则：第一，风景资源及景观类型的一致性和差异性；第二，旅游功能和使用性质的同一性和区别性；第三，适当照顾自然、行政界线的完整性；第四，有利于旅游线路组织和方便游客；第五，便于管理。

① 倪同良，李晓趁，杜振欣．自然保护区与森林旅游[J]．山东林业科技，2004（5）：68.

二、自然保护区的生态规划方法

Diamond 根据岛屿生物地理学的种—面积关系和“平衡理论”，提出了保护最大物种多样性的自然保护区设计原则，具体如下。

（一）保护区的大小和形状设计

1. 自然保护区的面积

根据岛屿生物地理学理论，可知自然保护区面积越大越好，一个大保护区比具有相同总面积的几个小保护区好。通常情况下，面积大的保护区与面积较小的保护区相比，能够为物种生存提供更加良好的生境，同时生境条件更加趋于多样化，有利于更好地保护物种，而且大的保护区能保护更多的物种，一些大型脊椎动物在小的保护区内容易灭绝。同时，保护区的大小也关系到生态系统能否维持正常功能。

保护区的大小也与遗传多样性的保持有关，在小保护区中生活的小种群的遗传多样性低，更加容易受到对种群生存力有副作用的随机性因素的影响。物种的多样性和保护区面积都与维持生态系统的稳定性有关。面积小的生境斑块，维持的物种相对较少，容易受到外来生物的干扰。在保护区面积达到一定规模后才能维持正常的功能，因此在考虑保护区面积时，应尽可能包括保护对象生存的多种生态系统类型及其相关的演替序列。

一般而言，自然保护区面积越大，则保护的生态系统越稳定，其中的物种越安全，但自然保护区的建设必须与当地的经济发展相适应，自然保护区面积越大，可供生产和资源开发的区域越小，因而会与经济发展产生矛盾。同时，为了达到自然保护区的保护目标，需要投入资金、人力和物力来维持自然保护区的运转，因此保护区面积的适宜性是十分重要的。保护区的面积应根据保护对象、目的和社会经济发展情况而定，即应以物种—面积关系、生态系统的物种多样性与稳定性以及岛屿生物地理学为理论基础来确定保护区的面积。

2. 自然保护区的形状

自然保护区的形状应以圆形或者近圆形为佳，这样可以避免“半岛效应”和“边缘效应”的产生。考虑到保护区的边缘效应，则狭长形的

保护区不如圆形的好，因为圆形可以减少边缘效应，狭长形的保护区造价高，受人为影响也大，所以保护区的最佳形状是圆形。如果采用狭长形或者形状更加复杂的自然保护区，则需要保持足够的宽度。保护区过窄，则不存在真正的核心区，这对于需要大面积核心区生存的物种而言是不利的，同时管理的成本也会加大。当保护区局部边缘被破坏时，对圆形保护区和狭长形保护区的影响截然不同：圆形保护区受到的实际影响较小，狭长形保护区局部边缘生境的散失将影响到保护区的核心区，减少保护区的核心区面积。

在实际的自然保护区的景观生态规划时，需要考虑的因素还包括保护对象所处的地理位置、地形、植被的分布和居民区的分布等。在规划的保护区内应该尽量避免当地的人为活动对保护区内物种生存生境的影响。

（二）自然保护区生态廊道规划设计

自然保护区中的生态廊道经常被用作缓冲栖息地破碎的隔离带，能够将孤立的栖息地斑块与物种种源地联系起来，有利于物种的持续交流和增加物种多样性。但是廊道也可能成为外来物种入侵的通道，同时也可能成为病虫害入侵的通道，这无疑会增加物种灭绝的风险，不能达到自然保护区的目的。

因此，在自然保护区规划设计中对生态廊道的考虑应当基于景观本地、生境条件、保护对象特点和目标种的习性等来确定其宽度和所处位置，特别要考虑有利于乡土生物多样性的保护。一般而言，为保证物种在不同斑块间的移动，廊道的数量应适当增加，并最好由当地乡土植物组成廊道，与作为保护对象的残存斑块的组成一致。一方面可提高廊道的连通性，另一方面有利于残存斑块的扩展。廊道应有足够的宽度，并与自然的景观格局相适应。针对不同的保护对象，廊道的宽度有所不同，保护普通野生动物的宽度可为 1 km 左右，但保护对象为大型哺乳动物则需几千米。

在自然保护区进行廊道规划时，首先必须明确廊道的功能，然后进行生态学分析。影响生境功能的限制因子很多，有关的研究主要集中在具体生境和特定的廊道功能上，即允许目标个体从一个地方到达另一个地方。但在一个真实景观上的生境廊道对很多物种会产生影响，所以，在廊道规划时，以一个特定的物种为主要目标时，还应当考虑景观变化对生态过程的影响。保护区间的生态走廊应该以每一个保护区为基础来考虑，然后根据经验与生物学知识来设计。

（三）自然保护区野生观赏植物设计

1. 自然保护区野生观赏植物选择

（1）观花植物。观花植物可以增添生活情趣，使生命更富生机，裨益身心，陶冶情操，激发人们对生活的热情。若能充分合理利用观花植物，会为我们带来可观的收益，同时也会将人类社会在人文、经济、科技等方面带入到更高的层次。观花植物可用于构建花坛、花台和花境，构建花丛和花群，还可用于专类园栽植等。植株低矮、生长整齐、株型紧密、色彩鲜艳的种类可用于构建花坛，如猴头杜鹃、云锦杜鹃等；花镜模拟自然界林地边缘多种野生花卉交错生长的状态，是一种半自然式的种植形式，用以表现植物个体的自然美和群落美，其季相特征明显，色彩、姿态、体型等错落有致的植物种类可用于构建花境，如多花蔷薇、多花兰、蝴蝶荚莲等；茎干挺直、花朵繁密、株型丰满的植物可用于构建花丛、花群，如牯岭凤仙花、野百合、粉花绣线菊等；株形较矮、繁密匍匐或茎叶下垂于台壁的种类可用于构建花台，如黄花鹤顶兰、多花蔷薇等；种类繁多、观赏价值高、生态习性接近的观花植物，可以布置成专类园进行栽植。

（2）观果植物。园林绿化中使用观果植物，不仅可以弥补草坪、观花植物的不足，丰富园林景观类型，增加季相变化，还可营造春华秋实、硕果累累的喜悦气氛，部分观果植物的果实经冬不落，大大改善了冬季植物的景观效果。

观果植物可用于垂直绿化、行道树、果篱和地被，还可用于营造观果植物专类园。部分木质藤本植物可攀附、覆盖墙面、棚架、山石、篱笆架等，如中华猕猴桃、东南葡萄、薄叶南蛇藤等，具有蔽荫、美化功能；树干挺拔，分支点高，树冠较大，不易落花、落果，病虫害较少，对环境适应力强，抗性强的观果植物可用于行道树，如红果树、灯台树、青钱柳、浙江柿等；植株低矮，萌枝能力强，耐修剪的植物可用作果篱，

如大果卫矛；一些低矮的观果植物可植于林下或林缘作地被；易于结果、果实显著度高且果期接近的不同种观果植物可收集到一起布置成观果植物专类园，如槭树属植物专类园。

（3）观叶植物。观叶植物的开发利用极大地丰富了园林景观，部分彩叶植物叶色随季节转变，充分表现出园林的季相美。由于其叶色绚丽多样，姿态优雅，在室内装饰中也发挥着举足轻重的作用。

观叶植物可以用于行道树、地被，还可用于营造风景林，以及装饰居室、门厅、展览厅、会议室和办公室等室内环境。分枝点较高、适应力强、抗性强、不落叶的木本观叶植物可用于行道树，如毛红椿、亮叶水青冈、野漆树等；部分叶形优美，叶色鲜艳的草本观叶植物可作地被；叶色变幻明显，丛植效果好的乔灌观叶植物可用于营造风景林，如蓝果树、山乌桕、山樱花等；部分娇小玲珑、姿态优美、风韵独特的小型植物可用于室内美化，如琴叶榕。

（4）观姿植物及其应用途径。植物的形状是园林构景的基本因素之一，观姿类植物是以观赏树皮、树干颜色、树冠形状为主的一类植物。

观姿植物主要用于孤植和室内装饰。树形奇特、树干有型、树叶层次感强的木本观资植物可作孤植树，如柳叶蜡梅、南方红豆杉等；整体长势较好的观姿植物可用于室内美化，如一把伞天南星、毛金竹等。

2. 自然保护区野生观赏植物的利用原则

（1）植物造景时，应尽量提倡应用乡土树种，做到适地适树，突出地方特色。大量使用乡土植物，按照常绿、落叶乔、灌、藤、草的合理配植，使得园林中色彩繁多、季相变化丰富。同时还可以运用野生观赏植物营造富于天然野趣的园林小品，使植物造景方式多样化，形成有地方特色的园林景观。通过大量使用乡土植物，能够使当地生态环境得到快速、稳定和持久的改善。这不仅增添了用于观赏的植物品种，还提高了绿化品质，极大地丰富了园林内容，同时也改变了城镇园林植物应用单一的现状，提高了植物资源配置和结构的科学性和合理性，使各类园林观赏植物都在合适的生态位生长，提高了环境和植物的协调性，极大地丰富当地的园林景观类型。乡土树种适应当地自然条件，能满足各种生态位的要求，构成顶级群落的生态结构，对小环境内生态稳定性起到重要作用。

野生观赏植物资源应用不仅在物种上可吸收新元素，在运用手法上也可以创新，如用禾本科在园林中营造野趣；或旧物灵活新用，如用乔木作绿篱等。

（2）在野生观赏植物资源的选择应用时，要兼顾观赏效果和经济效益。要拓宽野生观赏植物的选择范畴，改变当前主要以观赏价值为选择，很少考虑生态环境效益和其他效益的状况，加强集观赏、药用、食用等多功能于一体的观赏植物的开发利用，如此一来，既美化、香化城镇园林，改善城镇生态环境，又有较好的经济效益。特别注要意对兼有几种功能的植物的开发：既有观赏价值又有药用价值的杜仲、华重楼、大血藤、盐肤木、八角莲、银木荷等植物；既有观赏价值又有食用价值的乌饭树、南酸枣、苦槠、甜槠等壳斗科植物；既有观赏价值又有工业价值的山矾、蓝果树、青冈、红楠、凤凰润楠等樟科树种。还应重视开发利用较少的品种和一些区域的特有物种，如蛛网萼、浙闽樱桃、武夷山石楠、武夷悬钩子、铅山悬钩子、浙江楠、浙江山梅花、长叶猕猴桃、阔萼凤仙花、百山祖玉山竹等。一部分资源丰富、适应性强且抗性强的野生植物可直接用于城乡园林绿化或引入室内栽培、插花观赏；对资源较少或适应性不强的野生植物可通过科学方法进行引种驯化，小面积种植，边开发边利用。研究建立在实地应用中，既减少保护压力又降低风险，栽培改良后便可投放市场，既有经济效益，又有生态效益。

（3）运用科学方法进行开发利用，并与科研结合，收集、驯化、繁殖观赏价值高的野生植物；根据园林绿化的不同用途、需要和人们对园林景观的要求，筛选观赏价值高的野生植物进行引种驯化，通过生物、物理和化学的科学方法、利用现代化技术扩大人工繁育。对人工繁殖成功的品种扩大生产，并进行推广，将其应用于园林绿化中，并结合各园林景观影响因子对该观赏植物进行科学的评价。把丰富的植物类群，人工森林引入都市，在城市或近郊人为恢复自然环境，建成多样化的园林绿化景观，以人工形成的自然植物群落来调节城市的温度、湿度，吸收工业排放物，改善城市小气候，减少或缓解环境污染，为人们在都市中创造一个优美、舒适、清洁的工作生活环境。另外，政府应发挥引导作用，各绿化部门和园林公司应结合市场进行调整，促进科研—驯化引种—苗圃培育—规划—生产—推广一条龙园林建设体系发展，同时还应

增加科研投入，解决应用中遇到的关键技术问题，促进其向产业化发展，推向市场，走向国际。另外还需加强宣传示范，提高全民认知。

当然，野生观赏植物的开发利用要与当地社会经济发展水平相协调，没有条件开发的资源不可急于开发，所以开发利用一定要有计划、有组织、有步骤地进行，既开发又保护，开发的目的是为了更好地保护，从而实现可持续发展，以求获得更大的社会效益、经济效益和生态效益。

（4）应加强宣传对自然保护区野生观赏植物的保护。野生观赏植物属再生资源，但任何野生资源都是有限资源，并非取之不尽，用之不竭。因此在开发利用的同时一定要做好保护工作，为以后持续地开发利用奠定坚实的基础。对野生观赏植物的保护也是生物多样性保护的重要内容，野生观赏植物种质资源是进行观赏植物研究开发的基础，野生植物拥有最优良的基因性状，世界上现有的很多具优良性状的观赏植物皆由野生种的优良基因培育而来，且表现最稳定。对野生植物保护的种类越多，其遗传多样性越丰富，越有益于野生植物种群的遗传变异，保持遗传多样性优势，防止种群内近交衰退、遗传漂变现象的发生，使野生观赏植物稳定、持久地进化和发展，保护自然生态系统的多样性。

因此，为了保护生态环境，使得这些植物资源得到持续利用，应加强对野生观赏植物种质资源的调查与保护，同时对于自然保护区特有的野生种质资源应采取切实有效的保护措施，建立种质基因收集库，在保护区内要加强宣传国家自然资源保护条例、法令，宣传保护的重要性，使人们理解、支持，并参与到保护工作当中。在野外获取植物种质资源时，要注意保护植物的自然生境和其再生能力。

第六章　生态视角下景观艺术设计创新

第一节　湿地园林生态景观设计创新

一、湿地园林的定义及内涵

（一）湿地园林的定义

湿地园林（Wetland Landscape Architecture）是现在风景园林学科的一个重要组分，它是把湿地作为研究对象，利用生态学和景观生态学的理论对湿地资源进行保护，结合传统造园手法和景观规划设计理论对湿地自然景观进行修复、恢复或重塑，并兼顾教育、服务、植物展示等功能，具有一定的文化底蕴，并人为地给予特殊维护的湿地区域。根据园林学研究的内容和层次，湿地园林主要包含三个层次和内容：湿地公园、城市湿地景区、湿地景观。

（二）湿地园林的基本要素

1. 具有一定规模的湿地生态系统

湿生与沼生生态系统是湿地园林的主体，具有较完整的湿地生态特

征或具备湿地生态恢复的潜在条件。湿地园林应具有一定规模的湿地范围，面积过小将无法形成湿地生态系统的复层结构，造成生物种类单一，无法发挥湿地生态系统所具有的生态服务功能，这样建设完成的园林形式也不属于湿地园林。

2. 具有完善的服务设施

湿地园林是在各类湿地的基底上，以生态保护为根本，经过艺术造园手法建立的园林形式，除具有生态功能外，还具有人性化的休闲娱乐功能；除游憩设施外，在湿地园林中，还包括一些科普教育、教研类设施，满足游人的求知欲，为科研工作者的研究提供基地。

3. 具有明确的生态管理范围

除明确湿地园林的用地范围外，对于湿地园林的管理还包括分析湿地形状、价值以及影响因素和物质条件，预测湿地生物种类、数量变化以及环境破坏、污染等情况，宣传、科普湿地知识，引导游人观赏等。建立完善的生态管理机制，有助于管理机构的可持续管理和湿地园林的建设。

二、湿地园林景观设计内容

湿地园林开发建设关系到周边地区生态功能和生活品质的提升。从湿地园林总体角度来看，湿地的开发利用首先要在保护湿地生态环境的同时，满足湿地园林的功能布局要求，符合湿地的开发与发展趋势。[①] 另外，湿地园林建设对拉动周边地区开发建设具有积极作用，要综合考虑湿地保护与开发利用和园林景观规划，结合湿地园林建设过程中出现的问题，从湿地生态恢复、生物多样性规划、游憩景观规划和生态管理四个方面探讨湿地园林营建技术的内容。

（一）湿地生态恢复

湿地生态恢复设计包括以下三个方面的内容。

1. 保护湿地园林中原有的湿地生态系统

原有湿地对湿地的演变研究具有重要意义，生态性也较为明显，我

① 刘芳宏．城市湖泊型湿地公园规划研究［D］．哈尔滨：东北林业大学，2010.

们在规划设计中应该着重对其进行保护，建立核心保护区。

2. 恢复水体系统

在湿地园林中，水体系统包括水系和水生生物生态系统，是湿地园林中的根本，对湿地园林的建设具有调控作用，直接影响湿地公园的规划与整体的布局性，所以水体的修复与恢复至关重要。

水体的质量对城市湿地资源品质具有重要意义。良好的水质利于吸引游人的参与，建立安全、健康的水环境是湿地园林开发建设成功运作的关键因素。水是湿地景观的重要组成部分，从水的流量、流动姿态、丰枯变化及自然美学特征等方面着手营造水体景观，比一般城市景观更具有吸引力和感染力。水景是湿地景观的核心组成部分，所产生的效果包括表相美、时相美、环境美。

水质的改善可以利用水生动植物的分解、净化功能来实现，这样就需要采用自然河岸或人工改建的自然驳岸，使得健康的湿地生态系统得以建立；通过建立泵、闸等设施，控制水流方向和速度，保持水域运动周期稳定性；实现雨污分流、杜绝水体污染，城市污水通过城市污水管收集至污水处理厂，污水经过处理达到排放标准方可排入自然。

尊重原有水系界面，适当开挖、延伸、扩展水体，丰富湿地园林水环境。在城市建设中，城市建设区与城市湿地园林保留一定的开敞空间，设置休闲娱乐基础设施，但应限制高度或采用不阻挡视线的通透材料。

尽最大可能地在湿地园林范围内组织规划，让已经退化的水生生物的生态系统完整性得以重建。例如，采取有利于自然进程和自然特性的计划方案于水域、流域范围内，能使其加速实现。

3. 恢复或修复原有的结构和功能

结构与功能在水域系统中都与湿地有密切的关系，为了恢复水域系统的原有功能，在规划中，应当考虑适度重建原有结构。

由于大多渠化驳岸都是笔直的，自然生态防护极其缺乏，抵抗外界干扰的能力不足，容易导致路上的泥浆、灰尘等被雨水直接冲至水域中，造成污染。生态绿化带的多样生态功能和循环功能恰恰能弥补渠化驳岸的不足，建立环湖绿化带，能够将疏浚湖底的富营养化淤泥堆积至岸边，在临水的堤面形成坡状的生态堤，栽植水生植物，形成自然的水生植物群落，构建生态化的截污滞水屏障和人性化的城市生态廊道。这不仅有

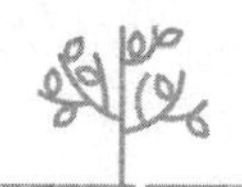

利于丰富生物多样性，降低人对生物栖息地的干扰，还有利于净化水质、阻止泥沙或垃圾的流入，促进有机物分解净化，降低湖水的富营养度。

（二）生物多样性规划

植被恢复是改变过水区水域的关键，以下着重对恢复植被、塑造生物多样性进行研究。

在湿地中，生物种类丰富，因此要建造优秀的湿地园林，生物多样性规划关系到湿地园林建设的成功与否。生物多样性是指在一定时间和一定地区所有生物物种及其遗传变异和生态系统的复杂性总称。它包括遗传多样性、物种多样性和生态系统多样性，可通过合理整地、水体岸线及岸边环境设计、植物规划和动物栖息地规划四个方面来建设湿地园林的生物多样性。

1. 合理整地

湿地土壤的质地主要分为沙土质和黏土质两种基本类型。选择植物生长介质时，因为不同植物对土壤结构的要求是不一样的，所以应根据植物的不同需求进行生长质的铺设，如黏土矿物可以很好地隔绝水分和植物根茎、根系的穿透，所以一般将黏土铺设为湿地的地下层结构。除了黏土可以作为地下层结构的材料外，壤土也可达到类似的效果，但需要适量将土层厚度加大。沙土由于自身的养分和植物生长所需的养分含量很低，而且对于水体的隔绝效果也不理想，所以一般不将沙土设为下层构造的材料。如果种植香蒲类的植物，较为合理和科学的做法是采用30~40 cm深由沙、黏土、肥土组成的混合土。

为丰富生物多样性，更好地发挥城市湿地生态效益，应将违规占湖养殖的鱼塘、虾池等人工养殖池进行整改，整理坍塌塘堤，疏通、拓宽水面，改变水域割裂、斑块破碎的现状，把湿地生态状态恢复到最佳；适当引入水禽、兽类、鱼类、两栖类等野生湿地生物物种，丰富生物多样性，彻底改变人工养殖池中生物的单一性现状，让湿地特有的鸟飞鱼跃、清水草丰的景象重现。

人工湿地面积的大小占湿地园林类型的比例是湿地园林建设中的主要部分。一般认为，水力负荷会影响湿地的面积，微生物对污染物的降解过程则与湿地面积没有直接关系：湿地的长度和水力停留时间会影响到湿地污染治理的程度，湿地面积可以根据公式，考虑现场条件随机应变地进行确定。水的流量、水力负荷因素会影响到湿地面积，湿地长宽比应在 3 ：1 以上，最高可为 10 ：1。芦苇湿地如果长度太长会造成湿地床死区，同时也会使水位调节困难，对植物的生长产生不利，所以长度应在 20~50m 这个区间内。湿地沿水需要做成一定的表面梯度比，有利于水流的汇入和地表水流的形成，湿地表面梯度比由应保持在 0%~1% 之间，具体根据填料的物理性进行测定。

在进行基床水深的设计过程中需要通过植物的不同类别和种植深根系生长来进行判定，以确保在水深最大的有氧条件下，达成一个较长的接触时间和更好的解决方案。芦苇类型的湿地系统一般水位深度为 0.6~0.7 m。

2. 水体岸线及岸边环境的设计

在湿地园林中，丰富的水体岸线及层次多变的岸边环境为生物提供了不同生境，增加了生物的结构层次。

人工驳岸多为硬质驳岸，从生态学来讲，它不利于生物多样性的营造，可利用湖底清淤所得的淤泥对传统驳岸进行整治改造，淤泥护坡、插柳固堤、挖泥清淤，以生态绿化驳岸改造人工硬质渠化驳岸，重建水域与岸边交换的纽带，加强各生物栖息地间的连续性。

驳岸不仅是湿地与陆地景观的一个过渡层，还是体现湿地环境区别其他园林类型特有的差异特征。由此可见，驳岸的处理是湿地园林中极其关键的一个环节，也是湿地景观生态学特征的体现。

自然生态中形成的自然式驳岸能够为生态系统中各类型生物提供觅食、栖息等生存必要场所。自然驳岸的类型主要有高低草滩、沼泽滩、卵石滩、泥潭、灌木滩、沙滩和林木滩等，在一般情况下，不同类型的护岸适合的生物不同：草滩类的驳岸主要为昆虫类、小型动物类、鸟类等生物提供栖息繁殖场所；卵石滩、沙泥滩类型的驳岸为两栖类生物和飞禽类生物提供栖息、觅食场所。

现如今水体景观中存在的主要问题是不能很好地调和生态绿化和工程结构的权衡性。有的设计只注重结构稳定度，用大量混凝土进行堆砌，导致天然湿地过滤、渗透等重要的生态功能大大减弱；有的设计过度追求景观绿化，采用大面积草坪绿化的形式，使得草坪的生态功能相对单

一、生态结构不完整，而且草坪的修建、管理、灌溉、杀虫会导致草坪的残留化学物质随着雨水的冲刷进入水体，造成污染，所以单纯的草坪不是解决湿地生态系统的好途径。

采用湿地中的自然沙土材料取代混凝土等人工堆砌材料，以生态自然的设计手法构建水面与陆地间的一个自然过渡区间，是一个比较科学、合理的湿地园林岸边生态设计手段。这样不仅可以为湿地生态圈中的各类型生物提供良好的栖息、繁衍、生存的大环境，还可以满足视觉上的景观性，给人以生态、自然、丰富的景观视觉效果，达到生态性与景观性的协调与统一。湿地园林水岸线和岸边环境的设计方法与手段主要有以下四种形式：

（1）自然护岸。护岸的自然式构建方法是利用湿地园林中现有的自然条件，如岸边现有的绿化植物、山石等，规划建设成具有稳定性、自然式的缓坡形式的护岸。

自然式护坡的水下部分设计不仅要在最大程度上还原原有的自然状态，还要为水中生物提供良好的生存环境，重点在于选择不同种类的水生植物绿化水面，如挺水类、沉水类、漂浮类等水生植物。同时，通过植物根系的伸展性达到护坡、稳定堤岸结构的作用。这种设计手法适合于水岸坡度相对缓和、水土流失程度不严重的水体，能够很好地达到生态效果。这种类型的护坡对于护岸的保护功能是最弱的，只适用于自然环境较好、坡度缓和、水体流速平和的湿地边缘区域。

（2）自然植物材料护岸。自然植物护岸是指当岸坡坡度超过自然、土地不稳定的时候，可将一些原生纤维如稻草、柳条、黄麻等纤维制成垫子，用它们铺盖在土壤上来阻止土壤的流失和边坡的侵蚀。当植物生长到一定程度，其根系成熟时，能够利用根系的吸附性和扩展性达到良好的护岸效果。而之前工程设施的植物纤维也已经被微生物降解，不会留下污染物残留。这种做法水岸坡度自然，可适当大于土壤自然安息角，水位落差较小，水流较为平缓。

（3）混合材料护坡。混合材料护坡是实用性较强、应用较为广泛的一种手段。一般是采用石材干砌、混凝土预制构件、耐水木料、金属沉箱等构筑高强度、多孔性的驳岸。结合对护坡构架中裂缝处的水生植物的种植，一方面达到绿化效果，另一方面对水下环境进行清洁改善，为水生生物、微生物提供生存环境，增强护坡的生态性。水生植物的覆盖性，不仅保持了良好的自然生态景观，同时稳固性也是护坡材料中最好的。适用的条件是 4 m 以下高差，坡度 70 度以下的流速较缓慢的水体环境。

（4）硬质驳岸。硬质驳岸既有优点，又有缺点，它会使植物免受水的侵蚀，对其有一定的保护作用，还可以在较强的水流冲刷之下保持原先的质量或强度。其最突出的缺点是使河道的生态功能受到影响而减弱或缺失。因此，在进行河流景观规划设计过程中，应采取必要的措施保持其生态功能的完整性，并且兼顾河流的景观效果。充分考虑生态功能，采取相应的设计方法，一般不用砂浆密合，而是留出铺砌护岸石材间的空隙，包括利用可渗透的铺砌硬质材料，如堆石、预制混凝土鱼巢结构等来保护堤岸以及利用松木打桩和块石铺砌相结合的方法，保护植物正常的生长状态，植物长时间的生长过程会逐渐形成堤岸的自然生态的面貌。一般情况下，水位在丰水期和枯水期有所不同，水岸的岸线也会出现消落带，在基于最高、最低水位之间可分层修建 2~3 道挡土墙，断面形成的种植台可种植水生植物。要根据水位的高低变化选择植物，在水位较高的时间段，通过植物形成景观；在水位较低的时间段，为游客提供阶梯状的休息空间，加强亲水性。非自然型的生态护岸在应用中属于半利用和半改造的形式，在抵抗同样强度流水冲刷的情况下，这种设计方式可以减少湿地景观改造的工程量，并且发挥作用较快，缺点是一些硬质构造会破坏河岸的自然植被，人工修建的痕迹比较明显。

在水体岸线规划设计的过程中，同时考虑湿地水岸边线的复杂多样性和现实状况，从而实现多种护岸形式相结合的复合型水体岸线及岸边环境设计。在进行复合生态型护岸的建设时也要考虑到湿地景观的视觉效果，避免护岸形式的单一性；尽量保持水体岸线天然断面的自然形态，维护原有湿地生态环境的生态结构，为湿地生物提供良好的生存环境，保护湿地生态环境的物种多样性，保证水体岸线及岸边空间环境的自然性和可持续性。

3. 植物规划

在湿地园林中，植物作为一种既有景观效果又具有生态效能的资源，可以维持湿地生态系统正常运转，也是视觉景观的重要元素之一，因此，

植物规划是湿地园林建设的必要环节。其包括两个重要部分：植物选择和植物配置。

（1）植物选择。湿地园林的植物选择，除了要注重美学价值外，还应具有生态价值，如改善系统水质。结合湿地园林的特征和植物的特性，湿地园林建设的植物选择要遵循以下几点：

第一，具有良好耐污性和净化能力。耐污染能力是湿地植物选择的重要衡量因素，因为湿地植物根系长期浸泡水中或生长土壤环境相对其他绿地的湿润度大，易接触到污染物。常用耐污植物有挺水植物：芦苇、芦竹；浮水植物：凤眼莲。

第二，适应能力强的乡土植被。乡土植被抗性强，自成群落，管理粗放，在较差的条件下也能正常生长。在湿地园林中，大量使用乡土植物物种，尽可能地模拟自然生境，将维护成本和资源消耗降到最低。尽可能减少外来物种的使用，以免其生长和繁衍态势不稳定，威胁其他物种的生存，确保湿地园林中的物种多样性。例如，加拿大一枝黄花由于适应能力强、生长迅速、繁殖能力强，曾影响我国江沪一带的生物生长，破坏当地的湿地生态系统和绿地景观，给农业生产造成了巨大损失。

第三，观赏价值高。湿地园林作为可游憩观赏的场所，植物的美学价值也很重要。植物营造水平决定了场所的空间层次和美景度，因此应多选择一些常绿植被和花期不同的植物类丰富湿地的景观。

（2）植物配置。湿地园林中，要注重植物配置的结构层次。湿地植物除沼生植被、挺水植物、浮水植物和沉水植物外，还有乔灌草植物，应将不同结构层次植物进行配置设计，营造丰富的湿地植物景观。

①结构上，植被要错落有致，从水面到水岸，依次构建沉水植物群落—浮水植物群落—挺水植物群落—湿生植物群落—耐湿乔灌丛和地被草花群落，创造立体的水体、水岸植物景观，使水面与水岸相协调。

②功能上，采用一些茎叶发达的乔灌木以阻挡水流，沉降泥沙；使用根系发达的植物以吸收水系污染物，为水生植物提供良好的生存环境。

③视觉上，水面植物配置不超过水面的一半，要疏密有致；慢生树种与速生树种、常绿和落叶植被要配置协调，避免树种单一化；注重植被的色彩搭配，不同植物有不同色彩，也显现不同景观，在湿地园林中，

植物色彩会影响园区的氛围。

湿地园林中，湿地类型多样，基底环境各异，湿地植被配置方式存在一定差异，如江河型湿地植物配置，从水面到陆地植物分布格局为：沉水植被带、浮水植被带、挺水植被带、沼生植被带。滨海型植物配置以水生植物的梯度为特色：陆生的乔灌草、湿地植物或挺水植物、浮叶沉水植物。也可根据湿地园林设计主题，来进行植物配置，如营造观花观果植物群落或近自然的人工湿地植物群落。根据不同湿地生物对栖息生境的要求，尤其是水禽类对栖息生境的要求，按照生态规律配置植物群落，充分利用湿地原有的湖面、水系以及堤岸的地形地貌展开规划和设计，营造多样的湿地鸟类生境，吸引各种类型的鸟类，设置一些多花、蜜源植物，为鸟类提供食物来源。

湿地园林是在人工湿地或天然湿地基础上，运用造园手法建造的园林形式。由于受到人为游憩、干预以及湿地本身生境变化等各方面的影响，湿地园林中植物群落除自然存在以及效法自然形态外，其结构存在一定的复杂性和可变性，造成了湿地植物的多样性。

4. 动物栖息地规划

作为地球“三大”生态系统的湿地生态系统，不仅具有自我服务功能，能改善区域自然生态环境，同时也为多种动物提供栖息地。湿地动物群落多样且存在地域差异，大致分为四种基本类型：湿地鸟类、湿地鱼类、湿地两栖类和湿地底栖类。

动物对栖息地选择的条件主要包括三方面：具有庇护作用；满足动物生存和繁衍需求；提供充足的食物。湿地园林中动物栖息地营造时，要遵循着三方面的原则，以便营造出适宜动物生存繁衍的栖息地。

（1）湿地鸟类栖息地营造。营造一定面积的深水区域，平均深度在0.8~1.2m之间，以供游禽类栖息，种植芦苇等水生植物以及少量乔灌木，营造水鸟栖息景观；营建开阔浅水区，栽植荷花、菱角、芡实等水生植物，以吸引涉禽类在此栖息繁殖；提供水鸟觅食所需要的水动力条件，水位间歇变化的场所可谓不同生态位的物种提供多样性的生态环境，成为各种鸟类繁衍、栖息的场所；栽植鸟类喜栖植物：水杉、冬青、桑树等，适当养殖小型的本地鱼类，并适当轮番晒塘，以便为水鸟提供足够的食物。

（2）湿地鱼类栖息地营造。放置人工鱼礁，为鱼类遮阴和躲避天敌；在湿地基底安放石块群，创建具有多样性特征的水深、底质和流速条件，从而增加湿地栖息地多样性；在高差变化较大的基底中，抛掷对环境无污染的废旧构筑物，提高水体底部丰富度，同时废弃物的小孔也为水生生物提供了庇护、栖息场所。

（3）湿地两栖类栖息地营造。在整地中，应提高水下地形的丰富度，营造一些小的两栖动物栖息洞穴；在水系周边设计大小不一的滩面，河滩石、植被等能为两栖动物提供良好的陆上栖息场所。

（4）湿地底栖类栖息地营造。湿地基底水床的营造，除泥沙等松软基质外，还需要设置岩石等坚硬的基体；栽植芦苇等水生植物，供底栖动物攀附；栽植一些底栖动物喜嗜植物如苦草、黑藻等，为其提供食物；在滨海型湿地中，加设潮间带。

（三）游憩景观规划

1. 空间布局

湿地园林空间布局是在湿地生态格局的基础上，进行的功能布局规划。湿地园林空间布局规划是以生态保护与修复为直接目的，根据各类型湿地状况以及使用功能布局来组织景观空间的规划。

湿地园林的生态格局是指湿地景观要素的空间分布及配置方式，反映了湿地园林的生态结构及功能关系，一般分为修复保育区、缓冲区及功能活动区；也有面积较小的湿地园林，功能相对单一，如示范性湿地园林仅有功能活动区。

湿地园林的生态格局并不是空间布局的最终结果，而是湿地功能空间布局规划设计的基础与前提条件。功能空间布局规划是在生态格局优化的基础上，以湿地生态系统的安全与稳定为前提条件，对湿地中的不同使用功能进行选择与空间布局。

2. 游览路线规划

湿地游览路线是贯穿湿地园林各个景点的纽带，相对于湿地园林中的其他服务设施，游览路线的建设规模大，对湿地生态系统和动植物生境会造成一定的干扰。

游览路线的功能主要是划分湿地园林的空间布局和组织游人游览路

线。对于湿地园林这一特殊园林类型，游览路线的布置应以湿地生境保护为基本原则，结合湿地土壤的环境承载力和湿地景观破碎度，在不破坏生物栖息地的基础上，通过地形起伏、水体岸线和植物群落分割等方法来设置。

湿地园林中，游览路线一般以人行为主，游览车为辅，禁止机动车进入湿地生态保育区。对于一些特殊湿地基底的湿地园林，采取全步行游览路线，桥梁宜与地面等高，且留有生物迁徙通道，尽量避免铺设硬质铺装道路。园区道路铺设应注重通水材料和乡土材料的应用。采用透水材料铺设的道路，地表径流可通过面层、垫层、基层的空洞以及空隙进行分解，渗入土壤，最后汇入湿地集水系统。乡土材料装饰的道路围护结构，体现了湿地园林的地域特色，环保又降低了建设成本。

栈道是湿地园林游览路线的主要载体，多采用全木质结构，少数应用混凝土结构作为栈道支撑体系。木栈道的建设多采用浮桥形式，满足游憩的趣味，又保护了栈道下方原有的生物环境。湿地中的观景平台通常是木栈道的局部放大形式，一般设置于多条栈道交汇处或深入水体的终点处，平台上可设置生物观测装置，科普湿地生物知识。

3. 建筑设计

湿地园林中，除具有湿地特色的生态景观，还有代表地域文化和历史的文化景观。在湿地园林规划建设过程中，最能体现地域文化特色的就是湿地建筑设计。

湿地园林内的建筑物可分为三种类型：第一，科普教育类，帮助游人了解认识湿地生态系统，提供湿地生物展览和学习，如湿地博物馆、展示厅等；第二，生态保护类，加强对湿地生物的保护以及维护生物多样性，如人工鸟巢、温棚等；第三，接待管理类，主要位于湿地园林管理服务区内，是用于餐饮、娱乐、休憩的建筑。

湿地园林的规划与建设以湿地生态保护为主要目的，建筑应设置在特定区域，将人为对湿地生物的干扰降到最低。在生态敏感的湿地环境中，建筑的营建不要阻隔动物的活动廊道，应适当架空，使湿地生态廊道和地表径流畅通。架空结构提升了建筑高度，便于观测湿地生物，拓展人们视野。湿地园林中建筑要与湿地环境相协调，要能融入生态环境中，维护湿地的自然野趣风格，如在杭州西溪湿地公园中，中国湿地博

物馆整个建筑就物埋了入山丘中。湿地建筑设计也可采用仿生学创作手法，使建筑形态基于自然又融入自然。

（四）生态管理

湿地园林建成后，日常管理对湿地园林生态系统的维持至关重要。湿地园林中，采取生态管理措施更有利于保持湿地生境的完整性和稳定性，生态管理措施包括四个方面：第一，湿地园林环境中，大量蚊虫的滋生影响整个园区的游憩质量，应保持湿地系统中水体流动和清洁；加强植被管理；引入捕食蚊虫的动物如青蛙等来控制蚊虫的数量，尽量避免使用杀虫剂。第二，湿地园林建设以湿地生境维护为前提，湿地管理人员要对游人游憩范围以及活动强度进行管制，如针对湿地中鸟类设定合理的观赏距离；对于湿地核心区除专业研究人员和管理人员外，禁止游人进入。第三，在对湿地园林的生态管理过程中，要特别注重管理与保护在不同生境类型、不同湿地演替阶段中的指示物种，以确保湿地生境的稳定性。第四，管理人员为高效准确进行湿地生态质量预警，需要开发引入湿地生态质量预警系统。

三、湿地园林生态景观创新设计

根据其内涵和形成过程，湿地公园可分为自然湿地公园和城市湿地公园两大类型。自然湿地公园是在湿地自然保护区的基础上，规划一定的范围建立了不同类型的辅助设施，如游步道、观景台，或是观察生物物种的亭台。[①] 城市湿地公园具有可供民众休闲娱乐、游览观光和进行科学、文化教育活动双重属性的湿地场所。下面以城市湿地公园为例，详细论述湿地园林的生态规划设计。

（一）城市湿地公园景观营造的原则

1. 生态关系协调原则

生态关系协调原则是指人与自然环境、生物与环境、城市经济发展与自然资源环境以及生态系统之间的协调关系。人只是这一系统中的一

① 建设部，城市湿地公园规划设计导则（试行）[J]. 风景园林，2006（1）：32-33.

个微小部分，我们只能合理适度地在设计营造中对湿地发展加以引导，而不是企图改变和强制霸占，从而保持设计系统的自然生态性。

2. 适用性原则

不同湿地类型具有不同的系统设计目标，每种湿地类型所处的位置各不同，因此在各类型的湿地景观营建中，设计要因地制宜，具体问题具体分析，遵循区域性的适用原则。

3. 综合性原则

城市湿地公园的生态规划设计涉及的内容很多，如生态学、环境学、经济学等多方面的知识体系，具有高度的综合性。

4. 景观美学原则

在充分考虑了湿地生态多样性功能外，还需注重景观美学的设计，同时兼顾人们审美的要求及旅游、科普的价值。景观美学原则主要体现在湿地景观的独特性、可观赏性、教育性等多方面，是湿地公园重要的价值体现。

（二）城市湿地公园的功能分区

城市湿地公园有诸多类型，不同类型的功能分区也有所不同，即便相同的功能区域也会因为公园各异设置不同的设施。一般的城市湿地公园基本有以下区域：重点保护区、游览活动区、资源展示区和研究管理区。

1. 重点保护区

对于保存较为完整且生物多样性丰富的重点湿地，应当设置为重点保护区。重点保护区是城市湿地公园的基础，也是标志性不可缺少的区域。重点保护区内，为给那些珍稀物种的生存和繁衍提供一个良好的生态环境而设置成禁入区，同时对候鸟及繁殖期的生物活动区应当设置季节性的禁入区。① 城市湿地公园中重点保护区应不少于整个公园面积10%的区域，并且其区域内只能做一些湿地科研、观察保护的工作，通过设置一些小型设施，为各种生物提供优良的栖息环境。

2. 游览活动区

在保护生态湿地环境的基础上，可以在湿地敏感度低的区域建设供游人活动的区域。开展以湿地为主体的休闲、娱乐活动，要根据区域的

① 王浩，汪辉，王胜永，等，城市湿地公园规划[M]. 南京：东南大学出版社，2008.

地理环境以及人文情况等因素来控制游览活动的强度，安排适度的游憩设施，可避免人类活动对湿地生态环境造成的破坏。

3. 资源展示区

资源展示区主要展示的是湿地生态系统、生物多样性和湿地自然景观，不同的湿地具有不同特色的资源和展示对象，可以开展相应的科普宣传和教育活动。该区域通常建立在重点保护区外围，同样需加强湿地生态系统的保护和恢复工作。该区域内的设施不宜过多，且设施内容要以方便特色资源观赏和科普教育为主。

4. 研究管理区

研究管理区应设在湿地生态系统敏感度较低、靠近交通道路便利的地方。该区域主要是供公园内研究管理人员工作和居住，其管理建筑设施应尽量密度小、占地少、消耗能源少、密度低。

（三）城市湿地公园的营建方法

城市湿地公园的营建主要是利用城市湿地生态景观及其资源融合城市公园的功能，来完成湿地与城市公园功能的协调。我们必须掌握好营建原则，抓住一些关键要素，这对完善城市湿地公园的营建起到重要作用。

1. 湿地公园的选址

湿地公园的选址应主要考虑地域的自然保护价值、植物生长的限制性、土壤水体各个基质、土地利用变化的环境影响以及一些社会经济因素等。① 特别应注重现状可利用的资源是否满足湿地生境的建设条件、场地现状以及周围城市环境风貌的协调等问题。

一般宜选择在非市中心地带、交通方便并远离城市污染区的地方。为了满足湿地植物生长以及生态环境的要求，最好选择在河道、湖泊等的上游地势低洼地带，并且有丰富的地形地貌。确定湿地公园选址的一般方法有实地考察，编制可行性报告，湿地公园选址评价。

2. 保持湿地系统连续性和完整性的设计

湿地系统是一个较为复杂多样的生态系统，在对湿地景观进行整体设计时，应该综合考虑各个因素，以保护生态系统为基础，然后营造和

① 黄成才，杨芳. 湿地公园规划设计的探讨[J]. 中南林业调查规划，2004（3）：26-29.

谐的景观感受，包括设计的内部结构、形式之间的和谐，力求维护湿地生态环境的连续性和完整性。

（1）湿地公园景观设计前做好对原有湿地场地环境的研究。湿地公园景观设计，首先，应对原有湿地环境进行调查研究，包括区域的自然环境及其周边居民的环境情况，特别是对于原有湿地的水体、土壤、植物，以及周围居民对景观的期望等要素进行详细调研。只有充分掌握了原生态湿地环境的情况，才能做好湿地景观的设计，并在设计中保持原有湿地生态系统的完整性，还原于生态本身。而掌握了当地居民的情况，则能在设计中考虑到人们的需求，在不破坏自然生态的同时，满足人的需求，使人与自然融洽共处。其次，应进行合理的城市绿地系统规划，保持城市湿地和周围自然环境的连续性，保证湿地生态廊道的畅通。

（2）利用原有的景观因素进行设计来保持湿地系统的完整性。利用原有的景观因素，就是要利用原有的水源、植物、地形地貌等构成景观的因素。这些因素是构成湿地生态系统的组成部分，但在不少设计中，并没有充分利用这些元素，从而破坏了生态环境的完整及平衡，使原有的系统丧失整体性及自我调节能力。

3. 植物设计

植物不仅是生态系统中重要的组成部分，也是景观设计中不可或缺的重要因素。在湿地植物景观设计上，一是要考虑植物物种的多样性，二是尽量采用本土植物。湿地植物景观设计以水面为主，辅以部分陆地，主要观赏景观是在水面上或沼泽中营造出来的。[①] 自然形成的湿地，生物种类非常丰富，经过不断地演替和更新，已经形成了稳定的植物群落结构，是湿地植物景观设计的一个很好借鉴。对自然植物群落的学习模拟，使理想的生态效益得到最大的发挥。不同的生态环境，促使了不同植物景观的模式，在模拟自然植物景观时，最重要的是总结群落特征，并利用本土植物进行设计，在满足生态要求、净化水体的同时，多种种类植物的搭配，不仅在视觉效果上相互衬托，形成丰富而又错落有致的效果，而且对水体污染物处理的功能上起到补充作用，达到生态系统的完整性和优美的景观设计并存的和谐景象。

① 王向荣，沈实现．生态湿地景观设计——关于湿地[J]．景观设计，2006（4）：15-19.

（1）植物配置原则。在考虑植物物种多样性和因地制宜的同时，尽量采用本土植物，因为它适应性强、成活率高。尽量避免采用外来物种和其他地域的物种，因为它们可能难以适宜异地环境，又或是可能大量繁殖，占据本地植物的生存空间，导致本地物种在竞争生态系统中失败或是灭绝。就像武汉东湖“绿藻”的蔓延，导致东湖大量本土植物消失，致使水体质量恶化。所以维持本地植物，就是维持当地自然生态环境的成分，保持地域性的生态平衡。

植物搭配除了要具有多样性外，层次也是很重要的，水生植物有挺水、浮水、沉水植物之别，陆生植物有乔灌木、草本植物之分，应将这些各种层次的植物进行搭配设计。另外，植物颜色的搭配也很重要，在植物景观设计中，植物色彩的搭配直接影响整个空间氛围，各种不同的颜色可以突出景物，在视觉上也可以将设计的各部分连接成为一个整体。从功能上，可采用一些茎叶发达的植物来阻挡水流，有效地吸收污染物，沉降泥沙，给湿地景观带来良好的生态效应。

（2）湿地植物景观设计的要点在湿地植物景观设计的布局中，首先，平面上水边植物配置最忌等距离的种植，应该有疏有密，有远有近，多株成片，水面植物还不能过于拥挤，通常控制在水面的30%~50%，留出倒影的位置。其次，立面上可以有一定起伏，在配置上根据水由深到浅，依次种植水生植物、耐水湿植物，形成高低错落，创造丰富的水岸立面景观和水体空间景观的协调和对比。当然，还可建立各种湿地植物种类分区组团，交叉隔离，随视线转换，构成粗犷和细致的成景组合，在不同园林空间组成片景、点景、孤景，使湿地植物具有强烈的亲水性。

（3）湿地植物材料的选择。

首先，选择植物材料时，应避免物种的单一性和造景元素的单调性，应遵循“物种多样化，再现自然”的原则。应考虑植物种类的多样性，体现“陆生—湿生—水生”生态系统的渐变特点和“陆生的乔灌草—湿生植物—挺水植物—浮水植物—沉水植物”的生态型；尽量采用乡土植物，因为其能够很好地适应当地的自然条件，具有很强的抗逆性，要慎用外来物种，维持本地原生植物。

其次，应注意到植物材料的个体特征，如株高、花色、花期、自身水深、土壤厚度等，尤其是要注意挺水植物和浮水植物。挺水植物正好处于陆地和水域的连接地带，其层次的设计质量直接影响到水岸线的美观，岸边高低错落、层次丰富多变的植物景观，给人一种和谐的节奏感，令人赏心悦目。相反，若层次单一，则很容易引起视觉疲劳，不会吸引人。浮水植物中，有些植物的根茎漂浮在水中，如凤眼莲、萍蓬草，有些则必须扎在土里，对土层深度有要求，如睡莲、芡实等。

4. 驳岸设计

驳岸环境是湿地系统与其他环境的过渡带，驳岸环境的设计是湿地景观设计中需要精心考虑的内容。科学合理的、自然生态的驳岸处理，是湿地景观的重要特征之一，对建设生态的湿地景观有重大作用。驳岸景观的形状是湿地公园的造景要素，应符合自然水体流动的规律走向，使设计能融入自然环境中，满足人们亲近自然的心理需求。

（1）驳岸设计的原则。

首先，突出生态功能，驳岸的设计上应该保持显著的生态特性，驳岸的形态通常表现为与水边平行的带状结构，具有廊道、水陆过渡性、障碍特性等。在形态设计上，应随地形尽量保护自然弯曲的形态，力求做到区域内的收放有致。

其次，注意景观的美学原则。我们要重视景观的视觉效果，驳岸的景观设计应依据自然规律和美学原则，在美学原则中遵循统一和谐、自然均衡的法则。通过护岸的平面纵向形态规划设计，创造出护岸的美感，强化水系的特性，这体现在对护岸的一些景观元素如植物、铺装、照明等的设计上。

最后，增加亲水性。在驳岸的设计中，我们应该在遵循生态、美学特性的同时，分析人们的行为心理，驳岸的高度、陡峭度、疏密度等都决定了人们对于湿地的亲近性。在对驳岸进行整体性设计上，应选择在合理的行为发生区域，进行合理的驳岸空间形态设计，并促进人们亲水行为的发生，包括注重残疾人廊道的设计，如俞孔坚在广东中山岐江公园设计的临水栈桥，桥随水位的变化而产生高低错落的变化，使游人能接近水面和各种水生动植物。杭州西溪国家湿地公园中的临水步道也突出的亲水性，并且用木质做廊道，其原生态性和湿地植物融为一体。

（2）湿地驳岸的设计形式。

第一，自然式护岸。自然式护岸是运用自然界物质形成坡度较缓的

水系护岸，并且是一种亲水性强的岸线形式，多运用岸边植物、石材等以自然的组合形式来增加护岸的稳定性。自然式护岸设计就是希望公园的水体护坡工程措施要便于鱼类及水中生物的生存，便于水的补给，景观效果也应尽量接近自然状态下的水岸。

第二，生物工程护岸。生物工程护岸是指当岸坡坡度超过自然、土地不稳定的时候，可将一些原生纤维如稻草、柳条、黄麻等纤维制成垫子，用它们将土壤铺盖来阻止土壤的流失和边坡的侵蚀。当这些原生纤维逐渐降解，最终回归于自然时，湿地岸边的植被已形成发达的根系而保护坡岸。

第三，台阶式人工护岸。台阶式人工护岸可运用于各种坡度的坡岸，一方面它能抵抗较强的水流冲蚀，另一方面有利于保护植物的根系生长。并能在水陆间进行生态交换。

第二节　生态街道景观艺术设计创新

一、街道景观设计相关理论

（一）街道美学理论

日本当代建筑师芦原义信于 1979 年出版了《街道的美学》，将视觉和图形的形态结构理论应用于街道景观设计中，他认为，就设计者而言，从外侧的街道界面考虑街道内侧界面，能够创建一个更加美妙的城市空间。街上充满生机活力，则城市也就充满生机活力，街道沉闷压抑、则城市也显得沉闷压抑。他认为，街道是城市内涵、文化与品味的体现形式，除了具有交通作用，更多的是为居民提供优质的宜居环境和美丽的心情。他还认为，文化习惯的差异会导致区域街道的差异，这些客观因素会影响街道的布局。故此，市民会愿意花费一定的时间、精力来保护他们生活的街道，使其优雅温暖，充满人情味。也因此，城市建设除了满足住宅的诉求之外，还需要满足人们对优质街道环境的诉求。街道的设计不能凭空想象，要优先考虑居民的想法，使得街道的作用可以得到最大限度地发挥，生态环境效益也可以获得稳步提升。

（二）街道空间要素及分析

1. 客体要素

现代城市街道元素远远要比传统街道之元素复杂，元素的数量及元素本身都更复杂。街道景观空间有以下几个元素：自然、人工元素，客体元素空间分布，要素间的关系。[①] 城市的生存环境是由不同的地理环境构成，这是一个城市与其他城市最原始特征的区别。城市街道的布局将会受到地理环境的自然因素的影响，要因地制宜对街道景观设计，以创造一个真正可持续发展的街道。街道地理环境主要有地形地貌、植被、水体等。街道景观最基础的元素当属人工痕迹，包括建筑立面、街道路面、绿化带等设施。

（1）地形地貌。城市的地貌特征是构成城市形态的基本因素之一，平原、山地、丘陵、岛屿等不同的地形地貌形成了各种不同的城市特征。地形特征会影响城市街道，而城市街道也会反映出这些特征。

（2）植被。植被景观元素在城市街道景观中是非常重要的，这里的植被是指城市自然和原生植物群落，不同于人工造林的城市景观，它具有优化街道环境、缓解压力、增添美感以及改善生态环境的功能。

（3）水体。水体是指水河、河流、湖泊和其他大型水体，还包括自然降雨、降雪。城市水体不仅为人们提供生活用水，还改善城市环境，是城市街道景观设计的重要设计元素。

（4）天象时令。天象时令包括云、雾、日出、日落、大雨、大风、降雪、降霜等自然景观要素。

（5）沿街建筑立面。空间建筑立面的风格、颜色、尺度均属于街道景观系统构成元素。所以，街道两侧的建筑最好是排列整齐、有节奏感。一个不协调的建筑将打破原有街道景观空间的韵律感和平衡感。此外，要想使街道美观，建筑立面需与其相互协调。当然了，街道的设计必须与自然相互映衬、相得益彰，建筑的设计与布局应该先考虑街道的特性，注意突出地方特色，体现绿色生态街道文脉性，对沿街建筑表面的规模、空间景观进行合理控制。此外，建筑表皮的颜色设计也属于街道景观设

① 兰潇，李雯．以多元需求平衡为导向的街道设计——以《阿布扎比街道设计手册》为例[J]. 2014（2）：36-49

计中一个必须考虑的部分，因为其体现街道特征和属性。颜色与街道架构相统一。建筑是街道上是十分明确的人造元素，协调好建筑沿街界面与街道空间之间的关系是提升街道景观的有力保障。

（6）街道绿化。街道绿化的意义重大，地面与垂直绿化属于街道绿化景观的范畴。街道绿化起到美化街道环境、创造愉快的阴凉景观空间等作用，与街道绿化相近的生态技术，能够净化空气，调节温度，改善生态环境。由于客观因素差异的存在，街道空间、绿地空间、停车场空间等的设计也要有差异。立体绿化有助于提升绿地范围，满足绿色生态的需求，其包括绿色屋顶与阳台、沿街绿墙、桥上绿化、柱廊绿化、围墙绿化、棚屋以及立体花坛等。

（7）街道路面铺装。街道硬质景观是街道的基础。在生活性街道中，街道路面铺装存在较大的实用价值和艺术观赏价值，属于街道硬质景观的基础元素。

（8）街道公共家具。城市街道家具根据功能可分成三种：第一，小品家具，例如，小雕塑、喷泉、花圃、走廊等；第二，交通管理设施家具，例如，道路交通标志、护柱、栏杆等；第三，服务设施家具，例如，灯具、饮用喷泉、垃圾桶、电话亭等。

2. 主体要素

街道景观空间的使用者是人，人是生活性街道景观的主体要素，因此生活性街道生态化设计应以街道上活动的行人为第一要务。杨·盖尔，将户外空间活动划分成自发性、社会性以及必然性活动三种。其中，自发性体现在城市生活功能上，即通过改善街道的空间环境质量，吸引更多的人来到街道。必要性的活动在交通功能上有所体现，形成富有活力的街道景观空间。[①]

3. 空间形态

街道景观空间中存在自然与人体两个方面。在街道中，应该选择有差异的设计模式，不能光依靠建筑来创设充满生机的街道。在生态化街道中，保持自然和丰富的人体尺度是审美的必然要求，维持自然和人造物品之间的平衡，是人与自然、人与城市、人际和谐的唯一途径。

① ［丹麦］扬·盖尔．交往与空间［M］．何人可译．北京：中国建筑工业出版社，2002.

（1）概念。界面，是指空间里的平面元素。生态化街道空间界面是道路、建筑、绿化、设施、家具等相结合的形式，它包括节奏、外轮廓线、光线和阴影以及几者之间的相互交织组合。当我们穿过马路可以看到这个叠加的建筑和环境时，可以体验到城市环境。

（2）分类。从空间构成来说，街道空间界面的两个部分是垂直界面和水平界面。前者包括所有沿街的建筑立面、行道树等，后者则是车行、人行道路面，台阶、草坪等。水平界面具有分割街道空间的作用，能够加强景观的欣赏价值，还能够深化环境保护等。水平界面有刚性基础和柔性基础。硬铺地、裸露的土壤都属于刚性基础，它们不仅可供人停留、走动或做各种各样的活动，还有利于限制空间、增强识别。柔性基础可以减少人工元素的呆板性，使环境显得自然而柔软，还能为居民的活动提供场所，如水体、植物基面等。垂直界面是形成绿色生态化街道空间的一个元素，其形态与建筑密切相关。在空间里，人们不管是动态的还是静态的，都与垂直界面相对，所以垂直界面是绿色生态化街道装饰的表面。此外，街道垂直界面与立体绿化的结合已经成为目前一个重要的产生重大环境效益的景观。

二、街道景观生态设计基本原则

城市生活性街道景观生态化设计应包含以下特点：温暖和谐、节奏缓慢、设计合理、有区域特色等。城市生活性街道景观设计以社会、自然、经济、文化四个方面来实现生态化为目标，符合低碳生态的理念。此外，在设计层面，要遵循表现区域特点以及精神文化等的原则。在社会层面，要遵循生态和“以人为本”的原则，尽可能满足人的各种物质和精神需求，建立一个自由、平等、公平的社会生活环境。在经济生态层面，要遵循保护和合理利用自然资源及能源的原则，尽可能提高资源回收的效率，实现资源合理有效利用，转变生产、消费、住宅开发模式。在自然生态层面，要遵循保护优先的原则，首先是优先保护自然生态环境，不能过度开发和改造，以免超出了环境的承载极限，从而对自然造成不良影响。文化生态的原则，是维护当地文化特色，展示地域文化的特点，让个性鲜明的地方文化得以传承，增强文化认同。

三、街道景观生态设计基本思路

（一）在功能上

在功能上，要在保障道路的正常行驶与安全的基础上开展生态建设，通过引入生态调节机制，尤其是在低影响城市雨洪水管理系统的开发模式，并采取合理的科学方法进行路段的综合分类。尊重当地的水资源环境，按照当地的自然水文条件、雨水自然循环，尽可能地减少项目开发带来的损害。保持原有的水文条件的总体目标，经过使用 LID 技术在雨水径流的源头和生成路径上，分散规划一系列的软质雨水管理景观设施，构建一个绿色的雨水管理网络，达成对当地雨水水量与水质的管理目的。

（二）在美学上

在美学上，要突出地域特性，尽显当地风情，用朴实、简单的材料进行组合，然后再雕琢细节和艺术感。

（三）在材料的应用上

在材料的应用上，选择可渗透并且环保的材料，避免使用那些无法渗透的材料，要研究新技术、新料材的使用。合理利用回收的材料，降低成本。生活性街道十分喜欢装置艺术景观，然而对于设计人员来说，他们更愿意选择环保、可再生能源和可回收材料设计的景观，打造景观艺术化与功能现代化相辅相成的高品质街道人居环境。在植物选择上，本地物种维护与管理成本较低，可加大对本地物种的保护和利用。

（四）在项目的运作中

在项目运作中，要培养公众对街道空间设计的参与热情，调动市民的参与性和积极性，设计人员应对公众意见和建议进行专业引导和过滤，以实现公众参与的科学高效，制定有实施性的发展策略，并让群众参与项目的各个阶段建设，让每个居民都为自己对绿色家园所做的贡献而感到自豪。

四、街道景观生态创新设计

（一）街道绿化设计

1. 街面绿地

所谓街头绿地，一般是指在街道植树种草等，目的在于改善城市气候、分割行车路线、减少噪声、保持空气清新、美化城市，同时具有防火的作用。两个车行道中间的分隔带就属于分车绿化带；人行道绿化带在人行道和车道中间；路旁的路边绿带在路的侧边，是人行道边到道路红线的绿化带。[①] 界面绿地的存在既能够使绿地的景观、生态以及游憩等基础作用得以发挥，又能够为周边、道路的雨水径流提供蓄滞空间，并和周边的水体、绿地连接，有针对性地选择适合的耐淹植物。所以，可以使用不同的实际街道绿化方案，使街道的形式多样，为街道的雨水管理、景观设计提供平台。

2. 交通岛绿地

交通岛绿地的作用有两方面：一是控制车辆行驶的方向；二是确保过往行人的安全。它们的存在既提高了车辆行人的安全性，又为交通岛雨水的疏通提供了便利。交通岛绿地多适用于雨水渗透园或人工湿地策略，雨水渗透园的绿地的标高低于路面，可以收集人行道表层流入的雨水，这些雨水能润泽植被、初步净化尘土，然后慢慢渗透到土壤中，滋补地下水，没有渗透到地下的雨水将排入市政雨水管网。

3. 停车场绿地

街道或者建筑两边的停车场，其车位一般为开放式。一般来说，在其边缘位置和拐角处都会有硬底路面或绿地空间，不低于规定停车场的规模，若停车场的规模较大，那么一般每个停车位中间还会有一个线性空间，目的在于拉宽车辆的停放距离，提升安全性，并能组织行人交通。

---

① 王浩 . 道路绿地景观规划设计 [M]. 南京：东南大学出版社，2003.

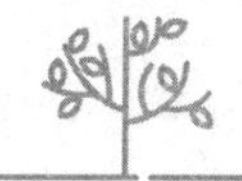

（二）街道立体绿化

1. 绿色墙体

所谓绿色墙体，即在和水平面之间的夹角保持60度以内的建筑或构筑物的立面上种植或覆盖植物的技术，也称作垂直绿化。这些土壤是人为铺砌的，并不是自然形成的。绿色墙体是分雨洪的管理方法和基础方法。生活性街道建筑立面的绿色墙体处理主要通过立体绿化的方式实现。① 两种方法最终都是要创造出一种人工与自然生机勃勃的共生关系。

（1）街道立面绿化植物配置。街道立面绿化植物配置有三种方式：攀缘式、下爬式和内载外露式。攀缘式，适用于高的建筑立面，在建筑基地种植藤本植物，可以利用挂钩、搭架、拉伸等方式让植物生长后能够遮掩最大部分的墙体面积，普遍用来绿化楼房建筑。下爬式，可种植下垂类植物，将其种植在墙顶的侧面，也可以在墙边种植攀爬类植物向上爬，两者相向生长，覆盖街道建筑立面等。内载外露式，一是在透视式围墙应用；二是在室内种植爬藤植物或花灌木，然后将藤蔓等景观展露到墙外。

（2）模块式墙体绿化技术。

将种植模块安装在预装的骨架上，然后将骨架安装在建筑墙体上，其上再覆盖灌溉的系统，种植模块可由弹力聚苯乙烯塑料、金属、黏土、混凝土、合成纤维等制成种植模块，一般植物在苗圃中预先定制好再进行现场种植。②

（3）室内生态墙体。最新研究表明，植物可以有效地降解空气中的有害物质，实验结果给出的净化空气的标准是每100 m^2 室内安装2 m^2 植物墙，就可以非常有效地净化室内空气，减少污染，并且提供负氧离子。我们设计一面绿色植物墙体，既能分割空间，又能净化空气、美化房舍、打造成艺术作品等。当然了，因为是设计在室内的，所以所用的材质、植物都需要慎重选择。在夏季，墙体通过蒸发制冷，降低空调能耗；而到了冬天，则可以凝聚充盈的湿气。

---

① 赵圆圆．建筑之裳——立体绿化在城市建筑上的开拓[D]，新乡：河南师范大学，2014.

② 李海英．模块式墙体绿化技术[J]，华中建筑，2015（3）：54-58.

（4）街道建筑立面绿化植物的种植设计。生活性街道建筑立面绿化一般使用的都是攀缘类植物，一方面可以使当地植物资源得到充分利用，形成地方特色；另一方面是根据植物的攀缘习性，可以进行不同种类的混合搭配，从而提升其观赏性。首先，依据采光情况选择攀缘植物。喜欢阳光的攀缘类植物一般用于光照充足的墙面；耐阴或半耐阴的攀缘植物则适用于光照不充足的墙面。其次，依高选材。不同墙面或构筑物高度并不一致，因此要使攀缘植物与墙体高度相适应。最后，混种技术是垂直绿化的一个方向，即将草本与木本进行搭配，还需要选用花期较长或者维持绿色时间较长的品种，营造内容丰富的综合景观效果。

攀缘植物可分为四类：爬墙类、悬垂类、棚架类和篱笆类。例如，北京天通苑的一个小区，工人沿楼体墙侧种植了五叶地锦，夏天形成一面面绿墙，秋天树叶变红，美不胜收。有花绕石城之称的石家庄，在城市主干道、社区围墙利用月季进行攀缘绿化，形成花墙。广州市充分利用炮仗花的特性，将其广泛用于垂直绿化，元旦和春节之间是它的花期，这为欢度佳节提供了非常好的植物素材。用攀缘植物来绿化墙面，是最节省、最生态、最低碳、最持久的墙面绿化方式，可以广泛应用。

2. 绿色阳台

阳台对于建筑物，就像眼睛对于人，眼睛是心灵的窗口，那么阳台就是建筑的“眼睛”。因此，如果能将其“打扮”得漂漂亮亮的，那么必然会提升建筑自身的美感，且对城市也起到了美化、绿化的作用。人们通过绿化阳台，除了可以欣赏到现代化的城市风景之外，还可以感受到自然界的温馨，同时漂亮的阳台也为城市增添了艳丽的色彩。

阳台的材质、模式、装饰以及植被的差异给人的感觉都是有差别的。若阳台面朝太阳，则可以选择喜阳植物，如米兰、茉莉、月季，若处于背阳之处，则要选择喜阴的植物，如君子兰、万年青等。[①]

美化阳台的方法很多，生活中比较普遍的有花箱式、悬垂式和花堆式等。花箱式多设计成长方形，从而节省大量的空间。而悬垂式既能节省空间，又能增大绿化面积，属于常见的立体绿化。花堆式是最常见的方式，即把各类盆栽按照一定的审美标准摆放在一起，给人一种花团锦簇的感觉。

① 沐薇，苏兴 . 阳台及屋面绿化 [M]. 成都：四川科学技术出版社，2002.

3. 桥体绿化

桥体绿化，就是在桥的边缘地带设计种植槽，种植一些往下生长的植物和花卉，如迎春、牵牛花等，也可以设置防护栏、铁丝网等，从而可以栽种爬山虎、常春藤等攀缘植物。

4. 道路护栏、围栏绿化

道路护栏、围栏可利用观叶、观花的攀缘植物来进行绿化。此外，还可以通过悬挂花卉种植槽或者花球进行点缀。在酷夏的时候，水分容易蒸分，所以要关注植物的需水情况，要随时保持水分的充足。当然了，在温暖湿润的春天，为防止植物的烂根，要少浇水。冬天较为寒冷，还会经常结冰，因此冬天要保持花盆内部的干燥，防止冻裂。这种方式能使空间延伸“N”倍，提升欣赏价值，让人们感到愉悦。但是安装复杂，对支架要求较高，如果支架不强，会成为一个特定的交通风险。

5. 立体组合花盆

立体组合花盆有着特殊的固定装置，可以在路灯杆、灯柱、阳台等上面将立体组合花盆固定。立体组合花盆具有节水省力、快速组装拼拆、任意组合、可移动性强等特点，设计人员可根据需要，组合成花墙、花球、花柱，营造出的艺术景观呈现出多层次、多图案、多角度。

6. 棚架绿化设计

棚架绿化一般通过门、亭、榭以及廊等方式来实现，以观果遮阴为主要目的。通常情况下会选择卷须类或缠绕类的攀缘植物。当然了，猕猴桃类、葡萄、木通类、五味子类、山柚藤观赏葫芦也是常见的棚架绿化植物。

7. 立体花坛设计

通常，立体花坛在街道中的应用在节日里较多，而随着社会的发展，固定性应用的立体花坛也越来越广泛，木架、钢架、合金架等都是立体花坛设计的基本骨架，此外，还需配置以铁线、卡盆、钢筋箍等，从而生成各种造型。后来，钢管焊接造型出现了，从而设计成了许多简洁美观的立体花坛，然后在架体设置储水式的花盆。底部栽植各种应季花卉作为配重箱。此外，定期的检查与维护也是不可或缺的，这样才能保证摆放的安全性。要想景观的效果显著，就需要采用较少花卉数量，但种类一定要丰富。由于花架比较沉重，所以最好使用机械安装，实在不行的话，也不能一人单独进行作业，容易发生意外事故。① 立体花坛常用的植物品种有紫罗兰、旱金莲、万寿菊等。

（三）针对寒风的绿色设计

冬季寒风让人感到寒冷难耐，在我国设置垂直于风向的界面屏障，可有效地抵挡寒风并降低风速。在北方生活性街道景观设计中，应尽可能保障街道沿东西向布置。为了阻止寒风可在街道两侧设置建筑界面。街道周围建筑之间的空隙是风流动的首选路径，在冬天的时候，街道的风速与周边建筑的大小、高低息息相关，因此，合理的建筑设计有助于降低寒风对街道的侵袭。如果某一区域的建筑高低差距不大，那么其风速就会比较平稳，但如果有其中一幢“鹤立鸡群”，那么其受到风的侵袭就会较大。因此，在北方城市生活性街道设计中，建筑群的高度应尽可能保持一致，避免出现局部高大建筑。相反，应多采用低围的建筑界面。高低错落的街区衔接时，衔接的两个建筑群之间的差距应小于较高建筑的一半。街道侧面建筑物的体积也会对风速造成影响，所以要对街道周围的建筑进行合理设计，从而达到分流寒风的目的，将大量的风引入城市上空，从而创建一个舒适的步行空间。北方城市生活性街道绿色设计策略有以下两方面。

1. 连续界面阻挡寒风

在城市里面，街道走向应该大部分与冬季风呈现垂直状态，针对这种情况，可以将街道设计为连续封闭，或者借用绿化带来分化风力。

2. 平缓组合导引寒风

街道上的建筑应该有规律可行，避免突兀的高低变化，最好是沿着风向楼层逐渐升高，这样能够将冬季寒风引往城市的上空。

（四）针对降雪的绿色设计

在北方，冬季积雪属于街道面临的难题之一，每年会在这上面耗费大量的人力物力。针对此类问题，可以在街道上进行一些设计，比如利用风的走向将雪吹到一个固定的地方。此外，街道绿化可以屏蔽冬季风，

① 熊秉红，梁任重．立体花坛的工艺与创新［J］．花木盆景：上半月，2009（7）：36-38.

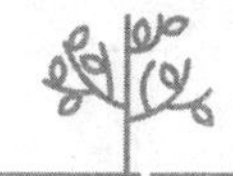

从而在背风区形成涡流区，积雪在风中移动，自然会堆积，因此无须对其进行人工或者机械除雪。在街道的两边有公共空间入口时，可以根据空气动力学原理针对入口周边环境进行科学的设计，使积雪可以被风刮走，不会阻塞的入口空间或飘落到入口中。

所以，城市生活性街道针对冬季降雪的生态化设计策略表现为以下几方面。

1. 自然清除

在街道进行绿化设计时，计算并预留出自然的积雪区域，并且迎风而建，让积雪随风飘远。

2. 灵活存储积雪

灵活存储积雪，如可以增大街道的步行面积，这样在冬天就可以预留出部分空间来设临时存放积雪的区域，而在其他季节可以用作非机动通道。增加街道的空间弹性，能根据实际需求灵活变通。

3. 将积雪生态循环加以利用

将积雪生态循环加以利用，即把冬天街道上的积雪进行隔热储存，用于夏天空间环境的制冷，降低耗能和污染。

第三节　生态居住区景观艺术设计创新

一、生态居住区景观规划设计的原则

建设部住宅产业化促进中心编写的《居住区环境景观设计导则》中提到了居住区景观规划设计要遵循的五项基本原则。

（一）生态性原则

人心向“绿”已是势不可当的发展趋势。如果难以做到创造大面积的开场绿地，那么在进行规划设计时，设计人员可以通过绿化种植和空间分割等手法使人的视觉和心理感觉处在生态环境之中。此外，应尽量保持场地现存的良好生态环境，通过不同植物层次配置调节内部微气候，弥补原有生态环境网络的不足之处。在进行景观规划设计时，还应积极地将生态节能技术的应用与园林景观的构建相结合，如节能材料的使用、

供水供暖等设备系统的综合设计、雨水收集系统的运用等，力求创造出利于人类可持续发展的社区。

（二）地域性原则

地域性原则是居住区景观规划时要遵循的一个重要原则。居住区的景观应该遵循当地的地域特征，因地制宜地进行绿化种植，避免盲目移植树种，对苗木造成浪费；应根据现场地形，设置开合有序的、变化丰富的景观空间。

（三）社会性原则

通过对居住区环境的美化及艺术化的渲染，来提升居住区的文化氛围，以促进邻里间的人际交往以及居住区的精神文明建设，进而展现出集活力、和谐、生机为一体的居住区。

（四）经济性原则

结合市场发展及地方经济，注重节能减排，并合理利用土地，采用环保材料及生态节能技术使设计尽可能达到最优的性价比。

（五）历史性原则

对位于历史保护区内的居住区，在景观规划设计时，要结合历史文化并与保护区内的景观相融合，做到先保留，后改造。

二、生态居住区景观构建

（一）绿化系统

社区整体景观以建筑小品、景观树以及形态多变的铺地为主，构成丰富多样、富有层次的园林景观，使住户产生置身在自然环境中的感受，同时，也使住户能享受到建筑艺术以及园林艺术带来的美感享受，让整个社区氛围更为活跃，让住户不会局限于自家的方寸之地，从自己的小天地走到更为广阔的公共区域，活跃邻里之间的关系，拉近此的距离，

回归最初邻里之间友好和谐的关系。

院落作为小组团的公共空间，是邻里之间互相交流的地方。院落的打造，要以温馨、亲和、舒适的园林风格为主，在尽可能丰富住户休闲活动的同时，更加重视人文的塑造，以达到每个院落有不同的风格特点，突出整个居住区的文化内涵。各个院落构成了居住区整体的景观架构，把各个院落有机而连续地联系在一起，才能形成完整的居住区景观。主要方式则是通过步道、高低错落而连续的景观植被等，形成既独立又连续的有机景观脉络，突出居住区的中心景观，丰富景观轴线的纵深度。

（二）景观系统

社区景观规划以中心景观水系为主要景观核心，通过景观中轴引入城市河流这一重要的景观资源，两者互相呼应，形成贯穿小区南北的步行视线通廊。水景的融入和放大，使得居住在其中的住户能够时刻感受到身处水乡之中，水文化的核心规划理念也更能深入人心，在景观氛围上影响着住户，使人们感受到浓厚而熟悉的地域人文特色。景观通廊是连接每个住宅院落的通道，是仅次于景观轴线重要的布景。在通廊景观的塑造上，以蜿蜒柔和的步道为主。

另外，幼儿园和会所分别作为次要景观核心，增加了景观轴线的层次感和视觉丰富感，共同打造出层次分明、错落有致而丰富多彩的景观资源，形成宜居的社区环境，营造文化韵味浓厚的小区氛围。各组团景观核心串联起小区次要景观的轴线，和社区中央景观遥相呼应，共同营造多样化的自然景观资源。

结合周边城市道路网络和景观资源，在社区环状道路设计上，道路有适当的曲折，可以形成丰富的沿路景观，达到步移景异的效果。沿路建筑错落有致，水系、建筑空间开合有序，形成社区主要的景观界面。

三、“绿色细胞”生态居住区的设计创新

为对上述理论进行详细说明，从理论上升至实践，本研究选取面积约 18hm^2 的地块进行生态住区设计。该设计模型植入“绿色细胞”的概念，以公共服务设施和第四代建筑为基本框架来确保物质循环关系，以

期构建一种让住户健康、舒适，让人与自然和谐共存，让绿色资源可循环的“绿色细胞”生态住区。

（一）居住区总体设计

“绿色细胞”以环通路网为肌理，以水体景观等“海绵体”为单元，做到宅中有院、院中有园、园中有水。在场地中央设置垂直农场与景观核心，以步道和街区空间串联邻里，延伸生态水景与绿化网络。

垂直农场是组团间物质交换的中枢，良好的可达性便于居民的聚集和物质的运输。生态廊道与运输通道相结合，作为“绿色细胞”的“动脉”，为人们提供自然的开放空间，满足生态居住区的健康需要。建筑设计参考第四代住宅，各层空间形态错落，其阳台和屋顶作为建筑公共空间活跃的元素之一，增强居民间的交流，形成良好的空间围合。在通风采光良好的地段设置立体绿化开放空间，居住区内部交通划分形成相对独立的岛式组团。

（二）公共服务设施

居住区内的公共服务设施包括基础教育设施和公用休闲娱乐等服务设施，基础教育设施包括中小学、幼儿园、托儿所等，而公用休闲娱乐等设施，除室外零散分布外，还集中于工作社区中央的垂直农场。垂直农场建筑占地为1500~2000 m^2，高度不超过60 m，由裙房与塔楼两部分组成，每层面积约40 m × 40 m。建筑时综合考虑低造价、模块化、易保养、整体采光需求、城市景观界面等因素。垂直农场基本楼层采用阳光房的形式，有利于农作物与绿化的栽培，保湿保温防极端天气，为植物提供一道保护屏障。此外，垂直农场还集物业管理、社区服务、餐饮娱乐、渔业养殖、作物种植等功能于一体，具备复合型绿色居住区的服务功能。

（三）生态住宅设计

住宅分为居住组团、建筑单体、绿色空间三个层次。组团以单元区分，打造符合当地气候环境和城市文脉的绿化空间，并在采光、通风良

好处连续集中规划公共绿地。建筑单体空间在每户新添私人院落或阳台，在楼顶开设屋顶绿化，与住宅用户公共区域相连接，提高楼层居民的交流沟通，优化内部环境。每户院落也相当于独立的绿色空间与外部，让人们自由种植农作物、花草。按照每层户型 2—4 种规划，采用装配式建筑构造，根据地形调整层高，18 hm^2 约能容纳 5000~8000 人。

（四）景观设计

规划在生态居住区内形成点线面结合的绿色空间：中央水面、垂直农场构成居住区景观面，成为景观绿心，净化空气、改善内部湿环境；由绿植和水体构成生态绿化走廊，通过路网渗透至各个单元，再由各单元公共绿地景观构成绿化空间的点状元素。

生态居住区水体景观的设计原则是以生态为本，提供绿色、开放、自然的公共活动场所。以水为核心，打造承载居住区水循环、控制内涝、稳定社区湿环境的丰富滨水景观；以休闲娱乐为主题，通过滨水步道、广场为居民提供休憩、交流场所。

（五）居住区交通

除划定红线的道路系统外，规划层次清晰的内部交通系统。组团均相对独立，以连通的环状内部道路系统与城市道路合理衔接；组团内通过生态水系、景观步道等串联。单元内部及相互之间沿景观河道等规划，以步行、自行车等游览性交通为主的交通空间；相邻单元之间规划内部的交通通道。居住区内部的交通与外部规划城市公共交通设施吻合，保障居民出行通畅，根据不同出行目的和距离可以选择多种出行方式。机动车停车利用绿化的高差与留白，布置为地面和地下等多种方式相结合的形式，减小对人流和景观轴的影响。此外，还可以在适应地形的基础上对部分组团的集中绿化设置阶梯式步行平台，充分将居住区的交通与景观嵌合，提高景观的利用率与舒适度。

（六）居住区可持续发展体系的构建

植物生产是“绿色细胞”生态居住区的核心，通过植物，将垂直农场中的农产品、立体绿化技术、绿色住宅屋顶、第四代建筑阳台与生态居住区相联系，构建类似于生态系统循环的体系和“生产—生活—生态”相互作用的产业链。[①]

①生产：除传统种植外，垂直农场、家庭庭院、屋顶等还为生态居住区物质生产提供农产品、果蔬、绿植等；利用太阳能、风能、地热能等为居住区供应能量，减少物质输入，增加物质产出，促进产业链的形成。

②生活：居民在生态居住区户外环境中能欣赏到坐落在各处的由垂直农场生产带来的绿色花园和景观小品；在室内能直接体验垂直农场生产的绿色家装、家庭园艺和绿植盆栽；在农场内能感受种植农产品的休闲时光。

③生态：生态居住区景观规划和立体绿化技术应用为居住区带来更丰富、规模更大的绿化量，改善了居住区的环境质量，对城市环境产生正效应；茂盛的绿植是天然的海绵体，能更好地抵御暴雨、沙尘等恶劣天气；生产生活垃圾能为绿植提供肥料，绿植能调节居住区小环境、节约资源、改善资源循环流通等。

第四节　生态广场景观艺术设计创新

一、生态广场的基本内容

（一）生态广场的定义

城市广场作为一种城市艺术建设类型，是既承袭传统和历史，也传递着美的韵律和节奏的一种公共艺术形态，也是一种城市构成的重要元素。在日益走向开放、多元、现代的今天，生态城市广场这一载体所蕴涵的诸多信息，成为一个规划设计需要深入研究的课题。生态广场具有开放空间的各种功能，并且有一定的规模和要求。人们在城市的中心建设供人们公共活动的广场；围绕一定的建设主题来配置的一些相适应设

① 刘长安，张玉坤，赵继龙．基于物质循环代谢的城市“有农社区”研究 [J]. 城市规划，2018（1）：52-59.

施、景观小品或者道路等围合的公共活动场地构成生态广场。由于生态广场具有供人们进行各种集体活动的功能，因此，在城市的总体规划设计中，要对广场的布局做系统的设计，根据城市的性质与规模决定其面积。生态广场建设的规模要与其用途相一致。

（二）生态广场的空间形式

生态广场的空间形式具有多样性。生态广场是供人们共同来享用城市文明的舞台，在建设时要考虑大众的需求，同时也要考虑特殊群体的需求，如残疾人等。生态广场的服务设施和建筑物的功能要多样化，同时要具备休闲、娱乐以及艺术并存的综合服务功能。城市的建设时间跨度十分漫长，其始终处于新旧更替的过程中，每个时代的设计者和建造者都在不断塑造着城市空间。生态广场是一个城市开放空间的组成部分。

二、生态性城市雨水广场设计

如果把城市比作“模”，雨水就是“范”，是城市的立体图底。下雨时，雨水的流动轨迹遍布城市公共空间，从城市中最高建筑的屋顶，到所有户外道路的路面。这种流动性突破了城市公共环境中的可视边界，从立面到平面，从地上到地下，在城市公共空间中活动，用独有方式“描绘”城市轮廓。建筑、道路、广场、公园等城市空间内一切人造物都要接受和承载雨水，雨水的流动特性为设计人员突破平立面空间限制，建立完整雨水生态系统提供了设计依据和灵感来源。

（一）利用雨水特性连接内外场地

广场作为城市公共空间中的重要节点，也是直接汇集降雨和收集周边建筑道路径流的重要节点。雨水天然的物理属性和运动方式为雨水生态系统生成提供了依据，设计时要考虑雨水由建筑到广场、道路到广场的流动方向和动态，通过设计和引导“突破”城市空间边界。

1. 平面连接——外部道路到广场

将雨水由外部道路向广场内部汇集，可以利用生态手法，在引导雨水径流进入广场内部的过程中，滞留和净化雨水。工程方法的利用则具有更加明确的目的性，能够快速引导径流汇入广场内部，因此在许多案例中，生态手法和工程方法也会被结合用于雨水管理。

（1）生态手法。生态雨水池不仅可以起到天然的引导雨水的作用，还可以利用土壤、砂石、植物等元素净化径流、滞留雨水，在降雨量较小时就地消纳雨水、涵养水池内的植物，创造独特的雨水生态景观。带状草沟作为一种线性布局的雨水管理设施，是一种有效的适应场地现状、用地需求的自然雨水设施，和传统排水沟相比，其除了引导作用，还具有过滤净化的功能。

（2）工程方法。步行水箅作为一种工程设施，实际上承载着自然活动，是公共空间和生态活动共存的独特形式，提示我们城市中自然的存在，帮助我们注意观察身边的细微之处。因此，步行水箅作为生态思想的外化形式具有生动的表达潜力。

美国波特兰市西南 12 号大街充分利用了这种复合方法，将外部道路雨水引导进入内部空间，利用步行街道形成雨水生态系统。与传统的隐蔽的雨水处理方法不同，该项目将引导、保存、净化雨水的过程直观呈现于公共空间中：水纹形状的箅子向公众传达“雨水流向”的信息，植物、砂石、土壤组成的生态雨水池则更加直接地展示了雨水资源的生态功能。

2. 竖向连接——建筑到广场

生活中常常可以见到垂直于地面的，紧贴建筑外墙的雨水管，这是雨水生态系统竖向连接的最常规、最传统的做法。雨水管通常和箅子组合出现以快速引导、排放屋顶径流。这种竖向连接方式忽视了雨水作为自然资源的多重价值，不是形成雨水生态系统的最佳方法。

通过收集近年来国内外雨水管理设计具体案例，可以将竖向系统大致分为三个环节：源头、引导、承接。源头是屋顶径流汇集排放的开端，引导负责承载和输送雨水，承接是竖向连接的最终端，是雨水由建筑里面到广场平面的衔接点。这三个环节共同构成雨水的竖向连接，在实际案例中，源头、引导、承接并不固定搭配，设计者可根据雨水的管理效率、最终可视效果、设计理念表达等因素灵活决定。

在美国俄勒冈州波特兰的七角市场（Seven Corners Market），设计师 Ivan Mclean 将美国西北地区的鲑鱼群洄游时奋力向上跃动的情景同竖向

雨水系统结合，屋顶径流由不锈钢“源头”流出，经过“鱼群”“水流”的“引导”，最终落入生态雨水池。如此一幅讲述物种迁移的视觉图景，让观者不由自主地将雨水同鲑鱼群所处的河流环境联系起来。设计师将雨水在水文循环中的重要作用，以视觉叙事的方法直接呈现出来。将雨水流动的过程以形象具体的图式语言表现，是一种具有趣味性和丰富景观效果的方法，在管理雨水的同时利用雨水创造独特的雨水景观，提示观者关注雨水和城市、雨水和自然、自然和城市之间的关系，是一种生态思想的传达。

艺术家巴斯特·辛普森（Buster Simpson）在作品“the Beckoning Cistern”中同样运用了具象的手法，他半开玩笑地提到：米开朗琪罗创作的上帝之手给予亚当生命的延续，而在这里，屋顶雨水才是生命之源。雨水由常规路线下落，一只张开的巨大“手掌”正伸出“食指”抵住末端，将径流引入其“厚实的手腕”——一只雨水桶，顷刻间，雨水接连从一组圆形台地跌落，经过岩石的过滤净化，最终进入树池滋养植物。

艺术和技术的完美结合在“the Beckoning Cistern”中得以体现，除了具象的表现方式，常规的材料或设施经过设计者之手也变得极具潜力：设计师 StacyLevy 将常规的雨水管变成攀附于建筑外墙的奇特“植株”，并使部分“经络”变得透明以展示雨水下落的过程；在宾州州立大学植物园馆（Penn State's Arboretum Pavilion），设计师利用雨水链将屋顶径流和岩石净化系统准确连接；加利福尼亚奥克兰一家餐厅将雨水“承接”设置为可坐的岩石净化装置①。

（二）组织活动空间交织人与自然

合理组织空间和功能，是广场内部设计的重要开端。空间是功能的承载，功能是人与自然和谐的体现。雨水广场作为具有复合生态功能的景观基础设施，是生态活动和居民活动共存的空间，是自然系统和社会系统共存的场所。人工、自然空间并不是界限分明的，它们相互独立又相互交织，以更好地发挥雨水广场的综合功能和公共活力。

1. 自然主导的雨水活动空间形态组织

自然空间承载雨水活动，是雨水自然循环的主要场所，但可承载的

① 施金凤．基于生态性景观基础设施的城市雨水广场设计[D]．南京艺术学院，2020.

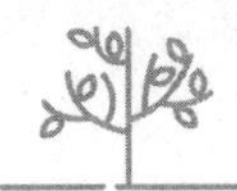

公众活动范围和活动强度有限。对比公共活动空间，自然系统将雨水管理环节集中起来，对城市自然生态的改善更加直观。自然系统能够直接将雨水净化、滞留、下渗、蓄积以及涵养植物，展示雨水资源的生态价值。在城市雨水广场中，土壤、砂石、植物是构成自然系统的主要元素，而人工设施作为辅助，主要用于引导径流汇集。

自然空间在城市雨水广场中的体量可大可小，可以是一组雨水种植池，也可以是更大一些的雨水花园，还可以像波特兰的唐纳泉水广场（Tanner Springs Plaza），将整片草地带入城市公共空间中。在城市的发展过程中，波特兰珍珠区曾经的湿地湖泊被铁路和工业区占领，直到新的社区建成，设计师才将土地“变回”未开发前的自然状态。在珍珠社区中心一片下沉的 60 m × 60 m 的开阔草地上，泉水自然流动形成一处湿地池塘，从铁轨回收的旧钢材被重新设计成一面“艺术墙”，曾经生存在这里的生物被绘制在玻璃上镶嵌于“艺术墙”中，雨水和周边径流汇集于广场中，经过自然系统滞留、下渗、净化，最终流向湿地池塘，当降雨量过大时，多余的雨水才进入地下雨水管网内。在这个繁华的社区中心，生态系统得到恢复，鱼鹰在此栖息，孩子们在这里游玩探索，人们充分投入自然的怀抱中，感受生态的氛围，人们的自然意识被重新唤起。[①]

2. 人工主导的公共活动空间形态组织

公共活动是雨水广场多种综合功能中的重要一项，是城市活力和社会文化的体现。如同自然空间承载雨水循环、植物生长的自然活动，公共空间则承载集会、休闲等社会活动。对比雨水的自然活动，公共活动更具外显性，是公共空间功能的直观表现。西班牙巴塞罗那的 TMB 屋顶花园将空间分为“冷景观”和“暖景观”，“冷景观”由沙土、大理石、混凝土组成，而“暖景观”由草坪、绿植和彩色橡胶组成。不同的材料产生了不同的功能类型和空间感受——人们在“冷景观”区域进行滑板、骑车等运动活动；“暖景观”区域的活动强度和范围相对较小，人们可以进行读书、午餐等休闲活动。在雨水管理方面，“冷”“暖”景观共同作用——雨水汇集于混凝土平面，通过砂石、植被的引导净化，最终被收集储存，为整栋建筑提供生活、绿化用水。

① 施金凤．基于生态性景观基础设施的城市雨水广场设计[D]．南京艺术学院，2020.

现代技术、工程设施、硬质铺装似乎是公共活动空间的标配，在许多案例中，我们可以看到人工设施主导的广场公共空间，在满足聚会、休闲的社会需求的同时，也实现了雨水管理的功能，现代技术和材料的使用甚至能够更好地凸显雨水广场的“特征”，对公众展示雨水资源的价值和转化过程。加拿大蒙特利尔的 Guido Nincheri 公园，利用灯光和铺装凸显雨水在场地中的运动轨迹。线性延伸的彩色透水铺装和生态树池将雨水引入公园内的蓄水池，线性灯环绕在种植池边，强调雨水径流的运动形态。

3. 人与自然交织的空间节点设计

雨水自然系统和公共活动空间在相互独立的同时也产生交集，这种交集既体现在雨水管理功能的重叠上，也体现在空间功能中人工和自然的融合。公众活动和雨水活动发生“交叉碰撞”，人和雨水共同组成广场景观。丹麦腓特烈斯贝的 Slojfen 广场，曾经是电车轨道铺设的地方，设计人员以斐波那契螺旋线为原型，设计了一道约 80 m 长的混凝土矮墙，使雨水落入其中，经过收集引导进入广场地下的蓄水池内，在晴朗的白天，蓄水池内的雨水又由喷泉喷出地面，吸引游人停驻、儿童游玩。

（三）因地制宜地分布雨水管理功能

研究各国雨水的管理方法，可以发现不论是低影响开发策略、可持续排放策略或者水敏感城市设计，都包含一种分散式雨水管理的理念。从宏观角度来说，雨水广场本身就是城市的“分散式雨水生态系统”，从微观角度来说，雨水广场内部亦由多个雨水生态系统组成。完整的雨水生态系统包括多个环节：引导、滞留、净化、下渗、存储、利用。雨水系统依据广场内部功能分区和空间形态，因地制宜进行分布。

1. 公共活动空间的雨水功能分布

（1）透水铺装下渗引导。下雨时，雨水和径流汇集于雨水广场内，通过透水铺装面层层下渗，补充城市地下水或储存于地下蓄水池，在下大雨时，多余的雨水首先会由地下集水管或地表过滤带引导，进入自然空间，由自然生态系统进行管理利用，其余的雨水才进入城市地下管网。

（2）干式过滤带引导净化。对比透水铺装，干式过滤带将引导、净化雨水的过程展示在公共空间中。沙砾代替植被填充其中，在引导雨水的同时发挥净化功能。

美国波特兰州立大学的斯蒂芬·艾普勒庭院（Stephen Epler Hall）创新地将过滤带和生态池结合，形成了一条更高效的“过滤项链”。狭长的过滤带镶嵌于地面铺装，引导净化多余的雨水由一处过滤池向另一处过滤池转移。所有过程发生在一块非常小的公共空间中，总体来说，这是一个相互联系的生态雨水系统。

2. 自然空间

（1）植被缓冲带滞留净化。植被缓冲带通常以一定坡度或台地的形态存在于雨水广场空间中，作为广场周边径流汇入内部的第一阶段。雨水管理功能的充分发挥对植被缓冲带的坡度和宽度有一定要求，当坡度大于 6% 时，缓冲带对雨水的滞留能力较低，当宽度小于 5m 时，缓冲带对雨水滞留作用下降。

（2）生态滞留池存蓄、净化、利用。生态滞留池通常地势较低，以池内植物、土壤、砂石等元素滞留净化雨水，是集中管理雨水和直观利用雨水资源的地表自然系统。生物滞留池可以是连续的整片生态湿地，也可以是中等体量的雨水花园，或者是分布在广场中的生态树池……不论何种形式、体量大小，始终要保证生态滞留池能够有效净化雨水，改善空间生态。

3. 内部景观节点的雨水功能

内部节点对雨水的管理主要体现在雨水资源的利用方面，比如可以利用工程技术或设施将雨水转化为生态资源、社会资源、经济资源。

（1）生态功能。雨水作为生态资源的最直观表现，为公众创造了愉悦的环境——人们置身广场中的某片绿茵，或休憩交谈或沉思冥想，感受雨水营造的生态环境。

（2）社会功能。将雨水管理过程向社会大众展示，普及生态意识，是雨水资源作为社会资源的一种体现。标识牌、生态装置等设施，更加直接地和公众发生互动。

（3）经济功能。雨水经过净化、存蓄，可直接作为城市公共用水，以节省自来水的使用。法国景观设计师 Laurence Robert 和 Veronique Roger，利用红色工地废弃管线布置了一套雨水灌输系统。天气晴朗时，从雨水桶

中舀水注入管内，水在重力的作用下在管内四处流动，并于管壁的钻孔中自然落下，如同自然降雨一般灌溉下面的植物，多余的水则重新流入雨水桶内。该案例通过合理利用雨水资源，节省了农业用水，同时具有趣味性和教育作用。

三、乡村广场景观生态创新设计

（一）乡村广场的景观元素

乡村广场应该符合乡土景观的特点，李鹏波等在《乡土景观构成要素研究》一文中分析了乡土景观的构成要素，提出了由生态景观要素、生产景观要素、生活景观要素和生命景观要素构成的“四生”乡土景观体系。[①] 其中生活要素是人们社会经验的体现，主要包括村落、建筑、生活器具等要素，广场也被包含在内。

广场景观中的设计要素首先应包含在园林景观设计要素中，在园林设计中有四大要素，即水体、山石、植物、建筑。李铮生编著的《城市园林绿地规划与设计》一书指出，景观要素分自然要素和人工要素，其中自然要素有土与地形、水与水体、植物，人工要素分为建筑物、景观小品、景石。按照这个分类，广场是景观环境中人工化程度最高的部分，自然元素占的比重较少。关于景观要素的说法有很多，在笔者看来广场中所有的景观元素都属于人工元素。例如，人们普遍认为“水”是自然元素，但是水的设计在广场中就变成了“水容器”的设计和建造，实质上是“池”的设计，人工的成分更多一些。如此类比出植物的设计实质上是树池和空间围合的设计。

我们常见的景观元素主要有以下几类：

①植物：乔木、灌木、草本植物，在乡村，瓜果梨桃、蔬菜、粮食作物、野花野草等都可以是景观的组成部分。植物元素是广场景观中必不可少的元素之一，不仅有围合空间、美化环境的功能，而且具有重要的生态功能。

②水和水体：在乡村广场中水的形式不像自然界中的水那么丰富多

① 李鹏波，雷大朋，张立杰等．乡土景观构成要素研究[J].生态经济，2016（7）：224-227.

样，因为广场空间较小，有很大的局限性。常见的广场水景有跌水、喷泉、水帘、水幕、水镜和曲水流觞。在一些雨水不充沛的北方乡村，可以做“枯山水”，用小石子做汉溪，弥补景观中水的缺失。

③山石：这个元素放到广场中就演变成了地形（坡和台阶）和景石，铺装也应包括在内。广场是一个硬质大于绿化的空间，因此铺装也非常重要。在广场中景石与雕塑类似，主要用来点缀或强调主题。

④建筑：这里的“建筑”一词不仅包括园林建筑，还包括园林中的其他简单构筑物，如牌坊、植物廊架以及观赏性的“门”、景观柱等。景观建筑应该与当地民居建筑在形式色彩上相协调，继承一些传统民居的元素。

⑤小品：包括休憩桌椅、健身（游戏）设施、花钵、景墙、雕塑、景观灯等，其形式色彩应协调统一。小品设计较为灵活，可以在乡村广场设计中作为体现乡村特色的载体。

（二）各类广场的景观元素选择

1. 根据广场的功能

根据功能划分，广场有节庆广场、集市广场、体育广场、纪念广场等，其景观元素选择分别为：

节庆广场主要活动都在大的硬质场地上，不需要太多小品，主要选择休憩类景观小品；集市广场，主要是流动摊贩使用，一定要设置休憩类小品，还应有遮阴植物或构筑物；体育广场，主要给中青年体育活动使用，要布置健身器材、体育器材、休憩类小品以及植物；纪念广场，突出主题是关键，宜选择雕塑、景墙、景观石、景观灯、植物等突出主题；老人、儿童活动广场应该安全舒适，多一些休憩小品，再配备健身、游戏设施以及植物。

2. 根据广场的位置

根据位置划分，广场有入口广场、中心广场、街旁广场和附属广场。

入口广场：乡村的村口一般会留有大片的空地，除了集散、停车、组织交通以及展现村庄形象之外，还可以兼备节庆广场、集市广场和纪念广场的功能，但是由于村庄入口处交通流量大，作为体育运动场或者老人、儿童活动场不太安全。兼有更多功能的村庄入口广场必须具备的

景观元素包括植物、构建物、休憩类小品、照明设施。其中，植物为停放的车辆和集散的行人遮阴，同时其本身作为景观也可以提升村庄形象并展示特色；构筑物，如牌坊、村庄标志牌、指示牌。可选择的景观元素有观赏类景观小品、雕塑、景观石、景墙以及各类水景元素。中心广场：它是乡村的综合型广场，应满足村民几乎所有的户外活动需求，可囊括上文中提到的所有景观元素。街旁广场：它通常面积较小，不能在节日庆典时使用，也不能够很好地表达对历史（人物或事件）的怀念。此类小广场是最有亲和力的，可以为周围的村民提供舒适的交流环境，在集市的时候为商贩提供售货场所，日常为老人、儿童提供休闲娱乐空间，为年轻人提供简单的体育活动场地，因此，需要放置休憩的小品、一些健身器材，以及简单的体育器材，如乒乓球等。这类广场需要能够适当遮阴。附属广场：它的具体内容要根据其所附属的建筑来定，但是不管附属于什么建筑都需要表达一定的主题，因此一定要有点题景观元素，如雕塑、景观墙等。

（三）乡村广场的景观元素应用

因地制宜、就地取材是我国自古以来人居环境建设的传统经验，这一经验尤其体现在建筑取材上，如福建土楼的建造就充分体现了就地取材的原则，其建筑材料均为福建本地山区极为丰富的泥土、木材和砂石等[①]；广西山区干栏式民居的主要建筑材料同样选择了本地盛产的石材、杉木、竹子等；在河北西部山区的一些村庄，院墙和建筑基础多选用当地开采的石头，不仅经济耐用，而且观赏效果很好。2011 年李华珍对福建省尤溪县桂峰村进行调查研究，不出意外地发现桂峰古村传统民居的墙体大都是本地盛产的黄土、碎石、松枝、木材、竹片等加工而成。[②]在景观规划设计中应该借鉴建筑设计的经验，尤其是在乡村景观建设中，借鉴建筑设计的经验不仅可体现经济性原则，同时能突出景观特色。

1. 构筑物及小品

① 金潇骁．两种山地建筑的生态适应性研究——以福建客家土楼和贵州苗族吊脚楼为例 [J]. 贵州社会科学，2012（1）：96-103.

② 欧阳勇锋，冯汝榕．就地取材建设特色乡村景观 [J]. 农业科技与信息：现代园林，2013（3）：50-54.

园林中的构筑物一般指简单建筑小品，如牌楼、亭、廊、桥等。其建材的选择应参照传统建筑的选材，符合经济性、生态性、特色性原则，宜就地取材。小品，原指一种文体的名称，凡属随笔、杂感、散文一类的小文章统称为小品；后延伸为小的艺术品，公园里的座椅、路灯、布告牌、雕塑、花钵、花架等皆属于小品之列，在园林设计中一般被称作“园林小品”或“景观小品”。小品小而精致、形态各异、变化多端，是设计人员自由发挥灵感的产物，有很高的艺术价值，最能体现所属主体的特色。但是过分执着于就地取材也有很多不便，新材料的产生一定是有特定功能需求的，如建造桥梁时传统材料韧性和强度均达不到要求，此时为了安全考虑还是应该考虑新材料。乡村景观设计本应遵循经济和生态原则，然而一些传统工艺繁琐复杂，耗时费工，此时为了降低建设成本就要酌情减少繁琐的传统工艺。乡村景观设计要留住乡愁，保留历史文化，也要有新文化的融入，过分执着于传统材料，会束缚设计人员的创造性，使设计失去生命力。在当地传统建筑材料不能满足要求的情况下，可以合理引入新的元素来弥补就地取材的不足，将现代建材与本地材料相结合、机械制造与传统工艺相结合，从而建造出既散发传统韵味又展现现代气息的特色乡村景观。

2. 植物

（1）乡土植物。我国被称为世界园林之母，原产于我国的植物在世界园林艺术的发展中发挥着举足轻重的作用。我国乡土植物种类繁多，在产地生长环境适应性强，繁殖方法简单；绿化成本低，养护及管理简单；树木成活率高，养护成本低；绿化效果好，地方特色明显，这诸多优点得到政府和景观设计者的高度认同。在各类文献中，关于乡土植物研究的文献多达上千篇，其中一多半写的是乡土树种，从这些文献中可以看出，国内很多地区已经开始对乡土植物进行挖掘。

（2）可食地景。除了园林绿化中常用的各类观赏植物，在生产生活高度结合的乡村，绿化植物的选择范围还可以再扩大一些。

在欧美的一些乡村，很多人会把自家“院子”做成花园或菜园，并由此产生近年来很流行的一个词语“edible landscaping”，即可食地景。简单地说，可食地景是用可观赏的蔬菜、粮食、药材等取代了传统观赏性园林绿化植物。可食用的植物将创造一个多功能的景观，其不仅具有

观赏性，还可以提供回报（水果、蔬菜、药材等）。民间有“白菜开花似牡丹”的说法，可食用的景观像传统景观一样有魅力，蔬菜之美从未被埋没过，五颜六色的水果和许多蔬菜的叶子非常有吸引力，如毛樱桃、彩椒、紫甘蓝、草莓等。在农村绿化中选择可食地景做绿化不仅可以增加食品产量，降低食品成本，同时增加趣味，是非常有意义的。居民可以在这个过程中获得锻炼，不仅有利于保持健康，还能感受到劳动种植的喜悦和收获果蔬时的快乐，就像“healing garden”（治愈性景观）设计中的一部分。

3. 铺装

我国传统的园林、庙宇、宅院和街道之所以具有持久的生命力，一个重要的原因就是地面有良好透水性。

按照乡村建设就地取材的理论，乡村广场的硬化也应该尽量选取当地的材料，同建筑选材的道理一样，不仅体现经济性原则，同时突出景观特色。即使铺装的材料不能把传统特色很好地体现出来，铺地的工艺对景观效果的影响也是很大的。乡土石材、当地工匠、传统工艺能完美地展现传统风貌，但是这样就只是原有的文化，若都这么做一来显得单调乏味，二来文化得不到发展，于是就产生了“混搭风”，即新型材料和传统工艺、乡土材料和现代工艺的混合搭配。例如，北京红砖美术馆，选用北方民居常用的红色方砖为建筑材料，用新的工艺和拼接方式来施工，使观赏者获得了全新的审美体验。

参考文献

[1] 盛丽 . 生态园林与景观艺术设计创新 [M]. 南京：江苏凤凰美术出版社，2019.

[2] 肖国栋，刘婷，王翠 . 园林建筑与景观设计 [M]. 长春：吉林美术出版社，2019.

[3] 张淑琴 . 生态学原理在园林景观营造和生态环境评价中的应用研究 [M]. 北京：原子能出版社，2020.

[4] 江芳，郑燕宁 . 园林景观规划设计 [M]. 北京：北京理工大学出版社，2017.

[5] 吕敏，丁怡，尹博岩 . 园林工程与景观设计 [M]. 天津：天津科学技术出版社，2018.

[6] 朱剑锋 . 地域文化融入生态园林景观设计的探析 [J]. 现代园艺，2022，45（1）：107–108.

[7] 黄仕晨 . 基于生态理念的复合绿道园林景观建设研究 [J]. 建筑与预算，2021（11）：68–70.

[8] 王鑫，田阳，孟阳等 . 生态理念下现代城市园林景观设计探讨 [J]. 新农业，2021（22）：36–37.

[9] 张希仃 . 现代住宅小区生态园林景观设计原则及策略 [J]. 江西建材，2021（10）：164–165.

[10] 赵雪 . 关于现代生态园林景观建设要点分析 [J]. 江西建材，2021（10）：296，298，300.

[11] 李国瑞，冯珍，徐姣等 . 新农村建设背景下生态园林植物景观的营造 [J]. 现代园艺，2021，44（20）：60–61.

[12] 李荣华，尹文娟，房雨竹 . 生态休闲消费需求视域下乡村旅游园林景观的营造策略 [J]. 现代园艺，2021，44（20）：91–92.

[13] 孙冬 . 生态智慧园林理念在公园景观设计与植物配置分析 [J]. 现代园艺，2021，44（17）：131–132.

[14] 黎晓青 . 生态规划理念在园林景观设计中的表达 [J]. 居业，2021（7）：15–16.

[15] 张弘 . 生态园林景观设计与植物配置探析 [J]. 现代园艺，2021，44（7）：139–140.

[16] 陈琳 . 乡村园林景观规划设计研究——以周村生态体验园为例 [J]. 中国农学通报，2021，37（8）：54–59.

[17] 林俐 . 生态理念在园林景观设计中的运用 [J]. 中小企业管理与科技 ：中旬刊，2021（8）：91–93.

[18] 杨大萍 . 风景园林景观生态设计探究 [J]. 现代园艺，2021，44（3）：139–140.

[19] 马继钰，毕雪怡，李美卉 . 探究生态节约型园林植物在园林景观设计中的应用 [J]. 种子科技，2020，38（23）：67–68.

[20] 吕品义 . 生态园林景观设计特点与设计策略 [J]. 中华建设，2020（28）：84–85.

[21] 林晶莹 . 论可持续发展视角下的园林景观生态规划设计 [J]. 砖瓦，2020（9）：74–75.

[22] 齐周祥 . 现代生态园林城市道路建设景观文化特色的设计探究 [J]. 安徽建筑，2020，27（9）：42–43.

[23] 祝仕贵 . 城市生态绿道在园林景观规划中的应用 [J]. 现代园艺，2020，43（16）：116–117.

[24] 宋琳泽 . 城市生态绿道在园林景观规划中的应用 [J]. 西部皮革，2020，42（14）：78.

[25] 林鸽 . 探究园林景观生态规划设计与可持续发展 [J]. 智能城市，2020，6（8）：49–50.

[26] 周婕 . 生态规划理念在现代化城市园林景观设计中的应用研究 [J]. 现代经济：现代物业中旬刊，2019（9）：247.

[27] 唐祉绥 . 生态规划理念在园林景观设计中的表达思考研究 [J]. 农业开发与装备，2019（6）：53，56.

[28] 李莉 . 探析风景园林中景观的生态设计 [J]. 居舍，2019（12）：116.

[29] 顾霞霞 . 标记高线 生态印迹——武汉东湖国家高新区花山大道园林景观设计 [J]. 城市建筑，2019，16（11）：108–110.

[30] 邹进平 . 试析园林景观设计中生态技术的应用 [J]. 建材与装饰，2018（50）：57–58.

[31] 洪隽琰 . 园林景观中生态水处理技术探讨 [J]. 城市建设理论研究：电子版，2018（29）：197–198.

[32] 刘存，张媛媛 . 园林景观设计中生态规划理念的应用 [J]. 现代园艺，2018（10）：96–97.

[33] 徐淑玮 . 生态园林在城市滨水景观设计中的应用研究 [J]. 美术教育研究，2018（10）：62–63.

[34] 周江红 . 浅谈生态理念融入园林景观设计与施工的措施 [J]. 绿色环保建材，2018（3）：244.

[35] 沃曼 . 生态园林景观设计原则及方法 [J]. 现代园艺，2018（4）：101.

[36] 王一名，翟雨飞 . 城市住宅区生态节约型园林景观设计探析 [J]. 建材发展导向（下），2018，16（4）：19–22.

[37] 刘琴 . 探析园林植物景观配置之艺术创新——以生态环境中人工营造为基点 [J]. 知与行，2017（11）：103–107.

[38] 庞杏丽 . 生态规划理念在园林景观设计中的应用研究 [J]. 美术教育研究，2017（2）：49–50.

[39] 袁连光 . 园林景观生态规划设计及其可持续发展 [J]. 现代园艺，2016（6）：113.

[40] 万霞 . 住宅园林景观设计的生态化路径 [J]. 中国住宅设施，2016（2）：91–93.

[41] 张金鑫 . 浅谈生态园林与城市园林植物景观中的视觉元素 [J]. 吉林蔬菜，2014（1）：50–51.

[42] 王艳红 . 城市生态园林景观营造初探 [J]. 中国园艺文摘，2013，29（5）：135–136.

[43] 刘子瑜 . 城市生态规划中关于园林景观生态学的探究 [J]. 民营科技，2013（2）：138.

[44] 叶红，王良斌 . 生态理念下的城市沿江风光带园林景观设计分析探讨 [J]. 湖南水利水电，2011（5）：65–68.

[45] 狄松巍，金鑫，王佳巍 . 现代生态园林景观建设要点浅析 [J]. 林业科技情报，2011，43（2）：92–94.

[46] 傅孟军 . 用科学的生态园林景观观点规划景观 [J]. 科技创新导报，2010（21）：143.

[47] 鲁敏，郭振，宁静 . 湿地园林 – 生态、湿地、地域文脉与园林美的统一——滕州荆泉风景区湿地园林景观规划设计 [J]. 山东建筑大学学报，2010，25（1）：54–57，78.

[48] 马英，尹淑莲 . 适宜北方生态园林景观的宿根花卉的特点与观赏配置 [J]. 河北林业科技，2005（4）：175–177.

[49] 杨艳 . 城市河道园林景观规划设计研究 [D]. 济南：山东建筑大学，2013.

[50] 杨永伦 . 乡村园林生态建设探讨 [D]. 成都：西南财经大学，2013.

[51] 段杰 . 太原市生态园林城市建设的思考与对策研究 [D]. 杨凌：西北农林科技大学，2014.

[52] 王亚军 . 生态园林城市规划理论研究 [D]. 南京：南京林业大学，2007.

[53] 王乾宏 . 结合生态学思想探析城市园林景观的营造 [D]. 杨凌：西北农林科技大学，2007.